普通高等教育"十四五"规划教材

海洋生物资源加工机械与装备

张洪军　李旭艳　主编

U0317036

中国铁道出版社有限公司

CHINA RAILWAY PUBLISHING HOUSE CO., LTD.

内 容 简 介

　　本书主要对海洋生物资源开发及生产机械与装备的组成、特点及工作原理进行了论述,包括 13 章内容:海洋生物资源开发、养殖和捕捞机械与设备、清理和分选机械与设备、输送和搅拌混合机械与设备、粉碎和成型机械与设备、浓缩和分离机械与设备、干燥机械与设备、冷藏冷冻机械与设备、发酵机械与设备、杀菌设备、熟制食品机械与设备、包装机械、分析与检测设备。

　　本书可作为普通高等学校海洋相关专业及食品相关专业教材,也可供食品相关企业人员培训使用。

图书在版编目(CIP)数据

　　海洋生物资源加工机械与装备/张洪军,李旭艳
主编. —北京:中国铁道出版社有限公司,2021.2
　　普通高等教育"十四五"规划教材
　　ISBN 978 - 7 - 113 - 27161 - 9

　　Ⅰ.①海…　Ⅱ.①张…　②李…　Ⅲ.①海洋生物—
生物制品—水产加工机械—高等学校—教材　Ⅳ.①S986

　　中国版本图书馆 CIP 数据核字(2020)第 147404 号

书　　名:**海洋生物资源加工机械与装备**
作　　者:张洪军　李旭艳

策　　划:曾露平　　　　　　　　　　编辑部电话:(010)83552550
责任编辑:钱　鹏　曾露平
封面设计:曾　程
责任校对:苗　丹
责任印制:樊启鹏

出版发行:中国铁道出版社有限公司(100054,北京市西城区右安门西街 8 号)
网　　址:http://www.tdpress.com/51eds/
印　　刷:国铁印务有限公司
版　　次:2021 年 2 月第 1 版　2021 年 2 月第 1 次印刷
开　　本:787 mm×1 092 mm　1/16　印张:20.25　字数:504 千
书　　号:ISBN 978-7-113-27161-9
定　　价:55.00 元

前　　言

　　浩瀚的海洋蕴藏着丰富的资源,主要包括海洋矿产资源、海洋可再生能源、海洋化学资源、海洋生物资源和海洋空间资源。紧密围绕海洋产业资源开发,大力发展海洋工程装备,对于我国开发利用海洋、提高海洋产业综合竞争力、带动相关产业发展、建设海洋强国、推进国民经济转型升级具有重要的战略意义。

　　海洋生物资源加工机械与装备是人类开发、利用和保护海洋活动中使用的各类装备的总称,是海洋经济发展的前提和基础,处于海洋产业价值链的核心环节。本书介绍我国海洋生物资源开发利用的现状和发展趋势,养殖和捕捞机械与设备的结构组成和工作原理,重点介绍了海产品初加工的清洗、分选、输送、搅拌混合等过程中用到的机械和设备的分类、组成和工作原理,以及深加工过程中分离、浓缩、成型、干燥、冷冻、发酵和熟制食品机械的分类、组成及工作原理,同时介绍了成品灌装与包装设备、分析与检测设备的分类和工作原理。

　　本书共分13章,由岭南师范学院张洪军编写第1章,岭南师范学院明向兰编写第2~3章,齐齐哈尔大学王兴国编写第4章,岭南师范学院王锂韫编写第5章,岭南师范学院李叶龙编写第6~7章,岭南师范学院李永芹编写第8章,岭南师范学院许乐乐编写第9章,岭南师范学院杨长庚编写第10章,岭南师范学院夏小群编写第11~12章,岭南师范学院李旭艳编写第13章。全书由张洪军、李旭艳统稿并担任主编。

　　由于编者水平有限,编写时间仓促,本书难免存在疏漏及不足,欢迎读者批评指正。

编　　者

2020 年 8 月

目　　录

第一章　海洋生物资源开发

第一节　海洋生物资源概述

一、海洋资源与海洋生物资源

(一)海洋资源

海洋资源(见图1-1、图1-2)指的是与海水水体及海底、海面本身有着直接关系的物质和能量,是形成和存在于海水或海洋中的有关资源。包括海水中生存的生物,溶解于海水中的化学元素,海水波浪、潮汐及海流所产生的能量、储存的热量,滨海、大陆架及深海海底所蕴藏的矿产资源,及海水所形成的压力差、浓度差等。

海洋资源可以分为两大类:

第一类是生物资源(图1-1)。汇入海洋的河流带来了有机物质和营养盐类,提供丰富的饵料;冷暖流交汇,使深水营养盐上泛,利于生物繁殖,故海洋生物资源十分丰富。这些生物资源包括:海洋鱼类,如大黄鱼、小黄鱼、鲷鱼、带鱼、鲐鱼、鳗鱼等;虾类,常见的产量较高的有毛虾、对虾、龙虾等十多种;蟹类;海贝类,较重要的有鲍鱼、贝、牡蛎、章鱼、墨鱼等;此外,海藻资源种类多,数量大,经济价值较高的有海带、海菜、石花菜、鹿角菜等。

第二类称作非生物资源图1-2。众多的外流河每年挟带大量泥沙入海,这些巨厚的沉积物蕴藏着贵重的金、铂、金刚石,还有丰富的铁、钛、锡、锆等。最引人注目的应属石油、天然气资源。

图1-1　海洋生物资源

图 1-1　海洋生物资源(续)

图 1-2　海洋非生物资源

(二)海洋生物资源及其特点

海洋生物资源又称海洋水产资源、海洋渔业资源,指的是有生命的能自行增殖和不断更新的海洋资源。与陆地生物资源相比,海洋生物资源有其明显的特点,即海洋中蕴藏的经济动物和植物的群体能通过生物个体和种群的繁殖、发育、生长和新老替代,使资源不断更新,种群不断补充,并通过一定的自我调节力达到数量相对稳定。

海洋生物资源极其丰富,地球 80% 的动物生活在海洋中。据统计,目前已知的海洋生物共约 21 万种。预计实际的数量是已知数量的 10 倍以上,即 210 万种。其中鱼类约有 2 万多种,甲壳类动物共有 25 000 多种;藻类 10 000 多种,人类可以食用的海藻有 70 多种。现在人们已经知道海洋中 230 多种海藻含有各种维生素,240 多种生物含有抗癌物质。

统计资料表明,海洋里的动植物中仅鱼类就有 25 000 多种;可供提炼蛋白质和抗生药物的生物就更多了,达 30 多万种(图 1-3)。中西药中所用的上百种海味及鱼肝油、精蛋白和胰岛素等药物都来自海洋生物。可供食用的水产资源,在不破坏生态平衡的情况下,年可以开发 30 亿 t 以上。目前人类每年的捕捞量仅为 7 000 万~9 000 万 t,还不到其中的 1/30。

海洋的初级生产力每年为 6 000 亿 t,其中可供人类利用的鱼类、贝类、虾类、藻类等,每年为 6 亿 t,而现在全世界的捕捞量仅为 9 000 万 t 左右。海产品已成为人类生活中不可缺少的重要食品来源,目前海产品提供的蛋白质约占人类食用蛋白质的 22%。在不破坏生态平衡的前提下,海洋每年可以产出的水产品足够 300 亿人食用,海洋向人类提供食物的能力等于全球所有耕地提供农产品的 1 000 倍。

不仅如此,包括鱼类在内的海洋生物,已成为新型药物和保健品的原料来源,引起国际医药界的日益关注。据估计,从海洋生物中可提制的药品将达 2 万种之多,世界各国为此展开了激烈的竞争。

图 1-3 海洋生物资源提炼产品

(三)海洋生物资源的分类

根据不同开发利用和研究用途的需要,海洋生物资源有多种分类方法。例如,按生活方式不同可以把海洋生物资源分为 3 类,即浮游生物(又分为浮游植物和浮游动物)、游泳生物(指的是有发达的游泳器官、能自由游泳的海洋动物,以脊椎动物为主,如鱼类、鲸类、头足类软体动物)和底栖生物(生活在海底、不能长时间在水中游泳的各种生物,又可细分为底栖植物与底栖动物)。有的学者按生物学特征简单地将海洋生物资源划分为海洋底栖生物资源和海洋浮游生物资源两类。也有学者按生物学特征将其分为海洋植物(包括海洋低等植物、海洋高等植物、浮游海藻、底栖海藻、被子植物、蕨类植物、红树植物)、海洋动物(包括海洋无脊椎动物、脊索动物)和海洋微生物(包括海洋病毒、海洋细菌、海洋真菌)3 类。还有的按资源利用类型划分为观赏资源、工业资源、生物遗传基因资源。但是,在实际研究与应用中,普遍使用的是按照资源种类划分的分类方法,按照这一分类方法,海洋生物资源被划分为海洋动物、海洋植物和海洋微生物三大类。

1. 海洋动物资源

海洋鱼类资源(图 1-4)是海洋动物中最为丰富的食用海洋资源,在人类生活中占有特殊的地位,是人类食物的重要来源,能够提供大量蛋白质。按活动范围,鱼类资源可以分为上层、中层和底层鱼类。其中,以中上层种类为多,占鱼类捕获总量的 70% 左右。主要是鳀科、鲱科、鲭科、鲹科、竹刀鱼科、胡瓜鱼科和金枪鱼科等的种类;底层鱼中,产量最大的是鳕科,其次是鲆、鲽类。按捕获鱼类的食物对象划分:捕食海洋浮游生物的鱼类比例最大,约占 75%(其中食用浮游植物的鱼类约占 19%);食用海洋游泳生物的鱼类约占 20%;食用海洋底栖生物的鱼类约占 4%;剩下的 1% 则食用各种类群的生物。

海洋软体动物资源(图 1-5)是除鱼类外最重要的海洋动物资源,占世界海洋渔获量的 7%,包括头足类(枪乌贼、乌贼、章鱼)、双壳类(如牡蛎、扇贝、贻贝)及各种蛤类等。

海洋甲壳类动物(图 1-6)约占世界海洋渔获量的 59%,以对虾类(如对虾、新对虾、鹰爪虾)和泳虾类(如褐虾、长额虾科)为主,并有蟹类、南极磷虾等。由于它们寿命短,再生力强,已成为人工养殖的对象。

图 1-4 鱼类

图 1-5 软体动物

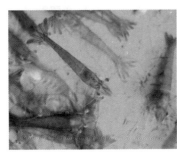  

图 1-6 虾类

　　海洋哺乳类动物(图 1-7)包括鲸目(各类鲸及海豚)、海牛目(儒艮、海牛)、鳍脚目(海豹、海象、海狮)及食肉目(海獭)等。其皮可制革,肉可食用,脂肪可提炼工业用油。海洋哺乳类动物生活在海底与海洋表层之间,大都是海洋食物链最后一个环节的成员,它们是比较高级的海洋生物,以掠夺为生,被称为"掠食者",像海狗、海狮、海豹等便属于这一类。这类动物的游泳本领极佳,视觉或听觉特别敏感,而且牙齿也很锋利,许多鱼类都是它们的捕食对象。这样,浮游生物、浮游生物吞食者、捡拾者和掠食者便构成了海洋中的食物链。

　　2. 海洋植物资源

　　在海洋里,除动物外,还有另外一类重要的生物,就是创造着整个海洋生命基础的食物来源——植物。以各类海藻为主,主要有硅藻、红藻、蓝藻、褐藻、甲藻和绿藻等 11 门,其中近百种可食用,还可从中提取藻胶等多种化合物。

图 1-7　海洋哺乳动物

虽然在高达 20 多万种的海洋生物中,植物仅占 2.5 万种左右,但它直接或间接地支撑着海洋世界里的动物生命,因为所有海洋动物都是以海洋植物为最终的食物来源。

海洋植物是海洋中利用叶绿素进行光合作用以生产有机物的自养型生物。海洋植物是海洋生物的一个主要组成部分,从低等的无真细胞核藻类到高等的种子植物,门类甚广,共 13 个门类,1 万多种。

海洋植物由海藻类植物(图 1-8)和海洋种子植物两大类组成,其中硅藻门最多,达 6 000种,原绿藻门最少,只有 1 种。

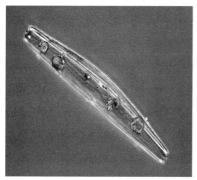

图 1-8　藻类

3. 海洋微生物(细菌)资源(图 1-9)

在海洋中,有一类动物是海洋生物生死轮回的总管,那就是细菌。提起细菌,就会使人联想到种种疾病。其实,在众多种类的细菌中,既有能引起疾病的细菌,也有对人类有益的细菌,不能一概而论。

海洋中的细菌按其营养成分,可分为两大类:一类称为自动营养细菌,它们能把二氧化碳和无机物制成有机物;另一类被称为被动营养细菌,在海洋的生死轮回中扮演了很突出的角色,大都属于寄生细菌;它们很容易找到寄主,从而摄取营养,维持生活。被动营养细菌以腐烂的尸体为食,把有机物分解成无机物,这样海洋生物尤其是浮游植物和其他海洋植物就有了营养来源。由于海洋生物的尸体中含有蛋白质,经过细菌加工形成氨或氨基酸,并转化成植物可以直接吸收的亚硝酸盐,从而发生光合作用。这样,腐烂的尸体变成了植物进行光合作用产生的有机物,又可以重新被海洋生物食用了。因此,把细菌称为海洋生物生死轮回的总管是名副其实的。

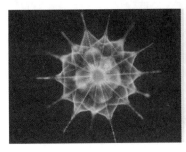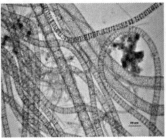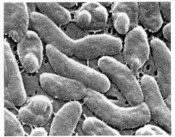

图 1-9 海洋微生物

（四）海洋生物资源的属性

海洋生物资源与海水化学资源、海洋动力资源和大多数海底矿产资源不同，其主要特点是在有利条件下，种群数量能迅速扩大；在不利条件下（包括不合理的捕捞），种群数量会急剧下降，资源趋于衰落。

海洋生物具有自身特有的属性，即多样性、再生有限性、波动性、共享性、游动性和隐蔽性。

由于海洋环境远比陆地环境特殊和复杂，海洋生物无论数量还是种类都远远超过陆地生物，极富生物多样性。到目前为止，地球上已被描述和命名的生物有近 21 万种，其中 80% 栖息于海洋中。海洋中动物的种类远多于植物的种类。

海洋生物资源也是具有生命的资源，因此具有可再生性。通过生物自身的繁殖、补充、生长、死亡等过程，使资源得到更新和再生。另外，由于受到其生态环境中生物和非生物因素的制约，海洋生物资源的再生能力又是有限的。因此，每年的渔获量应有一定的限度，持续、过量的捕捞将会使资源枯竭。

海洋生物的资源量受环境因素的影响，对温度、盐度、水流、溶氧量、营养盐、饵料生物等环境因素的变化有很大的敏感性，其数量常出现波动。

在国家或国际未加管辖之前，某一海域中蕴藏的海洋生物资源不属于任何个人或集团，不仅人人都可以自由利用它，而且还无权排斥他人利用。

海洋生物资源除少数底栖生物固着着生活外，绝大多数都有在水中漂动、洄游移动等习性，这是和森林资源、草原资源、矿产资源所不同的。通常，甲壳类和头足类的移动范围较小，鱼类和哺乳类的移动范围较大，特别是大马哈鱼和大洋性鱼类，有时可移动 1 000 海里以上。

由于海洋生物资源群体栖息于水中，其数量的多少或数量的变化很难直接观察，只能通过某些指标反映数量变化。因此，海洋生物资源具有隐蔽性。

二、海洋生物资源的价值及其对人类的重要性

（一）海洋生物资源的价值

海洋生物资源对人类的生存与发展有着重要的价值。

海洋生物资源大多是可以食用的，因此它对于人类的价值首先是食用价值。海洋生物富含易于消化的蛋白质和氨基酸，尤其赖氨酸含量比植物性食物高出许多。海洋生物含有较多

的不饱和脂肪酸,有助于防止动脉粥样硬化,以鱼油为主原料制成的药品及保健食品对心血管疾病有特殊疗效。

除食用外,海洋生物资源还具有非常重要的药用价值海洋生物中的活性成分主要包括多糖、甾醇与生物碱。多糖可以增加免疫力,具有抑制肿瘤和抗凝血的作用,可以降低血黏度;甾醇是广泛存在于生物体内的一种重要的天然活性物质,它能预防心血管系统疾病,抑制肿瘤,促进新陈代谢;生物碱是海绵中含量较丰富的一种含氮化合物,能够抗菌、抗肿瘤、抗病毒。

此外,海洋生物资源还具有工业用途,如图 1-10 所示。海洋生物是一个新的工业来源,人们已经从海洋生物中提取了生物活性物质,并在医药、皮肤护理领域得到了工业应用,如海鞭虫,其活性成分是假蛋白和糖苷。这两种物质具有抗过敏和抗氧化作用,在工业上可以用作生产明显降低皮肤炎症的皮肤护理添加剂。许多海洋植物产生的能吸收紫外线的化合物,如克霉唑(一种抗真菌素)的氨基酸具有强大的紫外线吸收能力,有强大的防晒功能,常被添加到防晒乳膏中。

就生存而言,海洋生物资源对人类还具有不可忽视的、可持续发展的生态价值。海洋在维持生物圈的碳氧平衡和水循环方面起着重要作用,海洋的热容量比大气大得多,能够吸收大量的热量,与海洋调节气温的作用有很大关系。珊瑚礁、红树林、海草等群落,不仅丰富了海洋生物多样性,支持着重要的食物网,增加了海洋生态系统中的能量流动,同时,还能缓冲风暴潮及狂浪的冲击,保持了岸滩,具有造陆的贡献。

图 1-10　工业原料

图 1-11　生态食物原料

(二)海洋生物资源对人类的重要性

1. 海洋生物资源是人类食物的重要来源

海洋是生命的摇篮。海洋生物种类繁多,人类的很多食物也是来自海洋。海洋给全球提供了 22% 的蛋白质,是人类的食物资源,也是药物资源。同时,海洋也是矿产的重要来源。

海洋食品具有高蛋白、低脂肪的特点,是蛋白质的重要来源之一,是合理膳食结构中不可缺少的重要食物。我国的水产资源丰富,2019 年全国水产品总产量达 6 450 万 t,其中超过半数为海水产品,海洋食品产业已成为大农业中发展最快、活力最强、经济效益最高的产业之一。

海洋占地球表面的 71%。据有关专家估计,全球海洋每年可提供的食物要比陆上全部可耕地提供的食物多上千倍;也有专家认为,整个地球生物生产力的 88% 来自海洋。考古资料也表明,海产贝类是人类早期食物之一。在海产品中,人类首先利用的是贝类,其次是鱼类。鱼肉中含蛋白质和脂肪,不仅易于消化吸收,而且含有丰富的维生素 A、维生素 D、维生素 E 及碘、钙等,是人类摄取高质量蛋白质的重要来源。随着社会的发展,人们的食物构成正在发生变化,人类对海洋食物的需求量越来越大。海水产品蛋白质含量一般为 20%,大约相当于谷物的 2 倍,比肉禽蛋高五成,而且脂肪含量低,还具有各种特殊的食疗功能,对提高人们的健康水平有着极其重要的意义。

2. 海洋是保健食品的摇篮

海洋生物富含易于消化的蛋白质和氨基酸。食物蛋白质的营养价值主要取决于氨基酸的组成,海洋中鱼、虾、贝、蟹等生物的蛋白质含量丰富,人体所必需的 9 种氨基酸含量充足,尤其是赖氨酸含量比植物性食物高出许多,且易于被人体吸收。日本等国研制的浓缩鱼蛋白、功能鱼蛋白、海洋牛肉等,均以鱼类为主要原料制成。

海洋资源中有多种陆地稀有、结构独特、医疗和保健作用显著的活性多糖,包括海藻多糖(螺旋藻多糖、微藻硒多糖、紫菜多糖、琼胶、卡拉胶、褐藻胶)、甲壳质(氨基葡萄糖盐酸盐、低聚葡萄糖胶)、透明质酸、硫酸软骨素、刺参黏多糖、玉足海参黏多糖、海星黏多糖、扇贝糖胶聚糖等。此外,从微藻中提取的海藻多糖也具有很好的生物活性,具有抗衰老、抗疲劳、抗辐射及提高机体免疫功能作用,对肿瘤细胞有一定的抑制和杀伤作用。

海洋资源中的氨基酸不仅种类和数量丰富,而且还具有独特的牛磺酸。海洋资源中的氨基酸包括褐藻氨酸、海人草酸、软骨藻酸、牛磺酸、珍珠氨基酸、鱼眼氨基酸、复合氨基酸(鱼鳔胶、龟甲胶)、藻蓝蛋白、海星生殖腺、海胆制剂等。牛磺酸由海藻、腔肠动物、贝类、甲壳类等生物中提取,具有促进大脑发育、改善充血性心力衰竭、抗心律失常、抗动脉粥样硬化、保护视觉等功能。珍珠氨基酸从我国传统贵重药材珍珠中提取,可治疗慢性肝炎等。海龟胶有滋阴、柔肝、补肾功效。螺旋藻中提取的藻蓝蛋白有增强免疫系统、抑制癌细胞的作用。

海洋生物,尤其是海洋植物中含有丰富的类胡萝卜素,包括 β-胡萝卜素、虾青素。β-胡萝卜素从盐生杜氏藻中提取,主要用作保健品,有提高人体免疫力、减少疾病等功效。虾青素从虾、蟹壳中分离,有抑制肿瘤发生、增强免疫功能等作用。

3. 海洋生物资源是药物来源

海洋是药物资源的宝库。我国是世界上最早应用和研究海洋药物的国家。公元前 3 世纪的医学文献《黄帝内经》《医林纂要》和《归砚录》等医药名著都有海洋药物的详细记载。特别是举世公认的明代药物巨著《本草纲目》收载的近 1 800 余种药物中,海洋药物多达 90 余种。加之几千年来"医食同源""药食并用"的传统中医理论指导,数以千万计的海洋中成药、药膳、验方蕴藏在中国的医学宝库中,使我国成为世界上最早开发利用海洋药用生物资源的国家之一。

就目前而言,海洋生物资源是药物的新来源。随着环境的变迁,人类疾病已发生明显变化,以往威胁人类生命的传染病在逐渐减少,而心脑血管疾病、肿瘤、人类免疫缺陷病、阿尔茨海默病等疾病给人类健康带来严重威胁。为开辟新的药源,各国科学家在开发陆生天然药物和制取化学合成药物的同时,不断地向海洋生物索取新的药用资源。从海洋生物体内获取的具有药用价值的初生代谢产物和次生代谢产物,除可开发成天然药物外,还可利用海洋生物活性物质新颖的结构作为先导物,设计合成出治疗疑难病的创新药物。此外,还可通过生物工程技术探索海洋生物活性物质,研制出各种具有独特功效的药质,促进海洋生物药物产业化。

20 世纪 60 年代以来,随着海洋药物学、毒理学的发展,人们对海洋生物活性物质的研究给予了高度重视。沿海国家纷纷把研究海洋生物的药用价值、利用海洋生物制取保健食品作为重要的研究领域。研究表明,鱼类含有丰富的不饱和脂肪酸,鱼油中含有 DHA,具有软化血管、降低血脂、健脑和抗炎、抗肿瘤的作用。临床实践表明,从海洋提取的药物和蓝色保健食品因含有多种活性物质,更符合人体的调节机制,而且不良反应小,无污染,从而在抗肿瘤、抗病毒、抗真菌和促进人类健康方面的作用显著。

海洋是一个巨大的天然产物宝库,这些天然产物大多具有特殊化学结构及特殊生理活性和功能。随着陆地资源的日益减少,开发海洋、向海洋索取资源变得日益迫切,而开发海洋药物已迫在眉睫。

海洋药物研制正在成为各国新药研究的新热点,海洋药物资源的开发利用已取得引人瞩目的进展。日本、美国和英国等国家迄今已在海洋生物中发现并提取出了 300 多种具有医用价值的生物活性物质,在获取抗细菌、抗病毒、抗癌和治疗心血管疾病的药物方面已取得了明显的成效。

4. 海洋资源中存在多种药食兼用的活性成分

海洋资源中有多种结构独特、并具有医疗和保健作用的药食兼用的脂质。这些脂质包括鱼肝油酸钠、多不饱和脂肪酸、玉梭鱼的体油、鲨鱼油、鲸蜡等。

第二节 海洋生物资源利用

21 世纪人类社会面临人口增加和老龄化、资源匮乏、能源短缺、环境恶化和突发公共卫生疾病蔓延等诸多问题的严峻挑战。随着陆地生物资源的日益减少,海洋生物资源的可持续开发和高效利用已成为世界海洋大国和强国竞争的焦点,海洋生物技术在其中发挥着不可替代的作用。

由上节所述,海洋生物资源异常丰富,各类海洋植物、海洋动物、海洋微生物等种类数量巨大。而我国现有有明确的记录的海洋生物有 20 278 种,在全世界已知海洋生物中所占比例极低,作为世界上陆地植物资源最为丰富的我国也仅有 30 000 多种,相比较来说,我国发现新型的海洋生物资源还有广阔的空间。

一、海洋生物制品开发

海洋孕育的特殊生态系统在生物多样性、物质循环和能量流动、极端生物对环境适应的机理等方面也与陆地生态系统大相径庭。海洋特殊环境造就的海洋生物多样性,是研究与开发新型海洋生物制品的重要生物资源。

(一)国际海洋生物制品已形成绿色产业

渔获物的陆上加工主要有鱼糜、罐头、干制品、冷冻调理食品和功能食品等。在船上保鲜及加工方面,法国、美国、挪威等发达国家处于国际领先地位。国外的加工船主要以冷海水保鲜船、船上保鲜加工船为主,船上保鲜加工主要对象是金枪鱼等高经济价值渔获物,还有少量的船上鱼虾粉加工和船上干制品加工等。在陆上保鲜与加工方面,西方以及日本等传统渔业发达国家以冷冻水产品为主,加工手段机械化、自动化程度高。在水产品保鲜流通方面,西方渔业发达国家对整个保鲜流通过程进行预警监测和全方位、一体化监控,对水产品流通管理品质保障及产品质量安全的提高起到重要的支撑作用。在水产品品质保持方面,国外已开展激光、纳米、电子束辐照、脉冲电磁、超高压等高新物理技术在水产品加工中的应用研究,在水产食品开发、改善产品品质、减轻劳动强度、延长产品货架期等方面取得一定的进展。在加工理念方面,联合国环境计划署(UNEP)提出清洁生产的加工理念,旨在通过实施清洁化生产促进预防性的环保措施。

充分利用海洋水产品中富含的功能性蛋白、糖类、脂类和小分子活性物等,开发新型健康食品、特殊膳食、肠内营养制品、保健食品、生物材料等高附加值产品已成为世界各海洋科技强国发展海洋经济的必争领域。美国、日本等国家在海洋水产品蛋白质、糖类及脂质资源的高值化利用方面起步早,产品在国际市场占据主导地位。在蛋白质利用方面,国外在海洋水产品蛋白质的高效提取、除杂、酶法可控降解及活性修饰改性技术都有先进的专利技术和产品。在脂质技术方面,目前国际鱼油产品相关产业链的价值约为 300 亿美元/年,南极磷虾油已实现产业化,高甘油三型酯 EPA/DHA 和磷脂型 EPA/DHA 海洋神经节苷脂及脑苷脂鱼油产品将成为今后国际国内市场的主流产品。在多糖利用方面,目前开发利用的主要是海藻多糖和甲壳类多糖。日本、美国等发达国家在通过物理或化学改性开发特定用途的多糖基食品及添加剂功能性产品开发方面走在世界前列。

酶制剂广泛应用于工业、农业、食品、能源、环境保护、生物医药和材料等众多领域。欧盟、美国及日本等发达国家每年投入多达 100 亿美元资金,用于海洋生物酶的研究与开发。迄今为止,已从海洋微生物中筛选得到 200 多种酶,其中新酶达到 30 余种。目前在海洋微生物酶的领域至少有 8 家大型公司参与了工业酶的开发,著名的有丹麦的诺维信、瑞士的杰能科和美国的维仁妮等。

海洋生物是功能材料的极佳原料,特别是随着国际第三代功能性可降解生物材料的发展,壳聚糖、海藻酸盐、胶原蛋白功能材料备受关注,美国、英国、日本等国家的著名药械公司均投入巨资开展生物相容性海洋生物医用材料产品的开发。国外已上市或正在开发的产品主要有创伤止血材料(HemCon 绷带、Celox 止血粉等)、组织损伤修复材料(海藻酸盐伤口护理敷料壳聚、糖基跟腱修补材料、心脏补片等)、组织工程材料(人工皮肤、骨、角膜、神经、血管等)。此外还有药物缓释材料、生物分离材料、疫苗佐剂材料等正在研发之中。

海洋寡糖及寡肽是通过激活植物的防御系统达到植物抗病害目的的全新生物农药。法国戈艾玛(Gemar)公司以海带为原料开发出"IODUS40"、Appetizer 和 Vacciplant 等系列海洋糖类生物农药,并得到大规模推广应用。美国 Eden 生物技术公司通过基因工程开发的寡肽植物活化剂 Messenger 被批准在全美农作物上使用,并被誉为作物生产和食品安全的一场绿色化学革命。

鱼类病原全细胞疫苗是目前世界各国商业鱼用疫苗的主导产品,挪威作为世界海水养殖强国和大国,在以疫苗接种为主导的养殖鱼类病害防治应用中取得了显著成效,阿尔法公司(Alpharma)研制的杀鲑气单胞菌疫苗挽救了挪威的鲑鱼产业。

(二)我国海洋生物制品产业发展正处于战略机遇期

我国开发海洋生物制品的资源丰富。我国是海洋生物制品原料生产大国,以壳聚糖海藻酸钠为例,我国生产量占世界 80% 以上。在海洋生物酶方面经过多年的研究积累,筛选到多种具有显著特性的酶类,在国内外市场具有较强的竞争优势,其中部分酶制剂如溶菌酶、蛋白酶、脂肪酶、酯酶等已进入产业化实施阶段。在海洋功能材料方面,海洋多糖的纤维制造技术已实现规模化生产,年产量约 1 000 t;海洋多糖纤维胶囊、新一代止血、愈创、抗菌功能性伤口护理敷料和手术防粘连产品均已实现产业化;海洋多糖、胶原组织工程支架材料的研发取得重要进展。在海洋绿色农用制剂方面,海洋寡糖农药开发应用在世界上处于先进水平,并已进入到应用阶段,推广亩次超过 100 000 亩;针对重要海洋病原(如鳗弧菌、迟钝爱德华菌、虹彩病毒等)开展了深入系统的致病机理研究和相应的疫苗开发工作,一批具有产业化前景的候选疫苗已进入行政审批程序,有望通过进一步的开发形成新的产业。

二、海洋基因资源开发

海洋生物所拥有的丰富奇妙的基因是人类社会宝贵的资源宝库,是海洋生物资源可持续利用的核心和根本。基因资源的开发利用已成为海洋生物技术的主攻方向。面对数量庞大的海洋生物及丰富的基因资源,大力发展和合理利用海洋生物基因资源,不仅能从更深层次探究海洋生命的奥秘,还能发掘筛选出一大批具有应用前景的功能基因,开发出性能优良的海洋功能基因新产品,将形成以功能基因为源头的新兴生物工程产业。

(一)国际海洋生物功能基因研究如火如荼

种类繁多的海洋生物中蕴藏着巨大的基因资源库。近年来,基因组、转录组、蛋白质组和宏基因组等组学技术和生物信息技术快速发展并广泛应用于揭示海洋生命活动规律和大规模挖掘海洋生物功能基因资源。第三代高通量核酸测序技术正逐渐取代第一、二代测序技术,在基因资源的大规模发掘中发挥重要作用。利用这些技术平台,世界各国科研人员已完成了多个门类的 20 余种海洋生物的全基因组测序工作,这些海洋生物组学数据的积累为加快功能基因的发掘和利用提供了更为丰富的基因资源。

在海洋生物功能基因产品研发方面,目前国际上成功产业化开发并进入市场的海洋生物功能基因产品主要包括海洋来源的多肽类药物、水产养殖动物生长和免疫抗病相关功能基因产品及海洋酶类等。已批准的海洋多肽药物有镇痛用的齐考诺肽(ω-芋螺毒素),还有近 10 种抗癌多肽/蛋白质类药物进入临床研究,包括海鞘来源的脱氢膜海鞘素 B、地中海海鞘素 Knlalide、海兔来源的海兔毒肽 10 ILX6 和 Cemadotin 等。鱼类及其他水产养殖动物生长和免疫抗病相关功能基因及其产物的应用是解决水产养殖业面临重大问题的核心技术手段,欧美日等相继启动各种水产养殖动物的基因组计划,旨在发现一些关键生物性状基因及抗病基因等进行开发利用,这些基因一方面作为鱼类抗病分子标记,用于抗病品种的培育;另一方面用于研制抗病基因蛋白质制品和免疫增强剂等基因工程产品。海洋生物功能基因另外一个主要开发领域是酶制剂,酶的研究开发不断向满足特殊化应用的要求发展,如耐高温、耐低温酶等。从海洋尤其是海底、深海火山口等特殊环境生物中获得高性能的工业用酶,是海洋生物功能基因和国际酶制剂研究开发领域的前沿发展方向,有着巨大的发展潜力。

(二)我国在海洋生物基因资源挖掘能力上已进入国际先进行列

随着新一代测序平台的建设,我国在海洋生物基因资源挖掘能力上已进入国际前列。深圳华大基因研究院、中科院北京基因组研究所、诺禾致源和中国科学院海洋研究所等单位纷纷进入到海洋生物基因研究中来。深圳华大基因研究院正在开展千种鱼类转录组计划,实施规模化转录组测序与分析。目前国内已完成了半滑舌鳎、石斑鱼、大黄鱼和牡蛎等海洋生物的全基因组测序,其中牡蛎基因组是国际上第一个完成测序的经济贝类基因组,表明我国已经在国际海洋生物基因组计划中占有一席之地。同时我国科研人员采用转录组学、蛋白质组学和代谢组学等多组学技术围绕海洋生物特殊生命过程和关键经济性状进行了研究和探索,高通量获得了海洋生物重要功能基因。

我国研究人员对海洋生物功能基因来源的候选药物开展了系统的成药性评价和临床前研究工作,如突破了海葵强心肽基因工程产品关键技术,实现基因工程产品的规模化生产;完成抗肝纤维化新药重组鲨肝刺激物质类似物靶向抗肿瘤新药、重组文蛤多肽及镇痛候选药物 h14a 等的临床前研究,为开发基因工程海洋新药奠定了坚实的基础。同时我国在海洋生物生长调节抗病和免疫增强剂等功能基因产品开发方面已取得阶段性成果。成功制备重组石斑鱼摄食肽和几丁质酶,开发出新型高效安全的海水鱼苗生长免疫增强剂,获得国家田间试验批文并进入田间试验;海水养殖动物免疫增强剂 PYH 获得农业部生物安全证书 2 项。先后从我国大黄鱼、青蟹等多种经济动物中获得了近 20 个具有我国自主知识产权的抗菌肽基因,建立了高效表达与纯化抗菌肽的优化工艺技术,建立了抗菌肽作为饲料添加剂的研发工艺,1 种抗菌肽基因工程产品饲料添加剂获得国家田间试验批文。

三、远洋渔业资源利用

20 世纪 90 年代以来,世界海洋捕捞产量基本稳定在 8 000 万 t,其中大洋性海洋捕捞产量(如金枪鱼类和鱿鱼类等)占全球海洋产量的比例为 15% 左右。据 2012 年 FAO 评估报告,在 400 多种重要经济种类中,处于低度和适度开发的种类从 20 世纪 70 年代中期的 40% 下降到目前的 15%;过度开发、衰退和恢复的种类从 20 世纪 70 年代中期的 10% 增加到目前的 32%。占世界海洋捕捞产量 30% 的前 10 名种类中多数已被完全开发。

综合世界海洋渔业资源开发现状,可以认为,传统底层鱼类资源普遍出现衰退,深海及底层鱼类资源开发潜力不大,头足类、南极磷虾以及中小型中上层鱼类等资源是今后开发利用的重点,金枪鱼类资源(除鲣鱼外)进一步开发和利用的潜力不大,印度洋、中西太平洋和南极是 3 个未充分开发利用的主要海域。

(一)渔业资源养护和生态友好型捕捞已成为国际共识

世界深远海捕捞业发展呈现以下特点:①区域性国际渔业管理组织和沿岸国家对全球渔业资源管理日趋严格,传统远洋渔业进步发展的空间受到限制;②渔业资源养护已经成为社会共识,渔业活动对海洋濒危动物的影响受到日益关注;③远洋渔船不断向专业化发展,自动化程度得到大幅度提高;④水产品冷链物流的建立为远洋渔业发展提供了条件。

1995 年,FAO 通过了《负责任渔业的行为守则》后,世界海洋渔业管理正逐步向责任制管理方向发展,负责任捕捞已成为世界各国捕捞技术和渔业管理的重点。为此,世界各国在管理方面,实行了渔船吨位与功率限制、准入限制、可捕量和配额控制等。对渔具渔法的限制措施主要有禁止破坏性捕捞作业,禁止运输、销售不符规格的渔获物,禁捕非目标或不符合规格的种类,禁止不带海龟排除装置、副渔获物分离装置的拖网作业,及禁止近岸海区拖网渔业等。

(二)我国深远海捕捞量世界第一,生态友好型捕捞正在实施

经过近 40 年的发展,我国已成为世界远洋渔业大国。2020 年我国远洋渔船总数稳定在 3000 艘以内。其中大型专业渔船近 1000 艘;海外基地 130 多个,捕捞总产量 260 万 t,捕捞产值 132 亿元,作业渔场遍及 40 个国家的专属经济区和三大洋公海及南极海域。我国远洋渔业也面临着一批突出问题,主要表现在:①随着沿海国家保护资源的意识加强,以及公海渔业资源管理日趋严格,进一步发展远洋渔业的空间有限;②远洋渔船总体装备水平不高,发展后劲相对不足;③对主要渔业合作国和公海渔业资源的信息缺乏,对资源和渔场掌握不准;④科技研究和成果应用滞后影响着远洋渔业发展的后劲。

我国负责任捕捞技术主要围绕网具网目结构、网目尺寸、网具选择性装置等方面开展研究,尚处于研究评估阶段,未形成规模化示范应用。目前,有效评估了我国主要流刺网渔具结构和渔获性能,取得了东海区小黄鱼和银鲳鱼、黄海区蓝点马鲛和南海区金线鱼刺网最小网目尺寸的标准参数。成功获取了海区鱼拖网、多囊桁杆虾拖网、单囊虾拖网、帆张网、锚张网和单树张网等不同捕捞对象体型特征的最适/最小网囊网目结构和尺寸参数。研制发明了适宜我国渔具结构和捕捞对象的圈形、长方形刚性梯和柔性分隔结构等多种选择性装置。东海区在渔具选择性研究方面,突破了传统渔网(具)靠改变网目尺寸提高选择性能的方法。

四、海洋药物开发

(一)悠久的海洋药物开发应用历史

海洋占了地球 71% 的面积和 80% 以上的生物资源。海洋生物不仅是人类食物的重要来源,也是很重要的天然药源宝库。由于海洋中的生物生存环境特殊,许多海洋生物具有陆地生物所没有的药用化学结构,为新药的开发和研究提供了丰富的资源。

我国海域辽阔,海洋资源丰富,是世界上最早研究和应用海洋药物的国家。早在公元前的《尔雅》内就有蟹、鱼、藻类药物的记载。《黄帝内经》中,有以乌贼骨制作药丸的记载。《本草纲目》中也记载了 90 余种海洋药物。近年来,开发海洋药物、向海洋要药的战略设想,已引起学术界、科技界、产业界和政府的高度重视。各国纷纷开展相关的研究,取得了一批重大科研成果并获得创新药物。目前经研究分析,具有药用价值或药用的海洋生物已在 1 000 种以上,包括海洋中细菌、真菌、植物和动物的各个门类。随着科学技术的发展,在未来,海洋药物开发必将出现新的突破。

目前国内虽然有不少单位从事海洋药物研究、开发,并取得了一定成果,但海洋生物的多样性、复杂性,及海洋药物开发投入高、周期长等特点,使得整个研究水平还停留在有限的几种海洋生物和几类海洋药物上,使得海洋中很多的活性物质成分并没有真正被开发利用起来。

随着人类技术的发展、环境的变迁和科学技术的进步,各种新旧疑难杂症也严重威胁着人类的健康。针对这些新旧疑难杂症,利用现代已有的高新技术,利用丰富的海洋生物资源,开发出活性高、毒性作用小的海洋药物已成为研究的热点。

海洋生物资源还提供了重要的医药原料和工业原料。海龙、海马、石决明、珍珠粉、龙涎香、鹧鸪菜、羊栖菜、昆布等,很早便是中国的名贵药材。当前,海洋生物药物已在提取蛋白质及氨基酸、维生素、麻醉剂、抗生素等方面取得进展。

由于海洋药用生物的生活环境、海洋的特殊性,决定了其体内含有陆生生物所没有的具有独特结构和特殊药理活性的天然产物,这使得海洋中药在中医药宝库中的地位不可替代。海洋中药在中医药学的发展史上起着独特而重要的作用,也更加显现出海洋本草在博大精深的本草学中的重要地位。

公元前 1600 年的夏商时期,《山海经》就有将海洋生物用作药物的记载。至秦汉时期,《神农本草经》对海洋本草的应用有了更多的认识。经过盛唐和宋代本草学的发展,到明清时期,中国古代海洋本草得到了较大发展。历代医药典籍《黄帝内经》《神农本草经》《新修本草》《本草纲目》《本草纲目拾遗》等记载的海洋药物达百余种。海洋本草作为中国医药宝库中的重要组成部分,为中华民族的繁衍生息做出了重大贡献。

传统海洋药物中,有些种类今天仍广泛应用,各版药典均有收载。《中华人民共和国药典》收载了海藻、瓦楞子、石决明、牡蛎、昆布、海马、海龙、海螵蛸等 10 余个品种,其他主要还有玳瑁、海狗肾、海浮石、鱼脑石、紫贝齿及蛤壳等。

(二)海洋药物的现代开发

进入 20 世纪以来,随着生命科学及其相关学科的飞速发展,众多学科领域的研究思路、技术和方法逐步渗透到海洋药物的研究开发中。特别是由于分离纯化技术和分析检测技术的长足进步,在深度与广度上推动了人们对海洋药用生物的认识。

这一时期,人们对海洋药用生物资源及其活性物质的研究和开发更为重视。新的海洋药用生物种类不断被发现,收录的海洋药用生物种类明显增加,已由之前的百余种发展到今天的千余种。特别是由于大量海洋活性天然产物的发现,为癌症、心脑血管疾病、糖尿病、感染性疾病等重大疾病创新药物的研制提供了先导化合物及分子模型。

近 20 年来,海洋药物研究一个突出的特点是致力于新药和新产品的开发。我国已研制开发了许多海洋新药,取得了很好的经济效益和社会效益。海带资源十分丰富,开发潜力很大,用其固着器(根)生产出的降压药物血海灵的临床应用效果很好;用海带中所含甘露醇和烟酸制成的"甘露醇烟酸片",具有降血脂和澄清血液作用;"降糖素"和"PS"也是以海带为原料生产的。利用药用海藻类开发的产品还有褐藻淀粉酯钠、藻酸丙二酯、藻酸双酯钠(PSS)、褐藻胶、琼胶、琼胶素、卡拉胶等。在海洋药用动物中,用合浦珍珠贝生殖巢制成了"珍珠精母注射液",治疗病毒性肝炎,总效率达 75%,且无任何毒性作用。海星类药用资源较多,分布也广,开发出的"海星胶羧甲淀粉"具有良好的胶体渗透压,能有效地扩充血容量,增加机体营养,促进机体组织恢复。用太平洋侧花海葵生产的"海葵膏"可用于治疗痔疮,以鱼油生产的"多烯康胶丸"具有降血脂、抑制血小板聚集及延缓血栓形成等作用。有些海洋药用资源的开发已形成系列产品,如珍珠系列有"珍珠片""珍珠胶囊""珍珠膜剂""合珠片""消朦片"等;贻贝也开发出系列产品。

海洋生物活性物质是存在于海洋生物体内的如海洋药用物质、生物信息物质、海洋生物毒素和生物功能材料等各种天然产物,一般都以微量形式存在。因此,如何获得足量的活性物质是能否被人类利用的关键。

海洋生物中存在大量的具有药用价值的活性物质,大致包括如下几个方面。

在海洋生物毒素方面,开发研究了包括河豚毒素、石房蛤毒素、海葵毒素在内的多种海洋生物毒素。研究发现,海洋生物中有许多种类含有毒素,临床上可作为肌肉松弛剂、镇静剂和局部麻醉剂,并进行了抗肿瘤物质研究探索。

在抗菌研究方面,对海洋抗真菌、抗细菌和抗病毒物质进行了深入研究,从海泥和单胞藻中分离的代谢物及从棘皮动物、被囊动物中分离的化合物具有抗菌作用。

此外,从海洋生物中可分离出多种具有心血管活性的化合物;从红藻、海绵、柳场瑚等海洋生物中都可以分离出不同生理活性的化合物。

(三)海洋药物资源发展展望

当前,国际上海洋药物开发的主要方向有以下几个方面。

海洋抗癌药物研究在海洋药物研究中一直起着主导作用,科学家预言,最有前途的抗癌药物将来自海洋。现已发现海洋生物提取物中至少有10%具有抗肿瘤活性。美国每年有1 500个海洋产物被分离出来,1%具有抗癌活性,目前至少已有10个以上海洋抗癌药物进入临床或临床前研究阶段。扩大海洋生物的活性物质筛选,继续寻找高效的抗癌化合物,使各物质直接用于临床或作为先导物进行结构改造,开发新的高效低毒的抗癌成分,将成为海洋抗癌药物研究的发展趋势。

海洋心脑血管药物研究是将来发展的重点之一,目前已研究出多种药物可用于有效预防和治疗心脑血管疾病,如高度不饱和脂肪酸具有抑制血栓形成和扩张血管的作用,现已有多种制剂用于临床。50多种海洋生物毒素不仅有强心作用,而且有很强的降压作用,河豚毒素的抗心律失常作用目前研究较多。此外,还有藻酸酯钠类、螺旋藻类,后者对高血脂和动脉粥样硬化有良好的预防和辅助治疗作用。

海洋抗菌、抗病毒药物具有广阔的发展前景。研究发现,与海洋动植物共生的微生物是一种丰富的抗菌资源,日本学者发现约27%的海洋微生物具有抗菌活性。

海洋消化系统药物发展前景良好。多棘海盘车中分离的海星皂苷及罗氏海盘车中提取的总皂苷均能治疗胃溃疡,后者对胃溃疡的愈合作用强于西咪替丁。壳聚糖的羧甲基衍生物,商品名为"胃可安"胶囊,治疗胃溃疡疗效确切,治愈率高,已进入临床研究。大连中药厂用其配合中药制成"海洋胃药"应用于临床已取得较好效果。

海洋消炎镇痛药物研究是将来发展的重要方向之一。从海洋天然产物中分离的最引人注目的活性成分是 manoalide,它是磷酸酯酶 A2 抑制剂,已被作为一个典型的抗炎剂在临床试用。

海洋泌尿系统药物研究和海洋免疫调节作用药物研究也显示出广阔的研发前景。研究发现,海洋中的褐藻藻酸双酯钠是一种水溶性多聚糖,具有抗凝血、降血脂、防血栓、改善微循环、解毒、抑制白细胞及抗肿瘤等作用,临床用于治疗心脏、肾血管病,特别对改善肾功能、提高肾对肌酐的清除率尤为明显。

同时,海洋天然产物是免疫调节剂的重要来源。具有免疫调节活性的角叉藻聚糖是来自大型海藻的硫酸化多糖的一大类成分,被广泛用于肾移植的免疫抑制剂和细胞应答的修饰剂。

除上述外,还有许多其他海洋药物发展前景良好,如神经系统药物、抗过敏药物等研究也取得较大成果。海洋是新种属微生物的生存繁衍地,从众多的新种属微生物中可以培养出一系列高效的抗菌药物,如来源于多种链霉菌的 teleocidin 即为一种强抗菌药物。海洋毒素是海洋生物研究进展最为迅速的领域,多数海洋毒素具有独特的化学结构。

随着研究范围的不断拓展,涉及的海洋生物逐渐向远海、深海、极地、高温、高寒、高压等常规设备和条件难以获得的资源和极端环境资源方面扩展。目前,已从各种海洋生物中分离获得 20 000 余种海洋天然产物,新发现的化合物以平均每 4 年增加 50% 的速度递增。海洋天然产物结构涵盖大多数的主要结构类型,包括单糖、多糖、氨基酸、蛋白质、无机盐、皂苷类、甾醇类、生物碱类、萜类、大环内酯类、核苷类等。筛选目标主要是用于治疗严重危害人类健康的癌症、心脑血管疾病、病毒感染(人类免疫缺陷病等)及其他疑难病症。当前,应用高新技术分离、提取、纯化海洋生物活性物质是药用海洋生物资源开发的热点,并且已取得可喜的进展。在未来的科技进步中要不断提高生产中底物的利用率,以取得更大的经济效益。

五、海洋微生物资源开发

生命起源于海洋,海洋中蕴藏着丰富的微生物资源,是具有巨大开发潜力的资源宝藏。海域根据其归属,可划分为国家管辖海域、争议海域和没有国家归属的国际海域。海洋占地球表面积约 70%,其中深海(水深>1 000 m)约占海洋总面积的 90%,而且大部分处于国家管辖海域之外。深海中蕴藏着丰富的资源,包括油气、矿产、微生物及其基因等,是地球上最后的待开辟的疆域。

(一)国际海洋微生物资源的竞争日趋激烈

近年来国际上对深海极端环境微生物资源的争夺十分激烈,深海极端环境微生物的开发和利用已成为 21 世纪各国竞相发展高新技术的重要战略组成部分。目前,各类深海极端微生物及其基因资源在生物、医药、工业、农业、食品、环境等领域的开发应用取得了突破,已经形成了数十亿美元的产业。近年来,日本发现和开发出了大量的深海来源的嗜碱菌株和碱性生物酶,获得 20 多项相关专利,其中碱性纤维素酶、环糊精酶、碱性蛋白酶等已在工业上广泛应用。

深海微生物的特殊代谢途径将产生结构全新的药物候选物,为创新药物研发提供丰富的模式化合物。从深海微生物中寻找新结构或新作用机制的生物碱、萜类、大环内酯类、肽类、多糖及其组合物等具有生物活性的先导化合物,通过分子生物学、分子药理学、计算机辅助药物设计、结构生物学以及组合化学等深入研究,可修饰优化获得具有开发前景的新药候选化合物,用于治疗重大疾病如恶性肿瘤、耐药性感染性疾病、艾滋病和肝炎等。

全球每年因病害导致的农作物减产可高达 20%,目前仍然缺乏有效的病害防治策略。深海微生物具有产生多种新颖抑菌活性物质的巨大潜力,并具有开发出优秀的天然新杀菌剂的潜力。因此,深海微生物及其基因资源的开发利用将形成 21 世纪一个新的产业生长点。

(二)我国已成为国际深海微生物研究的主要团队之一

我国目前已成为国际上少数几个能系统开展深海微生物及其基因资源调查的国家之一。我国已有了较好的国际海域科研调查队伍和调查平台,初步具备了开展深海微生物及其基因资源基础研究和应用潜力评估的深海微生物实验室及相关研究技术平台。在国际海域调查方面,发现了多个新的热液区,开展了硫化物资源等综合调查,微生物样品来源有较好基础。

目前,我国已经筹建了较好的深海微生物及其基因资源的研究平台。2010 年,我国自主研制的 ROV 和蛟龙号载人潜器等高科技深海调查设备研制成功,并成功通过了海试。

我国已经成为一支在国际上具有较大影响力的深海微生物研究力量,积极开展了国际合作交流,组织了多次深海微生物学国际研讨会。2011 年成立深海生物基因资源工作组,整合了国内海洋微生物研发优势力量,承担大洋生物资源重大项目。随着国家投入的不断加大以及相关深海专业的发展,我国的深海微生物勘探团队将成为国际深海微生物研究的主要团队之一。

六、极端环境海洋生物资源开发

海洋生物资源是十分巨大的有待深入开发的生物资源,海洋环境的多样性决定了生物的多样性,同时也决定了化合物的多样性。发掘新的海洋生物资源已成为海洋药物研究的一个重要发展趋势。

海洋广阔无垠,环境多样,包罗万象,既有温和的一面(昼夜温差小,年温度差小),也有鲜为人知的严酷极端的一面。极端海洋环境主要集中在深海环境和极地海洋环境。深海中水体压力更大,缺氧甚至无氧,持续低温,偶有高温或冷泉;极地海洋环境异常极端,寒冷、高盐和强辐射是其主要特征。在如此极端的海洋环境中生存繁衍的海洋生物,必须具备适应极端生存环境的生命系统。因此,极端环境海洋生物不仅种类独特,而且含有很多极具潜力的活性物质和基因资源,具有巨大的科研和商业开发前景。这是与陆地资源截然不同的新型资源。

极端环境海洋生物具有极强的适应环境的能力,它们体内产生了结构特异、性质特殊的海洋生物活性物质。随着极端海洋生物技术的迅速发展,人们不断发现具有药用价值的新型化合物,从极端环境海洋生物体内可以提取到大量抗肿瘤、抗菌、抗病毒、抗凝血、降压降脂等生物活性物质。目前国外已经开始尝试从深海和极地环境海洋生物中筛选新的特效抗生素。例如,利用富含不饱和脂肪酸的海洋生物来生产 EPA(二十碳五烯酸)和 DHA(二十二碳六烯酸),这两种不饱和脂肪酸具有降血脂、降血压、抑制血小板聚集、提高免疫能力的作用,并且可抑制肿瘤的生长和转移,降低癌症发生和死亡率。此外,在极端环境海洋生物中还含有特殊的毒素、抗毒素、抗冻活性物质、抗辐射活性物质等,这些活性物质都具有广阔的应用前景。

极端环境海洋微生物产生的极端酶一直都是海洋活性物质研究的热点之一。酶是一种生物催化剂,很多酶在高温、低温或者强酸碱环境下均会失去活性,这就限制了其应用范围。极端环境海洋微生物酶的发现,正好弥补了这一不足。极端酶可大致分为嗜热酶、嗜冷酶、嗜酸酶、嗜碱酶、嗜压酶、嗜盐酶等,在普通酶失活的条件下它们仍然能保持较高的活性,其优异的催化效果无疑会给众多的应用领域增添新的活力,它们的应用和发展将为用酶工业带来一场革命。目前对极端环境海洋微生物酶的开发利用主要集中在嗜热酶和嗜冷酶。嗜热酶具有良好的热稳定性,在食品加工和化工领域广泛应用。例如,嗜热蛋白酶、淀粉酶等水解酶用于食品加工,可防止食品污染,改善食品的风味与营养价值;淀粉工业加工中选用超嗜热的葡萄糖异构酶可提高果糖的产量,去污剂中加入耐碱蛋白酶可显著提高洗涤效率,耐碱酶用于脱毛工艺可显著提高脱毛的效率和质量。嗜冷酶低温催化能力强,已广泛应用于医药、日用化工、环境保护和食品加工等领域。

极端环境海洋生物由于其得天独厚的极端生存环境,成为人们获取独特功能基因的最佳对象,它们将成为人类最为重要的基因宝库。目前国际上,极端环境海洋生物基因资源的开发应用已经带来数十亿美元的产业价值。例如,美国灵达基因研究所从深海生物中提取了一段与人类完全吻合的基因,通过高科技手段将其优化组合,进入人体后通过细胞膜渗透到细胞内,一方面可修正人体即将出错和已经出错的基因,另一方面还填补了人体已经失去的基因,从而达到了防病治病的目的。又如,在极地海洋低温生物中发现了大量的抗冻、耐盐等抗逆基因。最近研究人员从南极发草中发现了一种"抗冻基因",这种基因使南极地带的草在−30℃

的条件下仍可以存活,将这种抗冻基因导入模式植物拟南芥体内,使其具备了抗冻特性,在抗冻农作物改良和品种选育领域具有十分广阔的应用前景。

极端环境海洋生物在其他许多领域也有广阔的应用开发前景。例如,极端环境海洋微生物具有普通海洋微生物不可比拟的抗逆能力,在环境保护方面具有重要应用价值。极端环境海洋微生物可有效富集重金属、降解石油烃、清除持久污染物,这对极端环境中污染的生物治理和修复起着重要作用。在极地低温海洋生态系统中,低温微生物在降解石油污染物的过程中起关键作用。低温石油降解菌在阿拉斯加溢油污染低温生物修复中获得巨大成功。

在深海和极地海洋环境中可开发的渔业资源正在研究之中,目前主要以南极磷虾为主。南极磷虾是全球可捕量最大和具有重要开发潜力的海洋渔业资源,生物资源量达 50 亿 t,近几年的国际捕捞量增长很快。南极磷虾是地球上蛋白质含量最高的生物之一,体内富含虾油、虾青素、低温酶等活性物质,能够在医药、分子生物、化工、农业、水产等领域广泛应用,综合深度开发价值巨大。挪威、阿根廷、俄罗斯等国已建成集南极磷虾捕捞和加工生产于一体的大型船只,生产的南极磷虾油等作为保健食品风靡欧洲各国。

总之,极端环境海洋生物资源具有巨大的开发利用潜力,是人们梦寐以求的理想生物资源,也是国际海洋生物学研究的热点。目前,国外在极端环境海洋生物资源开发利用研究领域中已经开展了大量工作,产业化趋势在加快;我国对极端环境海洋生物资源的研究起步较晚,尚需加大研究投入力度,以便更好地开发利用极端环境海洋生物资源。

第三节　海洋生物资源开发典型工艺

一、海产食品开发典型工艺

(一)干制食品

调味鱼片干由于使用了精盐、砂糖、山梨醇、调味液等浸渍,咸甜适宜,滋味鲜美,具有烤淡水鱼特有香味。产品色泽为黄白色,边沿允许略带焦黄。鱼片形态平整,片形基本完好,肉质疏松,有嚼劲。国内生产的调味鱼片干的主要原料是马面鱼。调味鱼片干现有两类,一类是调味的生鱼片干,适于外销;另一类是调味的熟鱼片干,在国内市场上广泛销售。

1. 工艺流程

鲜鱼→清洗、剖片→漂洗、沥水→称重、调味→摊片→烘干→揭片→回潮→烤熟→轧松→包装。参考配方:鱼 100 kg,砂糖 6 kg,精制食盐 1.6~1.8 kg,味精 1.2~1.3 kg,山梨糖醇 1.1~1.2 kg。

2. 操作要点

(1)原料鱼的选择。采用鲜度良好的冰鲜或冷冻马面鱼,严格剔除不合格鱼。解冻后的马面鱼,要注意保持鲜度,夏季应加冰保鲜。

(2)清洗、剖片。马面鱼的初加工是指剥皮、去头、去内脏,并将鱼体腹腔内壁清洗干净,沿背骨剖取两片鱼肉,要求鱼片形态完整不破碎。

(3)漂洗、沥水。根据原料鲜度,将剖好的鱼片浸入 20 ℃以下的水中漂洗 45~60 min(冰鲜原料为 60 min），每隔 10 min 左右搅拌 1 次，将鱼片上的黏膜及污物、脂肪和异味等物质随水漂洗干净。漂洗后沥水以 10~15 min 为宜。

（4）称重、调味渗透。将漂洗、沥水的鱼片，按固定质量称取（每盒或盘 15 kg），并将预先按质量比例配好的调料（糖 6%、味精 1.2%、精制食盐 1.8%），均匀地撒在鱼片上，根据冻鲜原料不同，适当加水拌和，同时要避免拌得过于激烈而使鱼肉碎裂。鱼片调味拌匀后，在 20 ℃以下渗透 1 h，每 20 min 翻拌 1 次，使调味品充分、均匀地渗透进鱼肉中去。

（5）摊片、烘干。将渗透完毕的调味鱼片，取长度相近（长度差不超过 1 cm）的 2 片，沿背部的一边拼接粘连，鱼片背面向下，头尾相接，平整地摊在绷紧的尼龙网架上。摊片拼接应注意中间拼缝处不能有空隙，尾端不能分开，边缘没有不平整现象。网架摊满鱼片后，放在烘车上推入烘房进行烘干。烘干温度控制在 40 ℃左右，不超过 43 ℃（阴雨天温度可略高），鱼片干燥后期可降至 36~38 ℃，使烘出的鱼片水分含量在 18%~22%。

（6）揭片。烘好的鱼片冷却至常温后进行揭片。揭鱼片时用力要适中，注意勿将鱼片撕裂或损坏尼龙网。经干制的鱼片可存放在塑料筒中送入下道工序。肉厚未干的鱼片需进行第 2 次烘干。

（7）回潮。生鱼片回潮时要大小片分开，分别回潮以便分别烘烤。一般回潮方式是将鱼片装入有孔塑料周转箱内，再将塑料箱放入水池。一旦鱼片浸没水，随即把塑料箱提起上下翻动鱼片，沥去余水，并将塑料箱倾斜放置。一般回潮时间为 1h 左右，以鱼片表面无明显水渍为宜。经回潮处理后的生鱼片水分含量一般控制在 24%~25%。高温季节，回潮时间相应缩短，时间过长会引起鱼片发酵变质。

（8）烤熟。将回潮的鱼片均匀摊放在烤炉的钢丝条上（一般鱼片背部向下），经过 240~250 ℃、3 min 左右时间的高温烘烤。这样烘烤出来的鱼片就会呈金黄色，有纤维感。

（9）轧松。烤炉除将鱼片烤熟外，还具有消毒杀菌作用。但由于鱼片经烘烤后水分蒸发，组织收缩而变硬，不便食用，所以必须经拉松机二次轧松。

（10）称重包装。根据一定的包装规格进行称量，并立即装入聚乙烯无毒塑料薄膜袋内进行封口。

（二）罐头食品

1. 清蒸鱼罐头加工工艺

（1）工艺流程

原料验收→三去（去鳞、去鳃、去内脏）→洗净→加海藻酸钠溶液→第一次抽真空→加氯化钙溶液→第二次抽真空→加调味料、装袋→真空封袋→杀菌→冷却→成品。

（2）操作要点

①原料处理。将鳞、鳃、内脏去除干净。

②清洗。要求用毛刷逐个刷洗鱼体内外表面污物，并用清水将血水漂洗干净。

③海藻酸钠溶液的配制。将水煮沸冷却至 60 ℃左右，用碳酸钠将其 pH 值调整为 8~9；然后在搅拌下缓慢加入海藻酸钠，加完后继续搅拌至海藻酸钠全部溶解，再将 pH 值调整为 7，配制成浓度为 1% 的海藻酸钠溶液。

④第一次抽真空。将海藻酸钠溶液和鱼品一起放入容器，在 0.08 MPa 的压力下抽真空 30 min。

⑤氯化钙溶液的添加。将浓度为 0.4% 氯化钙溶液倒入海藻酸钠溶液的鱼品中。

⑥第二次抽真空。在 0.08 MPa 的压力下抽真空 30 min。

⑦加调味料、装袋。取出鱼品,沥干,将香菇、姜片、葱白等填入鱼腹,装袋,并向袋内加入一定量的调味液。

⑧封袋。采用真空封口方式封口。

⑨杀菌。将鱼装袋封口后,应立即杀菌,时间不超过 30 min。杀菌公式为 10 min→30 min→10 min/121 ℃,反压 1.8 kg/cm²。

2. 清蒸对虾罐头加工工艺

(1)工艺流程

原料验收→处理→预煮→装罐→排气→密封→杀菌→冷却。

(2)操作要点

①原料处理。挑选新鲜对虾,小心去头、壳,用不锈钢小刀剖开背部,取出内脏,按大小分级,在冰水中洗涤 1~2 次。

②预煮。将虾肉放入浓度为 15% 的已沸盐水中,虾与盐水比为 1:4,按对虾大小分开预煮。预煮时可加适量护色剂,大虾煮 9~12 min,小虾煮 7~10 min,脱水率约为 35%。

③装罐。虾肉 295 g、精盐 4 g、味精 1 g,装入 962 号抗硫涂料罐,虾肉用硫酸纸包裹,排列整齐。

④排气及密封。热排气,罐头中心温度 80 ℃ 以上;真空抽气,真空度为 0.067 MPa。

⑤杀菌及冷却。杀菌公式为 15 min→70 min→20 min/115 ℃ 快速冷却至 38 ℃ 左右,取出擦罐入库。

(三)腌熏食品

1. 冷熏法

将原料鱼盐腌一段时间,至盐清溶液达 18~20 波美度,进行脱盐处理,再调味浸渍后,在 15~30 ℃ 的温度范围内进行 1~3 周烟熏干燥,这种承制方法称为冷熏法。冷熏法生产的冷原品储藏性较好,保藏期 1 个月以上。冷原品的水分含量较低,一般在 40% 左右。

(1)工艺流程

原料去头、内脏、鳞→洗净→盐渍→脱盐→调味浸渍→干燥→烟熏→包装→成品。

(2)操作要点

①原料的选择与处理。原料鱼最好要选用刚捕获的新鲜鱼或存放一定时间后新鲜度较好(处于自溶阶段)的原料鱼,要求鱼体完整,气味、色泽正常,符合制作烟熏制品的鲜度标准。按鱼的种类和大小分别进行剖割、腌渍和烟熏,使制品的质量规格统一。洗净鱼体上的污物,体重 1 kg 以下的采用背开法,并挖去两鳃;1 kg 以上的鱼采用开片法,即先去掉头、尾,然后背开剖成两片。剖割后的鱼,除去内脏、血污,洗净腹内黑膜。并立即用清水洗刷干净,然后用清洁的流水或井水进行漂洗,漂洗后应沥去表面水分,注意大型鱼如需切块,每块大小要求一致,其质量不应小于 250 g。

②盐渍。盐渍的目的是使鱼肉脱水、肉质紧密,并具有一定的盐味。盐渍采用干盐法进行,可在容器底部撒一层 1 cm 厚的食盐,按一层鱼一层盐的方式整齐排列,待腌鱼(鱼片或鱼块)至九成满时加盖封面盐,用盐量为 12%~25%。腌渍 1~2 天后铺上一层硬竹片,上压石块

至卤水淹没鱼体为宜,石块质量一般为鱼重的 15%~20%。盐渍温度以 5~10 ℃为宜,腌渍至盐渍溶液达 18~20 波美度为宜。

③脱盐。脱盐是在水中或在稀盐溶液中浸渍,采用流水脱盐的效果最好,用静水脱盐则必须经常换水。脱盐的目的一是除去过剩的食盐,二是除去容易腐败的可溶性物质。脱盐时间受原料种类、大小、鲜度、水温、水量和流水速度的影响,脱盐程度的判定方法是将脱盐鱼烤后品尝,以稍带咸味为宜。

④调味浸渍。用脱盐后鱼体重 50%的调味液进行调味浸渍,在 5~10 ℃的条件下,浸渍 3 h 以上,或者在 5 ℃冷库中浸渍一夜。调味液参考配方为水 100 g、食盐 4 g、砂糖 2 g、味精 2 g、核酸调味料 0.4 g。

⑤干燥。浸渍后的原料沥干调味液后,在熏制前必须先行风干,除去鱼体表面的水分,使烟熏容易进行,用 18~20 ℃的冷风吹至表面干燥为止。

⑥烟熏。烟熏在烟熏室中进行,冷熏的理想温度为 24 ℃左右,最低为 18 ℃,烟熏的前 3 天温度为 18~20 ℃,第 4 天温度升至 20~22 ℃,1 周以后升至 23~25 ℃,熏至水分含量为 40%左右适宜。开始时如温度过高,会引起鱼体破损,品质下降。

⑦包装。照制完成后整形包装,用塑料复合袋真空包装,产品可常温保藏 3 个月左右。

2. 温熏法

(1)工艺流程

原料→去头、内脏、鳞→洗净→调味浸渍→干燥→烟熏→包装→成品。

(2)操作要点

①原料处理。将符合鲜度要求的原料鱼去头、内脏、鳞,剖片、去中骨后,洗涤干净(方法同冷熏法)。

②调味浸渍。用鱼片重 50%的调味液进行调味浸渍,浸渍时间根据鱼片厚薄、鱼的种类、温度和制品要求而定,一般在 5~10 ℃时,浸渍时间为 2 h 左右。所用的调味液参考配方为水 100 g、食盐 0.5 g、砂糖 15 g、味精 0.5 g、酱油 8 g、黄酒 3 g、香辛料少量、山梨酸 0.1 g。

③干燥。调味浸渍后的原料在烟熏前必须先进行风干,除去鱼体表面的水分,使烟熏容易进行,风干用 40 ℃左右的热风吹至表面干燥为止。

④烟熏。烟熏开始时温度为 30 ℃,随着烟熏的进行温度逐步上升,至最后的 1~2 h 温度达 70~90 ℃,开始时如温度过高,会引起鱼体破损,品质下降。烟熏时间根据鱼片厚薄、鱼的种类和制品要求而定,一般 3~8 h,温熏鲤鱼片的熏制时间一般 4~5 h。温熏制品的水分含量般在 55%~65%。

⑤包装。温熏完成后将制品冷却至室温,整形包装,用塑料复合袋真空包装,要长时间保藏必须冷冻或杀菌后罐藏,常温保存只能存放 4~5 天。

3. 热熏法

热熏法采用 120~140 ℃高温、2~4 h 短时间烟熏处理,由于温度高,鱼体立即受到煎煮和杀菌处理,是一种可以立即食用的方便食品。鱼的水分含量很高,致使烟熏困难。因此,热熏前原料必须先进行风干,除去鱼体表面的水分,使烟熏容易进行。热熏产品颜色、香味均较好,但水分含量较高保藏性能差,必须立即食用或冷冻保藏。

（四）鱼糜制品

1. 工艺流程

原料鱼处理清洗（洗鱼机）→采肉→漂洗脱水→精滤绞肉→擂溃→成型→凝胶化冷却→加热→包装。

2. 加工机械设备

包括洗鱼机、采肉机、绞肉机、擂溃机、离心机或压榨机、精滤机、各种成型机、自动恒温凝胶化机、冷却机、真空包装机或自动包装机等。

3. 操作要点

（1）原料选择

用于制作鱼糜的原料品种有 100 余种。一般选用白色肉鱼类，如白姑鱼、梅童鱼、海鳗、狭鳕、蛇鲻和乌贼等，生产的制品弹性和色泽较好。红色鱼肉制成的产品白度和弹性不及白色鱼肉，但在实际生产中，由于红色鱼类如鲐鱼和沙丁鱼等中上层鱼类的资源很丰富，仍是重要的加工原料，所以还要充分利用，只是在工艺上需要改进，以提高其弹性和改善色泽。目前世界上生产鱼糜的原料主要有沙丁鱼、狭鳕、非洲鳕、白鲦等。除了利用海水鱼资源做原料外，淡水鱼中的鲢鱼、鳙鱼、青鱼和草鱼亦是制作鱼糜的优质原料。鱼类鲜度是影响鱼糜凝胶形成的主要因素之一。以狭鳕为例，捕获后 18 h 内加工鱼糜可得到特级品，冰保鲜 35~72 h 加工可得到一级鱼糜。原料鲜度越好，鱼糜的凝胶形成能力越强，一般生产的鱼糜制品在弹性上要求能够达到 A 级，因此原料鱼假如不能在海船上立即加工就必须加冰或用冷却海水使其温度保持在 −1~0 ℃。

（2）原料处理

目前原料鱼处理基本上采用人工方法。先将原料鱼洗涤干净，除去表面附着的黏液和细菌（可使细菌减少 80%~90%），然后去鳞或皮，去头，去内脏。剖割方法有两种，一是背割（沿背部中线往下剖）；二是切腹（从腹部中线剖开）。再用水清洗腹腔内的残余内脏、血污和黑膜。这一工序必须将原料鱼清洗干净。否则内脏或血液中存在的蛋白分解酶会对鱼肉蛋白质进行部分分解，影响鱼糜制品的弹性和质量。清洗一般要重复 2~3 次，水温控制在 10 ℃ 以下，以防止蛋白质变性。国外在海船上处理鱼体已采用切头机、去鳞机、洗鱼机和剖片机等综合机器进行自动化加工，国内一些企业也已开始陆续配备这些设备，大大提高了生产效率。

（3）采肉

自 20 世纪 60 年代后开始使用采肉机，它采用机械方法将鱼体皮骨除掉而把鱼肉分离出来。国内使用较多的是滚筒式采肉机。采肉时，鱼肉穿过采肉机滚筒的网孔眼进入滚筒内部，骨刺和鱼皮在滚筒表面，从而使鱼肉与骨刺和鱼皮分离。采肉机滚筒上网眼孔选择范围在 3~5 mm，根据实际生产需要自由选择。用红色肉鱼类如鲐鱼、沙丁鱼做鱼糜时，由于红色肉在鱼体肌肉组织中是由表及里呈梯形分布的。为了控制红色肉的混入量，一般通过降低机械采肉的采肉率来控制。

（4）漂洗

漂洗可以除去鱼肉中水溶性蛋白质、色素、气味和脂肪，提高鱼肉的弹性和白度。它是鱼糜生产的重要工艺技术，对提高鱼糜制品质量及保藏性能起到很大的作用。漂洗有清水漂洗和稀盐碱水漂洗两种，根据鱼类肌肉性质选择。一般白色鱼肉类直接用清水漂洗；红色鱼肉类中的上层鱼类如鲐鱼、远东拟沙丁鱼等用稀盐碱水漂洗，以有效防止蛋白质冷冻变性，增强鱼糜制品的弹性。

①清水漂洗。该方法主要用于白色鱼肉类，如狭鳕、海鳗、白姑鱼、带鱼、鲢鱼等。介于白色鱼肉与红色鱼肉之间的鱼类也可使用此法。根据需要按比例将水注入漂洗池与鱼肉混合，鱼∶水 =1∶（5～10），慢速搅拌，使水溶性蛋白等充分溶出后静置，使鱼肉充分沉淀，倾去表面漂洗液。再按上述比例加水漂洗，重复几次。清水漂洗法会使鱼肉肌球蛋白充分吸水，造成脱水困难，所以通常最后 1 次漂洗采用 0.15% 食盐水进行，以使鱼球蛋白容易脱水。

②稀盐碱水漂洗。主要用于多脂红色鱼肉类。先用清水漂洗 2～3 次，再以鱼∶稀盐碱水 =1∶（4～6）的比例漂洗 5 次左右。稀盐碱水由 0.1%～0.15% 食盐水溶液和 0.2%～0.5% 碳酸氢钠溶液混合而成。

（5）脱水

鱼肉经漂洗后含水量较多，必须进行脱水。脱水方法有两种：一种是用螺旋压榨机除去水分；另一种是用离心机离心脱水；少量鱼肉可放在布袋里绞干脱水。温度越高，越容易脱水，脱水速度越快，但蛋白质易变性。从实际生产工艺考虑，温度在 10 ℃ 左右较理想。

（6）精滤

用精滤机将鱼糜中的细碎鱼皮、碎骨头等杂质除去。红色鱼肉类所用过滤网孔直径为 1.5 mm，白色鱼肉类网孔直径为 0.5～0.8 mm。在精滤分级过程中必须经常向冰槽中加冰，使鱼肉温度保持在 10 ℃ 以下，以防鱼肉蛋白质变性。

（7）擂溃或斩拌

将鱼肉放入擂溃机内擂溃，通过搅拌和研磨作用，使鱼肉肌纤维组织进一步破坏，为盐溶性蛋白的充分溶出创造良好的条件。先将鱼肉空擂几分钟，加入鱼肉量 2% 的食盐继续擂溃 15～20 min，使鱼肉中的盐溶性蛋白质充分溶出变成黏性很强的溶胶，再加入调味料和辅料与鱼肉充分搅拌均匀，俗称"拌擂"，最后加入溴化钾、氯化钾、蛋清等弹性增强剂，促进鱼糜胶化。擂溃过程中适当加冰或间歇擂溃降低鱼肉温度。擂溃时间以 20～30 min 为宜，时间过长过短都会影响鱼糜质量。

（8）成型

鱼糜制品过去主要依靠手工成型，现在已发展成采用各种成型机加工成型，如天妇罗万能成型机、鱼丸成型机、鱼卷成型机、三色鱼糕成型机及各种模拟制品成型机。成型操作与擂溃操作要连续进行，不能间隔时间太长，或将鱼糜放入 0～4 ℃ 保鲜库中暂放，否则擂溃后的鱼糜会失去黏性和塑性不能成型。

（9）凝胶化，冷却

鱼糜成型后需在较低温度下放置一段时间，以增加鱼糜制品的弹性和保水性，这一过程称为凝胶化。根据凝胶化的温度可分为四种，即高温凝胶化（35～40 ℃，35～85 min）、中温凝胶化（15～20 ℃，16～20 h）、低温凝胶化（5～10 ℃，18～42 h）、二段凝胶化（先 30 ℃，30～40 min 高温凝胶化，然后 7～10 ℃，18 h 低温凝胶化）。凝胶化温度和时间应根据产品需求及消费习惯等因素灵活掌握。

（10）加热

加热方式有蒸、煮、烤等。加热设备包括自动蒸煮机、自动烘烤机、鱼丸和鱼糕油炸机、鱼卷加热机、高温高压蒸煮机、远红外线加热机和微波加热设备等。鱼糜制品加热可以使蛋白质变性凝固并起到杀菌作用,能使鱼糜制品的保存期大大延长。

(五) 海藻食品

海带卷是用海带卷入芯料结扎、调味煮熟的海带食品,也是源于日本的风味食品,其制作时先将海带(干燥原料)软化后,切成适当尺寸,卷入芯料。芯料可以是小鱼干、鱼糜、冻豆腐、干菜等各种原料,然后采用蒸煮方法进行调味炊煮。

1. 工艺流程

原料海带→水洗→水煮→冷却→盐渍→脱水→裁料→打卷(打结)→检验→称重→包装→冷藏。

2. 操作要点

①原料。选择在无污染海域中人工养殖的海带。要求其品质新鲜,叶体肥厚,无泥沙杂质,无病着病斑、虫残及孢子菜。

②水洗。用洁净的海水把海带冲洗干净。

③水煮。将海带投入煮沸机中,机器中的水必须用过滤后的海水,水温要控制在 85~95 ℃,水煮不超过 1 min。

④冷却。把煮熟的海带立即投入冷却机中,进行 2 次冷却,使之迅速晾透,以固定色泽。

⑤盐渍。把冷却的熟海带投入脱水机中,脱水至无滴为止。及时加拌精盐,加盐量为海带鲜品量的 40%,需使所有海带都能均匀地附上盐,再将其投入 23~25 波美度的饱和盐池内盐渍,盐渍时间一般为 48 h。

⑥脱水。把盐渍好的海带取出,用该盐水把海带洗净,装洁净筛筐,在顶层加适当压力进行脱水,至熟菜水分含量 59%~60% 为止。于是就制成了加工盐渍熟海带卷(结)原料。

⑦裁料。中带部宽 7 cm 的顺次切成 12 cm 长的块,作为卷料;不足的将中带部自上而下裁成长 11 cm 或 12 cm、宽 1.8 cm 的条(实际加工中以菜体的厚薄来决定其长度,厚度在 0.1 cm 以上的条裁为 12 cm,否则裁为 11 cm),作为结料。

⑧打卷。将卷料平均叠 3 次,并用牙签别住开口处两层,使其呈筒状;牙签别在最厚处,牙签入部分为 2 cm,距离开口处 1 cm(别的距离过短,海带易碎裂,造成开卷)。然后以牙签为中心将两边藻体部切掉,卷长分别为 10 cm、9 cm、7 cm(卷长根据海带中带部宽度而定)。

⑨打结。结以三角形为最佳,两翼的长度要求一致,都为 3~3.5 cm,按厚度分为 0.15 cm、0.1 cm 和 0.08 cm 三种。

⑩称量。采用标准衡器,最大称量值不得大于被称物品的 5 倍,按每箱净重 15 kg 准确称量。

⑪包装。用符合国家有关卫生标准的塑料袋、纸箱包装,将称量后的卷(结)装入塑料袋中(卷要整齐摆到袋内),排尽空气,扎好袋口,装入纸箱。

⑫冷藏。包装后的卷(结)要冷藏。

(六) 休闲食品

1. 虾片

用小虾之类的海产食物为基本原料制成膨化片状食品,因具有二氧化碳的微小气穴而获得膨化的性质。

（1）原料配方

冷水 2 kg，木薯粉 1 kg，虾肉糜 500 g，砂糖 200 g，鸡蛋 80 g，发酵粉 2 g，食盐 80 g，鱼酱油 40 g，谷氨酸钠 10 g。

（2）工艺流程

原料处理→制膏→成型→蒸熟→冷藏→切片、干燥→烹炸→包装。

（3）操作要点

①原料处理。生产虾片应首先制好虾糜。小虾通常是由冻虾块提供的。第一步，用碎冰机或类似的设备破碎冻虾块，然后将碎虾体投入研磨机搅拌和研细。在这一乳化过程中，还可根据需要适当加水。

②制膏。将全部原料在搅拌器里混合，制成软膏体，然后放入搅和机（和面机）里反复揉合，直到形成十分均匀的冷膏体为止。

③成型。为使冷膏体达到预先要求的形状，通过灌肠机之类的装置，把冷膏体充填到直径约 3 cm、长度约 50 cm 的尼龙袋之类的装置之中，用事先经蒸汽处理过的布把充填好的尼龙袋包扎牢固。

（4）蒸熟

将包扎在尼龙袋中的面团圆柱体用蒸汽加热到 100～130 ℃，约 40 min 完成蒸熟和糊化。面团密封于尼龙袋中，其表面不与袋外水蒸气冷凝而形成的水分相接触，也不与微生物和外界空气相接触。由于袋子是用很薄的标准尼龙或效果相同的塑料薄膜所构成，因而在气蒸和下一步的冷藏硬化过程中可使面团中的水分含量保持恒定。

（5）冷藏

在解除包扎布料而剥除尼龙袋时，把尼龙袋中的发面团移入 0 ℃左右的冷藏库中降温，冷藏 24 h 左右。在这一过程中，应当注意的是，既要使熟面团达到硬化以适于切片，又不使水分降低或细菌污染。

（6）切片、干燥

干燥工序的第一步，是把圆柱状熟面团切成 2～3 mm 厚的薄片。为防止水分从熟面团中流失，尼龙袋在切片之前才能迅速除掉。切好的薄片在干燥过程中，使每一薄片水分向外扩散，而又不形成小泡和裂缝，可在不导致虾片凹凸不平的情况下，使虾片通过 60～70 ℃的干热气流，预干 5～10 min，这一预干过程的持续时间不要过长，不要使温度提高而引起起泡现象。可在 50 ℃烘干 3 h，接着将虾片移出烘干房，在 50 ℃再干燥 3 h。不论持续烘干还是间断烘干，最后都要求每片虾片的水分含量保持在 8%～12%之间。如果虾片不是立即油炸，必要时应保存在不透空气的密闭容器中，以免水分含量有较大变化。

（7）烹炸

以动物油脂或植物油在 150～180 ℃烹炸。在前面的配料中必须加入发酵粉和木薯粉，在冷藏和冷藏硬化过程中不使水分蒸发，其结果就是在于炸片的多孔构造之间，保证具有空气和正氧化破的微小空隙，呈现膨化状态。烘干的虾片炸后比炸前体积至少增大 2～3 倍。放入油锅炸 10～20 s，然后使热虾片通过碾压设备，既可使虾片平整，又能将片体上多余的油除掉，使其油腻感大大降低，虾片更加美味可口。

（8）包装

用包装袋抽真空包装。

2. 调味鱿鱼丝

我国的鱿鱼产量巨大,加工产品主要有冻鱿鱼、鱿鱼干和鱿鱼丝等。

(1)工艺流程

原料接收→去头、去鳍、去内脏→清洗、脱皮→蒸煮→冷却→清洗→调味、渗透→摊片→烘干→冷藏、渗透→解冻、调 pH 值→焙烤→压片、拉丝→调味、渗透→干燥→称量、包装→成品。

(2)操作要点

①原料接收。除去不新鲜或成胴体发红的原料,对冷冻原料则是先放入水池解冻,控制在 2 h 以内,使整个冻块中的鱿鱼个体能分开即可,不宜完全解冻,以免墨囊中的墨汁流出。

②去头、去鳍、去内脏。用刀切断头部与躯干部的连接,去掉头,拉出内脏,操作时应小心,勿使墨囊中的墨汁流出,然后切除胴体周边的鳍。

③清洗、脱皮。先用清水洗去胴体上附着的污物然后脱皮。脱皮的方法主要有两种:一种是机器脱皮,把胴体推过脱皮机的转动刀口即可撕下外面的皮层;另一种则是蛋白酶脱皮,将鱿鱼胴体放入酶液中处理一定时间,取出后手工脱皮。

④蒸煮。在接近沸腾的夹层锅中放入鱿鱼胴体,煮 3 min,使酶类失活,微生物死亡。

⑤冷却。取出蒸煮后的鱿鱼胴体,用常温下的自来水浇淋降温,然后放入 10 ℃左右滚筒式的冰水槽内冷却。

⑥清洗。用清水洗去附着的碎皮和碎软骨等。

⑦调味、渗透。用食盐、糖、味精和一系列添加剂配制好调味液,将胴体放入充分搅拌,然后于冷却室放置 12 h,让调味液充分渗入到胴体内。

⑧摊片。将调味后的侧体平摊在金属网片上,然后一层一层放入烘车的搁架上,准备烘干。

⑨烘干。为充分而均匀地脱去水分,烘干过程分两个阶段进行:第一阶段在 35 ℃的烘干房中放置 7~8 h;第二阶段则在 300 ℃放置 12 h,此时鱿鱼片的含水量在 45%~50%。

⑩冷藏、渗透。烘干后,为了让鱿鱼片中的水分和调味液分布均匀,将其置于−18 ℃的冷冻室冷藏 12 h,平衡水分。

⑪解冻,调 pH 值。取出冻鱿鱼在室温下解冻,然后将鱿鱼片放入温水槽中,将鱿鱼片水分恢复到规定的范围内并调整 pH 值至中性,取出沥水至不连续滴水为止。

⑫焙烤。采用电加热方式进行焙烤,温度控制在 90~120 ℃,时间 4~8 min,此时鱿鱼片的含水量为 30%左右。

⑬压片、拉丝。先进行压片,将烤干后的鱿鱼片送入上下两个滚筒之间进行滚压,鱿鱼上下两滚轮的直径大小不一,所以其转速也不一样,通过这一方式的滚压,使较硬的鱿鱼片轧松,然后由拉丝机拉丝。拉丝分两部分,先让轧松后的鱿鱼片经过齿轮滚压使其引裂,然后用拉丝刀片把鱿鱼片拉成丝。

⑭调味、渗透。将鱿鱼丝放入调味转筒中,加入糖、淀粉等调味料,充分搅拌调匀后,放入盘内,加盖,送入到渗透室内渗透,一般放置 12 h,让调味料充分渗透。

⑮干燥。渗透完后再进行干燥,采用隧道式蒸汽烘干法,将鱿鱼丝放入烘干机的自动输送带上,控制一定的温度烘 10 min 左右即可,此时产品的水分含量为 22%~28%。

⑯称量、包装。按一定的质量指标进行称量,有 25 g、50 g、100 g 等规格。将鱿鱼丝放入小塑料盘中,放入干燥剂,再放入塑料袋内封口包装,最后放入纸箱。

(七)冷冻食品

扇贝作为食品加工原料,由于与呈味有关的氨基酸含量丰富,因而具有独特风味,是我国传统的海珍品之一。扇贝的加工制品很多,除干贝外,还有煮扇贝、油渍制品、熏制品、糖渍品等多种形式。目前,作为出口产品,冷冻生扇贝柱是一种主要的产品形式,现对其加工工艺介绍如下:

1. 工艺流程

鲜活扇贝→水冲洗开壳肉→去内脏及外壳→杀菌→沥水→洗肉→分级→杀菌→洗涤→摆盘→冻结→脱盘→镀冰水→称量→包装→成品→冷藏。

2. 操作要点

①采收及水洗。采收鲜活扇贝,并在岸边利用清洁海水将其冲洗干净,除去泥污等杂质。将扇贝运到剥肉车间后,再用清洁海水或淡水冲洗以便开壳时减少细菌污染的机会。

②剥肉。剥肉时刀从足丝孔伸入,紧贴右壳把闭壳肌切断翻转,摘掉右壳,用刀挑起外套膜和内脏,并用手捏住从闭壳肌上撕下,然后将附着在左壳上的闭壳肌切下。

③杀菌。将贝柱装入箱或笼子里进行杀菌处理,并不断搅拌使杀菌液与扇贝肉充分接触。杀菌液表面要尽布满碎冰以控制杀菌液的温度。杀菌液须及时更换,以保证杀菌效果。

④洗肉。将杀菌沥水后的贝肉先用2%～3%冰盐水初洗,边洗边用镊子摘除闭壳肌上残留的外套膜、内脏及肠腺等,然后用清水冲洗干净。

⑤分级。沥水后按合同规格要求进行分级处理,在分级的同时要除去不合格或变质的贝肉。将分级后的贝肉放笼中或箱中进行再次杀菌洗涤。

⑥冻结、镀冰衣。在清洗消毒过的不锈钢盘或铝盘上先铺上一层干净无毒的塑料布,然后把贝肉散放在上面,要求贝肉不相连且呈单体状。速冻要求在-28 ℃条件下进行,贝肉中心温度达-25 ℃以下才算完成冻结。冻结完毕立即将贝肉抖散,装入笼或筐里,在杀菌消毒液或清洁冷水中瞬间浸渍后捞起并晃动,使贝肉表面镀上一层均匀的冰衣。

⑦包装。将单冻贝肉称量后用聚乙烯袋包装,并加热封口,检封合格的成品送-18 ℃或-20 ℃的冷库中冻藏。

二、海产功能性食品开发典型工艺

(一)调味品加工典型工艺——虾调味料(虾油和虾粉)的制备工艺

1. 工艺流程

虾头处理→酶解→过滤→浓缩→调味、均质→装瓶→杀菌→成品。

2. 工艺要点

①虾头处理。采用生虾头为原料,经洗净后加等量水一起捣碎备用。

②酶解。经捣碎的虾糜入反应釜内,加0.1%～0.2%（以虾头重计)的复合蛋白酶,控温40～60 ℃,经2～4 h酶解完成。

③过滤。酶解液先经粗滤除去虾头壳,滤液加热煮沸杀酶,再精滤除去沉淀物(制作虾粉用)。

④浓缩、调味、均质。滤液经真空浓缩后加辅料调味,再经均质机均质。

⑤装瓶、杀菌。经均质后的虾油进行称量装瓶(每瓶 350 g)压盖放入杀菌锅内,控温 90~95 ℃、时间 30 min。然后将玻璃瓶装箱储藏。精滤后的滤渣,经脱色再真空或冷冻干燥即得固体虾粉。

(二)保健品加工典型工艺——可溶性食用鱼蛋白粉加工技术

该产品营养丰富,水溶性好,易于人体消化吸收。它可用作氨基酸强化食品基料、奶粉代用品,也可开发为营养汤料、调味品及鱼蛋白饮料产品。可溶性食用鱼蛋白是医治小儿因消化不良引起腹泻的有效药物,还可作为癌症或手术后进食困难病人所食流质中的蛋白源。该产品制取方法很多,诸如酶法水解、酸水解、碱水解、酒精萃取脱脂等。而其酶法制取不破坏营养成分,口感好,易溶解,是近期国外发展起来的一项新技术,现介绍如下:

1. 工艺流程

鱼碎肉、鱼头、尾→捣碎→酶解→离心过滤→鱼蛋白水解液→脱色→真空干燥→粉碎→成品。

2. 工艺要点

①原料处理。将加工后下脚料中的鱼碎肉、鱼头、鱼尾为原料,洗净后加水捣碎。

②酶解。取捣碎的鱼浆至反应釜中,加水调 pH 值至 6.5~7.5,且使固液比为 5∶8,加 1%~2% 蛋白酶,在 45~60 ℃条件下反应 2~4 h,加热煮沸 10 min 使酶失活。

③离心过滤。经离心过滤,滤渣弃去(作肥料或饲料),得鱼蛋白水解液。

④脱色。用每升 10 g 的活性炭在 65 ℃下脱色 30 min。

⑤真空干燥、粉碎。在 50~55 ℃下真空干燥,经球磨机粉碎,过 200 目铜筛即得可溶性食用鱼蛋白粉。

三、海洋药物开发典型工艺

(一)海带膳食纤维的提取工艺

1. 工艺流程

海带粉→酶解→酸处理→纯碱提取→酸、碱处理→中和、凝胶→漂白→功能活化→脱水→烘干→粉碎→成品。

2. 操作要点

①原料前处理。海带原料清洗干净,干燥后粉碎得海带粉。

②酶解。用 20∶1 的纤维素酶、蛋白酶复合酶将海带粉在 50 ℃条件下酶解 1 h,过滤。

③酸处理。过滤后加入盐酸溶液常温处理 2 h,以较好地去除海带中的海藻淀粉、褐藻糖胶等非膳食纤维成分,洗净,沥去水分。

④纯碱提取。用 30 倍 "1% Na_2CO_3 溶液" 在 65 ℃条件下提取 2 h,过滤。

⑤酸、碱处理。将滤渣用浓度为 1.25% 氢氧化钠煮 30 min,用浓度为 1.0% 盐酸煮 30 min,以除去纤维组织中的杂质。

⑥中和、凝胶。滤液用盐酸调 pH 值至中性,再加氯化钡溶液,搅拌,使溶液形成凝胶过滤、冲洗。

⑦漂白。将凝胶后的胶体与经酸、碱处理过的藻渣合并,用 30 倍 "0.2% 次氯酸钠溶液",

在碱性条件下漂白 30 min。

⑧功能活化。用浓度为 0.5% 氯化钠,时间为 10~20 min,将膳食纤维中的钙交换出来,可得到膨胀力和产率均较高的膳食纤维。

⑨脱水、烘干、粉碎。用适量 95% 乙醇脱水,挤干,于 50 ℃ 真空干燥粉碎,即得膳食纤维。

（二）牡蛎中天然牛磺酸的提取工艺

1. 工艺流程

牡蛎肉→制备浆液→超声波酶解破碎→灭酶过滤→浓缩→二级分离→活性炭处理→树脂吸附纯化→沉淀→结晶、干燥→成品。

2. 操作要点

①制备浆液。把牡蛎肉放入搅拌器,加入双蒸水,牡蛎肉和双蒸水的质量比为 2∶（15~25）,搅拌成为匀浆液。

②超声波酶解破碎。把匀浆液的 pH 值调至 5.0~8.5,匀浆液的温度控制在 40~55 ℃,然后加入蛋白酶,蛋白酶的浓度控制在 0.2%~0.8%,然后用功率为 60~80 W 的超声波处理匀浆液,处理时间为 15~25 min,得到破碎液。

③灭酶过滤。将破碎液的温度提高到 90~100 ℃,保持 10 min 后,用 40 目的过滤器进行过滤,将滤渣和滤液分离取滤液。

④浓缩。将滤液置于旋转蒸发器上减压浓缩,得到浓缩液。

⑤二级分离。在浓缩液中加入 5% 的三氯乙酸（三氯乙酸与浓缩液的质量比是 1∶5）进行第一次离心分离,得到第一上清液,然后在第一上清液中以质量比为 1∶1 的比例加入 6% 的 CTAB,进行第二次离心分离,得到第二上清液。

⑥活性炭处理。把第二上清液通过 0.1% 的活性炭过滤,除去色素和杂质。

⑦树脂吸附纯化。用离子交换吸附法吸附和纯化除去色素和杂质的第二上清液,用蒸馏水洗脱,得到牛磺酸溶液。

⑧沉淀。在牛磺酸溶液中加入无水乙醇,加到乙醇的最终浓度为 60%,得到牛磺酸沉淀物。

⑨结晶和干燥。将牛磺酸沉淀物进行结晶和干燥处理,得到高纯度天然牛磺酸的白色结晶体。

（三）鱼油中 DHA、EPA 的提取及纯化工艺

1. 工艺流程

海水鱼→切碎→萃取、分离→脱胶→脱酸→脱色→脱臭→DHA、EPA 的纯化。

2. 操作要点

（1）原料

沙丁鱼、金枪鱼、黄金枪鱼和肥壮金枪鱼等海水鱼中 DHA 含量较高,是提取 DHA、EPA 的理想原料。从鱼的头部取出眼窝脂肪,以此为原料制备 DHA。此外,无糜烂、无杂质的鱼类加工的下脚料也是主要原料之一。

（2）切碎

用切碎机将原料切成 2~3 cm 的小块,然后用绞肉机进行细化。

（3）萃取、分离

细化后的鱼肉糜送入萃取罐，加入 3~4 倍质量的有机溶剂，浸提 1~2 h 后取出并尽量沥干溶有鱼油的萃取液，被萃取的物料应通过分子蒸馏除尽残余的有机溶剂，收集浸出液，分离出粗鱼油。

（4）鱼油脱胶

粗制鱼油中加入适量软化水，并充分搅拌，使鱼油中既带有亲水基团又带有亲油非极性基团的磷脂吸水膨胀，并相互聚合形成胶团，从油中沉降析出，经过滤后除去水化油脚。

（5）鱼油脱酸

脱胶后的鱼油升温至 40~45 ℃，喷入浓度为 12 g/L（50%）的烧碱溶液并充分搅拌，而后加热至 65 ℃，继续搅拌 15 min，静置分层后吸取上清液，于 105 ℃下脱水。

（6）鱼油脱色

脱色分为常压脱色和减压脱色两种，常压操作易发生油脂的热氧化，而减压操作（压力为 6.7~8 kPa，即真空度为 93.3~94.7 kPa）可防止油脂氧化。将鱼油加热至 75~80 ℃，加入适量干燥的酸性白土，并不断搅拌脱色，在没有过滤完以前，搅拌不能停止，以防吸附剂沉淀，然后用压滤机分离油脂。

（7）鱼油脱臭

脱色后的鱼油泵入真空脱臭罐，在 93 kPa 的真空度下进行脱臭处理，除去鱼油中存在的自然或加工过程中生成的醛类、酮类、过氧化物等臭味成分。精炼处理后得到淡黄色的鱼油。

（8）DHA、EPA 的纯化

一般鱼油中 DHA、EPA 等高度不饱和脂肪酸含量不一定很高，大量的还是饱和及低不饱和的脂肪酸。如用在功能性食品上，还需对鱼油中所含的 EPA 和 DHA 进行分离纯化，以提高含量。生产上常用的分离纯化方法主要有以下几种。

①低温结晶法工艺。

a. 有机溶剂萃取。在鱼油中加其 7 倍体积的 95% 丙酮溶剂溶解。

b. 低温结晶。经过滤后的鱼油，先于 −20 ℃ 低温静置过夜，滤去未结晶的饱和脂肪酸及低度不饱和脂肪酸，再于 40 ℃ 低温静置过夜并再次过滤后，即可得到不饱和脂肪酸 DHA、EPA。

②尿素复合、银盐络合法工艺。

a. 皂化。鱼油中加入 95% 乙醇溶液混合均匀，于 50~60 ℃ 加热皂化 1 h。

b. 分离脂肪酸。皂化液加水稀释后，用 6 mol/L 盐酸酸化处理，静置片刻后就可使脂肪酸分离出来，收集上层脂肪酸。

c. 尿素复合浓缩。在上述脂肪酸中加入 25% 尿素甲醇溶液，搅拌并加热至 60 ℃，保持 20 min 后于室温下冷却 12 h，过滤、收集滤液。滤液于 40 ℃ 减压蒸馏回收甲醇，再用等量蒸馏水稀释，并用 6 mol/L 盐酸调整 pH 值至 5~6，离心收集上层浓缩物。

d. 银盐络合。于富含 DHA 的浓缩物中加入浓硝酸银溶液，并加入己烷溶剂充分搅拌。

③超临界 CO_2 萃取法工艺。

a. 鱼油酯化。将鱼油醇解甲酯或乙酯化后，用尿素复合结晶法，将鱼油中饱和度较小的脂肪酸除去，以提高 EPA 与 DHA 的浓度。

b. CO_2 处理。打开钢瓶，CO_2 经过滤、冷凝后，由高压计量泵加压至设定压力，再预热至工作温度。

c. 萃取、精馏与分离。设定萃取温度为 35~40 ℃，这可最大限度地将鱼油乙酯萃取出来。精馏塔精馏压力设定为 11~15 MPa（精馏温度为 40~85 ℃，顶端温度定在 85 ℃ 为宜，柱底温度定为 40 ℃）。

d. 将鱼油乙酯引入萃取罐，打开 CO_2 钢瓶，SC~CO_2 携带着鱼油乙酯进入精馏柱。溶有鱼油脂肪酸乙酯的 SC~CO_2 在沿精馏柱上升过程中，温度逐渐升高，SC~CO_2 的密度逐步降低。由于鱼油乙酯在 SC~CO_2 相中分配系数的差异，碳链较长的重质成分的溶解度比碳链较短的轻质成分的溶解度下降得更快。重质成分不断从 SC~CO_2 析出，形成回流，回流液与上升成分进行热量与质量交换，结果使重质成分不断落下而富集。轻质成分不断上升而导出精馏柱。鱼油乙酯按相对分子质量差异，即按碳链长度分离，在较低压力下，馏分较轻的 C14、C16 酸首先得到富集，随着压力的升高，低碳成分逐渐减少，中碳成分 C18、C20 酸相继被萃取出来，最后的馏分主要是最重的 C22 酸。

④真空分子蒸馏法纯化工艺。

将尿素包含所得的高不饱和脂肪酸乙酯浓缩液，在真空度低于 100 Pa 的工艺条件下进行分子蒸馏。分别在 180~190 ℃、190~200 ℃ 和 200~215 ℃ 三个温度段上截取轻馏分、中间馏分和重组分。这样，就可以使重组分中的 EPA 和 DHA 纯度达到 70% 乃至更高。

第二章 养殖和捕捞机械与设备

第一节 养殖机械与设备

一、水产养殖业的重要地位与水产养殖机械化

当今人类所面临的人口、资源、环境三大难题日益突出。出于战略性考虑,世界各国已从过去只重视海洋捕捞转向同时重视发展水产增养殖。人们认为这是当今世界渔业生产的一个最大特点,也是渔业生产的必然发展趋势,其原因是多方面的。

(1)人们逐渐认识到,自然状态的海洋,生产力是有限的。近几十年来,由于滥捕及环境污染,许多重要的渔业资源严重衰退,出现捕捞过度现象。如鲱、鳕、鲈、鲽及我国的大、小黄鱼、带鱼等重要经济鱼类资源已显著减少。近年来,尽管世界各国的渔船、渔机、渔具和渔法越来越现代化,但渔获量总是徘徊不前,增长率下降。这说明以自然生长的鱼虾为采捕对象的捕捞业不可能无节制地发展。国内外专家学者普遍认为,今后传统渔业不会出现重大的发展。

(2)200 n mile 经济专属区的划分,限制渔业大国海洋捕捞产量的提高。海洋渔业资源的分布,主要集中在大陆架地区。那里仅占海洋总面积的 7.6%,捕鱼量却占世界海渔总产量的80%。200 n mile 经济专属区覆盖了大部分的大陆架。据调查,在 100 m 深的海洋,每 1 km^{2}有 12.5 kg 鱼,而在 300 m 深的海洋里,每 1 km^2 只有 1 kg 鱼。组织大型远洋船队投资大,耗费高,渔获量也很难大幅度提高。这就迫使各渔业大国不得不转向大力发展水产增养殖业。

(3)日益增长的世界人口对鱼类蛋白需求量迅速增长。据估计,人类消耗的动物蛋白约1/3 取自鱼类。鱼、虾、贝、藻是重要的蛋白源,味道鲜美。养殖水产品食物营养链短,产量高。消耗饲料,获取蛋白质数量,鱼是 90 g,猪仅 24 g。因此,发展水产养殖业是人类经济地获取动植物蛋白的捷径。

(4)水产增养殖业可以经济而有效地对水产资源进行补充、调整。水产资源是更新的资源,具有流动性。在一定捕捞限度范围内,尽管不断捕捞,资源仍会获得增殖。若捕捞过度就会引起资源衰退。

捕捞渔业的资源学主要研究通过对渔业的限制来实行减少资源的捕捞方法。而新兴的水产增养殖法,主要是通过生产苗种,移植放流,改造环境,改良生长条件来增殖资源,实现越捕越多的培植资源的方法,即达到水产生物的再生产。

捕捞渔业主要是将捕捞作为人类管理对象,最大限度利用水产资源,而又不使资源减少,这又称为节制捕捞。水产增养殖业则是最大限度发挥人类的主观能动作用,实现渔业的增产丰收。当前,无论是渔业大国或其他国家,为了不断提高水产产量,都在大力发展水产增养殖业。

20 世纪 90 年代以前,日本渔获量一直居世界第一,依靠发挥原有水面作用,引进先进技术,发展工业化养鱼,7 年间淡水鱼产量增加 4 倍。并在其国内普遍设立栽培渔业中心,其经费支出占全国水产预算的 10%。用人工孵化大量经济价值高的水产鱼种,如鲷、鲑、鲟、鲍、对虾等,进行人工放流增殖资源。同时,为了全面开发 200 n mile 海域生产力,创建了"资源生产型"、"管理型"的增殖型渔业,对全国沿海 200 m 水深以内的 30.66 万 km² 海域,制订了沿岸渔场整备开发事业规划。这个改善基础环境的长期建设规划总目标是:建设鱼礁渔场 10.17 万 km²,增殖场 1.53 万 km²,养殖场 0.35 万 km²。同时,又在外海兴建现代化的海洋牧场。这些措施,使得日本海水养殖产量在 10 年内翻了一番。

俄罗斯也很重视水产增养殖业。在近 15 年内池塘面积增加 5 倍,淡水鱼产量增加 9 倍。在 65 个大中型湖泊中进行移植驯化工作。移植高白鲑后,其总产量由 100 t 增加到 27 000 t。每年还向湖泊放流鲟鱼类幼苗 0.8 亿~1 亿尾,使鲟鱼产量由 1951 年的 10 000 t 上升到 1981 年的 32 000 t。每年向深海人工放流鲑鱼 10 亿尾,每投资 1 卢布可回收 10 卢布。俄罗斯还在远东海域进行贝、藻及名贵鱼类的大规模养殖。

我国渔业改革开放以后,有了极大的发展。解放初期,水产品总产量仅为 91.2 万 t。1960 年中央曾提出"以养为主"、"养捕并举"的方针,但在具体政策和行动上没跟上去。1978 年以后,我国确定了"以养为主,养殖、捕捞、加工并举,因地制宜,各有侧重"的渔业发展方针,从而进入水产养殖,特别是淡水养殖高速发展的新时期。到 1980 年,我国水产品产量已近 500 万 t。1988 年,我国水产品养殖产量为 640 万 t,首次超过捕捞产量,水产品养殖产量占世界养殖总产量的 46%,成为世界第一海淡水养殖大国,水产品总产量达 1 040 万 t,首次突破 1 000 万 t 大关。1990 年总产量已达 1 237 万 t,从世界第三位跃居世界之冠,渔业产值达 120 亿元。其发展速度是惊人的,这首先归功于水产养殖的飞速发展。以海水养殖为例,1950 年我国海水养殖面积不足 66 km²,产量仅 10 000 t 左右。1988 年海水养殖面积已扩大到 4 126 km²,产量为 142 万 t,苗种放流种类已达 20 余种。投入产出比为 1:10。2018 年我国水产品总产量为 6 458 万 t,2019 年全国水产品产量保持在 6 450 万 t 左右。2018 年,我国天然生产水产品产量 1 466.6 万 t,占比 77.3%,人工养殖水产品产量为 4 991.1 万吨,占比 77.3%。2019 年我国养捕比达到 78:22,产业结构进一步优化。这些措施对稳定和增加水产资源起着很好的作用。

但按人口平均统计,目前我国每年人均水产品占有量仅有 11.7 kg,而世界人均占有量为 20 kg。据统计,食物供给中的蛋白质,我国每年人均消耗量为 69 g,世界人均消耗量为 70.3 g。而食物供给的蛋白质中动物性产品所占比例,我国仅占 16.196%,而世界平均占 34.3%。可见,我国人民食品结构还有待于进一步调整。我国渔业任重道远。

我国淡水水域面积有 20 万 km²。目前具备养殖条件的水面约 53 300 km²。其中池塘为 14 100 km²,湖泊 6 100 km²,水库 14 000 km²,河沟 3 300 km²,其他水面 513 km²。淡水鱼产量为 490.4 万 t (其中养殖产量为 417 万 t,平均每平方米仅产 0.129 kg。池塘养鱼产量 314.4 万 t,平均每平方米也只产 0.223 kg。而国内一些地区实现渔机配套的"万亩片"大面积高产鱼塘,平均每平方米可产 0.75~1.5 kg,甚至达 3.751 kg。采用养殖机械配套水平的高低,直接影响池塘载鱼量的高低。

我国海域辽阔,总面积达 473 万 km²(相当于 1/2 的国土),大陆架鱼场面积 150 万 km²,海岸线绵长曲折。沿海八省二市初步估计:潮间带(即滩涂)面积有 20 000 km²;水深 10 m 以内的浅海滩涂面积约 66 600 km²,其中可利用面积约 13 300 km²。但目前实际开发利用不到

1/3;水深 10~40 m 水域的开发利用则更少。海养鱼业基本仍靠人工操作,劳动强度大,且生产率低。此外,南北方生产力差异也很大。

要大力发展水产养殖业,光靠大自然恩赐或靠人工苦干是不行的,关键是要实现养殖机械化。以对虾养殖为例,配置一定机械设备的虾场每 10 000 m² 虾池平均产量为 5.11 t,年产达9 万 t。该虾场高密度精养虾池每 1 000 m² 配有 0.735 kW 叶轮增氧机,每 10 000 m²可产虾 8.7~21 t。而未配置这类设备的虾场养虾以半精养为主,配备机械少,平均每 10 000 m² 虾池仅产1.2 t,低产者仅产数十千克。要达到高产,除了要适当提高放苗密度外,还要提高对虾养成期的成活率,这不但要保证苗种质量,提高配合饲料的质量,防治病害,还要加强池水交换能力,实行水体增氧、净化和监测。这些措施都离不开养殖机械化的实施。

第二节　水产养殖的基本形式及其特点

水产养殖以养殖水质不同,大体可分为淡水养殖和海水养殖两种,本书主要介绍海洋养殖相关内容,本节部分内容仅对淡水养殖作简单介绍。

以水体环境条件不同,又可分为江河、湖泊、水库、稻田、池塘、车间、浅海、滩涂和港湾养殖等。

以养殖方式不同,可分静水养鱼,工业化养鱼,机械化静水高密度养鱼,湖荡围栏养殖,浅海滩涂养殖,浅海、港湾鱼虾围养和海洋牧场等方式。

一、静水养鱼方式

静水养鱼是传统的养鱼方式,利用湖泊、水库、池塘甚至稻田等自然条件来养鱼。其主水体基本上是静止不流动的。水体中溶氧主要来源是靠水中浮游植物、藻类光合作用产生的大量氧气及自然风力使水面产生波浪,将空气溶入水体中。水体温度直接受自然界温度、阳光辐射能的控制。总之,外界气候条件直接影响鱼类的生活条件。人力只能部分地、局部地改善它,以提高放养密度和生长速率。如采用增氧机械曝气,提高水体溶氧度。采用这种方式生产成本较低,要求的技术也较低,可以广泛利用自然条件,投资少,但鱼体增长率和养殖密度较低,饲养周期长,经济效益与人员的经验关系极大,所需劳力多。这种生产方式是适合我国国情的,是我国目前淡水渔业的重要生产方式。

二、工业化养鱼方式

工业化养鱼(见图 2-1)又称集约化养鱼、工厂化养鱼或高密度养鱼。它是一种小水体、高密度的流水养鱼方式。人为地为饲养对象创造最佳的生活环境、最适宜的生长条件,促使鱼以最快的速度发育、生长。它可以利用包括机械、电气、化学、生物、计算机及自动装置等各种现代化的手段控制鱼类的生活因子。从孵化、育苗、鱼种到养成,创造最适宜的水质、水温,提供优质、适口的饲料等,使饲养对象摆脱自然界的影响。工业化养鱼占地少,管理方便,可达到自动化或半自动化,并可以全年进行饲养,缩短饲养周期,提高产量与质量,降低饲料系数。但生产成本往往比较高,投资大,要求管理水平高,常以车间管理的方式进行生产。

工业化养鱼可分为普通流水式养殖、温流水式养殖和循环过滤水式养殖。

（1）普通流水式养殖。它直接利用江河、湖泊、水库、山泉、地下水等天然水源，不经加温和特殊增氧处理，以自然落差流入鱼池进行养殖。流水的目的是要输入含高氧的、清新的水，使养鱼水体不断交换，排出污水，用过的水不回收重复使用，水中夹带的泥沙，鱼池中鱼类排泄物、残饵等随排水一起排出鱼池。因此，要求进排水均有一定的流速，用水量、换水量随放养量的增加而增加，可以一天排水数次，每昼夜总用水量很大。

（a）工程化池塘

（b）工厂化养殖

图 2-1　工业化养鱼

这种鱼池构造比较简单，可用土池、薄膜池、水泥池等 3 种鱼池形状，圆形池为宜，也有做成四方、六方、八方、长方形、椭圆形、不等边形等，池子的面积趋向小型化。

普通流水式养殖所需配套的机械设备较少，只需一定品种、数量的饲料机械或者再配备投饲机械。通常可利用天然水源本身的流速来进水、排水，故不需要用动力引水。如果不能利用水源的自然流速（如地下水），则可配套水泵、储水池，或者设置储水塔，形成压力差，但耗电较大，成本较高。

养殖品种为虹鳟、鲤鱼、罗非鱼、草鱼、青鱼、鳊鱼等，也可养鳗鱼、鲑鱼等。

法国较早采用普通流水式养殖虹鳟，其产量占全国淡水鱼总产量的 81.9%。有的养殖场平均每 1 m² 产 96 kg。日本全国普通流水式养鲤鱼单位约有 800 个，有一个高产池平均每平方米产量高达 300 kg。

我国南方 11 个省、自治区有高密度养草鱼的悠久历史，但到 20 世纪 70 年代，才初具规模。山西省晋源渔场流水养鳟，每平方米产量达 50 kg。中山大学曾用这种养鱼方式养殖罗非鱼和草鱼，每月每平方米水体产鱼约 3.1 kg。长江水产研究所则曾用于养殖草鱼，每平方米面积产 28.5 kg。他们所采用的圆形流水鱼池如图 2-2 所示，池的直径为 6.2 m。中山大学的流水鱼池和玻璃温室如图 2-3 所示。它们均采用圆形池，池顶进水、喷水，池底排水、溢水，池底呈圆锥形，具坡降，可在池中央集污、排污。圆形池能自行集污，并且水流无分层现象，水深可略深些，在 1.5 m 左右。普通流水式养鱼投资少，占地小，技术管理较简单。但因水不是循环使用，用水量大。在水源充沛，水质良好，可以形成自然落差的地区，如丘陵山区、水库附近及湖泊旁，可推广此方式。

（2）温流水式养殖。鱼是变温动物，其体温与新陈代谢速度随水温变化而变化。各种鱼都有一定的最高和最低忍耐温度，并有一定的最适生长温度范围。一般说来，在正常范围内，水温升高 1 ℃，其代谢率增加 10% ~ 15%。在最佳温度时，鱼代谢快，摄食旺盛，生长迅速。温流水式养殖利用地热、工业温排水等热源，经简单的处理，包括降温或和其他冷水源调节到最佳温度，并且增氧净化水质，然后注入鱼池进行使用。从池中排出的水也不回收。由于温泉水、地下热水相当有限，可采用矿企业，尤其是热电厂排出的温水来养鱼。

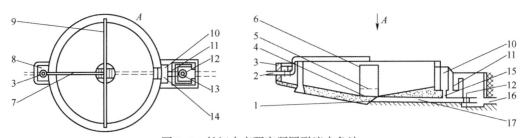

图 2-2　长江水产研究所圆形流水鱼池

1—排污筒;2—进水管;3—进水阀;4—拦物栅;5—拦鱼网罩;6—拦鱼设备;
7—进水钢管;8—进水阀池;9—喷水钢管;10—排污溢水槽;11—排污槽;
12—排污阀;13—排污阀池;14、15—溢水口;16—出水管;17—排污管

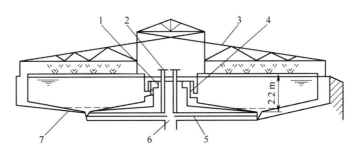

图 2-3　中山大学流水鱼池和玻璃温室

1—排水总沟;2—排污开关;3—玻璃房;4—排水管;5—排污管;
6—排污总沟;7—15×30孔目网栅;8—喷水管

因为温流水式养殖可以有效地控制水温,使鱼在最适水温中生长、发育、繁殖、越冬,保持旺盛的新陈代谢,加快生长,从而缩短养殖周期,实现全年养殖,大大提高产量。单位水体的养殖密度一般可达 200 kg/m³。因此,深受各国的重视。

日本于 1963 年开始利用温排水养鱼,单产较高,每平方米产量少则 90 kg,多则 300 kg。他们还利用发电站温排水排入海中所得的温海水养鱼。养殖品种包括鱼、虾、蟹、贝、藻等,多达 30 余种。在爱知县冈崎市清扫中心,还利用垃圾焚烧炉的温排水养殖罗非鱼。

美国利用温流水养殖大螯虾和牡蛎。大西洋螯虾达到市场规格需 8 年,用温排水养殖只需 2 年。牡蛎的生长期可缩短一半。以色列采用电站温排水养对虾,温排水水温比海水高 5～10 ℃,养殖时间比原来节省一半。

我国从 20 世纪 70 年代也开始进行温流水养鱼。目前,用温排水繁殖鱼苗已成为黑龙江省生产鱼苗的一种主要技术。在辽宁、北京、河北、河南、山西、江苏、上海、浙江、湖南、广东、广西等地都积极开展温流水养鱼,并取得了可喜的成果。如广东水产研究所温流水养鱼,1 m² 水面最高产量累计可达 600 kg。我国地热资源相当丰富,地下热水水质较好,利用地热养鱼是大有可为的。

(3)循环过滤水式养殖。这种养殖方式是将鱼池排出的废水回收后经处理、净化后,再注入鱼池,使之反复循环使用。其特点是养殖用水要回收,经沉淀、过滤净化并按照养殖对象对水温的要求进行人工升温或降温,然后对水体增氧,再输入鱼池,周而复始。

这是在既无充沛的优质水源,又无足够的工厂温排水及地热的地区,为节约用水而发展起来的闭合无端水循环系统。水质处理的基本工艺流程如图 2-4 所示。

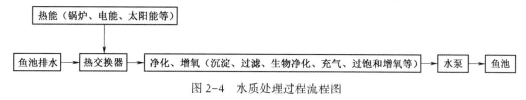

图 2-4　水质处理过程流程图

采用这种方式既可节省大量用水,又能充分利用排水的温度。国外还广泛采用过饱和增氧技术,排水中仍含有大量溶氧,经循环过滤后,部分溶氧仍可充分利用。采用本方式养鱼,可以要求控制养鱼生产的全部环境因子不受水源、气候条件的限制,充分体现工业化养鱼的高密度、小水体、生长快、单产高的特点,成为最先进的工业化养殖方式。

莫斯科一家企业设计制造的循环流水养鱼系统由鱼池、废水池、循环水泵、机械过滤器、蒸汽加温、曝气沉淀池、水中充氧装置等组成。水在沉淀排出过程中,一昼夜的损耗约为总容量的 10%。自动化仪器使水温保持在 25 ℃。水中保证 10~12 mg/L 溶氧量。排出的水含氧量达 5 mg/L 左右。利用自动投饲装置投喂颗粒配合饲料,养殖鲤鱼鱼种每尾 25 g,经 4~5 个月,平均每尾达 500 g。

德国著名的施特勒马蒂克养鱼设备可用于养亲鱼、育种和饲养成鱼。该设备不但有鱼池、氧化池、沉淀池、生物净化池、水加温装置外,还有纯氧增氧装置以及检测仪器自控装置等。可达到水温 25 ℃,每天补充水量 1%~5%,池水含氧量高达 15 mg/L 的超饱和值。其投资费用很高,耗能大,成本高。最高单位水体产量超过 500 kg/m³。

目前世界各国还在大力研究试验利用太阳能加温养鱼用水,以解决循环过滤水养殖的热能问题。如意大利科普罗马公司设有太阳能应用于水产养殖的研究中心,研究开发的太阳能系统有平板型太阳能系统集热器、具有盐浓度梯度的太阳能池及能量长期储存系统。

在我国,这种养殖方式主要用于鱼苗、越冬鱼类以及一些经济鱼类的饲养,主要工作还停留在一些水产研究部门的试验阶段。如南海水产研究所用自己设计的封闭式循环养鱼系统对 20 余种珍贵海产进行试养,平均成活率达 80%。哈尔滨水产研究所用这类设备饲养商品草鱼,最高饲养量达每平方米 300 尾,成活率达 96.5%。

工业化养鱼和传统池塘养鱼相比,具有以下几个特点:

①在小水体中饲养大量的鱼,大幅度提高放养密度。以养鲤为例,普通池塘养成鱼,每单位面积水面放养鱼种为 1~3 尾/m²。而工业化养鱼的放养密度一般可达 200 尾/m²,甚至还可以再提高。

②可缩短饲养周期。池塘养鱼,从鱼苗养成食用成鱼,需 2~3 年。第一年培育鱼苗、鱼种,第二、三年为饲养成鱼阶段。工业化养鱼,用大规格鱼种,四个月就能养到上市重量。从鱼苗养成鱼种,时间也可大大缩短。而且可全年饲养,改变普通池养越冬鱼种生长缓慢的状况。因此,可以扩大养鱼的时间、空间范围。瑞典研究发现,在最佳温度下,鲑、鳟所摄食的饵料可达鱼本身体重的 30%,且不会提高饲料系数,按饲料系数 1.3 的生长率计算,每天可增重 23%,一条重 50 g 的鱼种经一个月的饲养,即可达到 1~1.5 kg 的上市规格。

③可以降低饲料系数,节省劳力,管理方便,易于起捕,还可均衡上市。但是,工业化养殖方式也存在一些缺点。如循环过滤水式养殖方式耗电量大,投资大,成本高,普通流水式和温流水养殖方式用水量大;饲料,特别是粉状、浆状饲料会随水流流失;鱼体还容易因流水而

疲劳。

要控制生产中所有的环境因子,在技术上有多种多样的处理方式。养殖对象是多品种、多规格的,各种水产品的生活习性不一样,对水质、水温、溶氧量、光照、投喂等要求也各不相同。因此,各种养鱼装置千差万别,原则上不可能有适用于各种鱼虾的万能工业化养鱼装置。要因地制宜,因类而异。随着科技发展,对鱼类生态学、营养学的深入研究和对养鱼工程与设备进一步研究开发,有可能提供适于大规模生产的快速增重的最佳养殖条件。这是研究工业化养鱼的一个重要任务。

三、机械化静水高密度养鱼方式

针对静水养鱼方式存在的问题,结合我国传统池塘养鱼的特点,使用较先进的养殖机械配套,并定期加换新水进行静水养殖,从而形成一种高密度养鱼方式,即机械化静水高密度养鱼方式。这种方式已在我国许多地区推广应用,并取得较好的经济效益,显示出很大的优越性。机械化静水高密度养鱼的典型模式是三级配套模式,如图 2-5 所示。

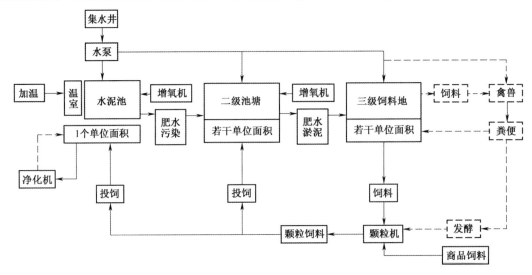

图 2-5　机械化静水高密度养鱼的三级配套模式

三级配套模式使用增氧机提供机械化高密度鱼池级养鱼池所需氧气,可以起到曝气作用。使用增氧机后,一级池一天只要换一或二次水,把积累的鱼粪残饵等污物随排水排入二级鱼池,用肥水养二级鱼、蚌。增氧机去除水中有毒污物能力较低,对水体净化作用较差。特别是冬季养鱼,为了达到不换水或少换水的养殖,可以采用水净化机来进一步净化水体。一级池应能配置温室结构,以便常年养殖。池水加温可采用锅炉、热泵,有条件的地区可以利用工厂温排水或地热,也可利用太阳能。目前普遍推广的有电热线加热器和稀离子加热器。它们结构简单,热效率较高,而且成本低廉。二级鱼池为较大面积的池塘,它容纳一级池排出的污水来繁殖该池水中的浮游生物,作为二级鱼(以滤食性鱼类如鲢、鳙鱼,蚌类如珍珠蚌等为主,也饲养草鱼)的饵料。由于二级池中的浮游植物的光合作用,产生出氧气,为了增强二级池的溶氧能力,尤其是克服阴天和夜间溶氧量低的状态,还必须在二级池配备增氧机械。二级池一般除了投放青饲草外,基本上不需要专门照料、注水、投饲或施肥。二级池内的肥水可以浇灌三级饲料地。池内污泥汲至地里可作肥料、生产饲料。饲料地除种植饲料作物外还可以种植部分粮食。种出的饲料经加工处理,便可以饲喂鱼、禽、畜。禽、畜粪加上饲料配合,经发酵、加温处理,压制成颗粒饲料,又可用来喂鱼。这样,就形成三级配套的循环利用体系,呈现封闭生态平衡系统。在整个系统中几乎没有废物,达到一水多用,化害为利的目的。既降低生产成本,又提高劳动生产率。与传统的池塘养鱼相比,这种养殖方式劳动生产率可提高5倍以上。鱼肉质量也有所提高。

河南周口地区水产试验站建造的一个三级配套综合循环的养鱼工厂,系统中第一级为"高密度鱼池",共4个。每个池各100 m²,共400 m²。上设喷水管道,可喷水曝气增氧。下设回流排污管,配集水池50 m²、生物滤池100 m²、锅炉两台、温水井一口,与二级池循环,自然净化水质。每2~3 h交换一次水。二级养鱼池18 800 m²,分6个池,交错串联。每个池水面3 133 m²,各配3 kW叶轮增氧机一台。第三级饲料池利用池埂、池边等空闲地种植苜蓿草、聚合草33 330 m²,配背负式割草机四台,硬颗粒饲料压制机一台,为鱼池提供饲料。

仅在三个月内,在一级池内共产鱼9 t,其中罗非鱼6.5 t,鲤鱼2.5 t。二级池里,年净产鱼7.5 t,平均每1 m²产鱼0.375 kg,最高产鱼池每平方米产0.6 kg。三级饲料地年产饲草125 t。罗非鱼越冬成活率达100%。

四、湖荡围栏养殖

湖荡围栏养殖是将池塘养鱼的高产技术与湖荡、水库优良的水环境相结合,采用网箱或栅栏拦鱼设施,并加强饲养管理,采取混养、密养和增养殖的办法,以投饲为主,天然浮游生物为辅的养鱼方式。

围栏养殖将养殖对象拦截在一个被包围的空间中而同时保持水体的自由交换。网箱四周全部或除顶部外都用网片包围,其面积较小,易管理。可用于养殖鱼苗、鱼种、成鱼和亲鱼。而栅栏的围栏底部由海底或湖底构成,通常建于浅水区,面积在1~50公顷。围栏的优点在于水体可不断得到更新,鱼虾的排泄物和残饵在水动力作用下能及时得到稀释和扩散,水中溶氧量较高。围栏还可减少凶猛鱼害和鸟害,又可减少鱼虾游动的能耗。因此,成活率高,生长快,饲料系数低,产量高,而投资较少,技术不很复杂。目前内陆水域网箱养殖已扩大到包括欧、亚、非、美洲30多个国家,养殖淡水鱼有70多种。

我国长江流域目前围栏养殖的主要种类有青、草、鲢、鳙四大家鱼和鲤、鲫、团头鲂等,南方还可养罗非鱼、鲮等。

所配置的机械有增氧机、投饲机、饲料加工机械和网箱清洗设备等。

五、浅海滩涂养殖

浅海一般指低潮线以下10~15 m水深以内的沿岸水域。滩涂又称海涂或海滩涂(古称海荡地),指潮间带,即顺潮和落潮之间的海滩地。这是一个非常活跃的地貌类型,海养环境兼有陆地和海洋特点的陆海边缘地带,各地域的地形、地貌十分复杂,埕面底质差异悬殊。滩涂的冲淤同海岸类型、潮汐、泥沙来源等因素关系密切。内陆河流入海,不仅带来大量河水和泥沙,还携带大量的氮、磷、钾等肥分极丰富的腐殖质。海水潮汐、风浪影响更是不能忽视。我国的浅海滩涂从北到南跨有温带、亚热带和热带,赖以滋生的动、植物资源繁多,主要养殖对象是贝类、巨藻类和一些经济鱼虾类等。

近几年为我国海水养殖迅速拓展期,年均增产达 20 万 t,海养面积逐年增长。但海养生产力仍然很低。

我国辽宁、山东、江苏、浙江、福建、广东等省浅海、滩涂养殖都有一定基础。2018 年中国牡蛎海水养殖面积为 14.44 万公顷,2019 年中国牡蛎海水养殖面积达 14.51 万公顷。2018 年中国牡蛎海水养殖产量为 513.98 万 t,2019 年较 2018 年增加了 8.58 万 t,2019 年中国牡蛎海水养殖产量达到 522.56 万 t。其生产方式主要是滩涂埕地养殖、筏式养殖和垂挂式养殖。固着型贝类,如牡蛎有向浅海垂挂式养殖和筏式养殖发展的趋势。

国外养殖贝类主要是牡蛎,以垂挂式养殖为主。美国是牡蛎最大生产国,其次是日本、新西兰和法国。产量仅次于牡蛎的是贻贝,主要生产国是西班牙、荷兰和法国。许多国家海养贝类从播苗、采捕到加工,机械化程度都很高。

全世界可供食用的海藻仅褐、红、绿藻就有 50 多种。目前人工大量养殖的主要是海带、裙带菜和紫菜。据统计,2015 年中国藻类行业市场规模达到 587.93 亿元。

海带养殖在潮下带水域。我国北方主要产工业海带,南方则产食用海带,均属筏式养殖方式。紫菜采用网帘式养殖方式。我国南方出产坛紫菜,而北方则生产条斑紫菜。

六、浅海、港湾鱼虾围养

浅海鱼虾养殖一般采用网箱和栅栏养殖方式,港湾还可采用塘养。当前我国海养鱼虾主攻方向是养殖对虾。鱼类养殖技术尚无重大突破,至今仍停留在小面积试生产阶段,主要是养殖经济鱼类。根据《中国渔业统计年鉴 2019》数据显示,2018 年中国对虾水产养殖产量达到 5.58 万 t。对虾养殖周期短,销售价和出口创汇率高,经济效益高。1979 年我国虾池面积只有 66.7 km^2,总产量仅 1 200 t。1988 年,虾池面积猛增到 1 626.5 km^2,产量近 20 万 t,重点产区在渤海地区。从丹东到连云港全长不到 1 000 km,虾池约占全国虾池面积的 60% ~ 70% ,平均每米海岸线虾池向内陆延伸660 m。美国海洋渔业局在普吉特海峡建立海水网箱养殖基地,设置浮式网箱生产太平洋大马哈鱼等。日本利用海水进网箱养鱼虾是最近十几年才发展起来的,他们在这方面进行了大量研究和实践。目前,日本鰤鱼每年养殖产量为 100 000 t 以上,其中 90% 以上是靠海水网箱养殖所获。

西班牙、挪威、瑞典、新加坡等国正在发展的海上流动式浮动平台养鱼工厂,可随时选择停泊在水质良好的水域,省去庞大的水质处理设备,鱼类生长快、体质壮、肉质鲜美,还可以移动接近销售市场。

为了向外海发展浮式网箱养鱼,日本计划在今后几年内,在海上建立 100 个海上网箱养鱼服务平台。这些网箱平台每年将提供 20 万 t 优质水产品。这些设施类似海上石油开采平台,能经受住 7 ~ 10 m 高的海浪。平台上装有电子计算机控制的喂养系统,饲料通过软管输入到周围的浮式网箱中。每个平台管理 20 个网箱,由先进的富如莫声呐和水下电视摄像系统监视网箱内的鱼类生长状态。网箱主要养殖黄尾鰤、真鲷和银大麻哈鱼等品种,每箱年产 100 t 优质鱼。

七、海洋牧场

为了以海洋水产业增补陆地农业之缺而达互补,世界各国正在着手试验并开发现代化海洋牧场。广义的海洋牧场技术,是泛指人工垦殖海洋,生产水产生物资源所应用的各类技术的统称。其高技术目标是,创造能立足于海洋独立进行水产资源养成的企业生产技术和大范围综合管理。发展中的海洋牧场技术包括两大类:一类是公益性的,一类是企业性的。前者所解决的是渔业者共同利用海域增殖水产资源,共同利用水产资源的开发技术,如 200 n mile 的水域渔场环境改造技术,重要经济鱼类大规模放流技术等。后者所解决的是企业经营规模所适用的产业技术,利用先进的科学技术和现代化设备,人为地在特定海域里创造良好的生态环境,使水产生物不受干扰义舒适地生息、繁殖。人们像在草原上放牧那样,将鱼群聚集在选定的海域内,在人为控制范围内进行驯化、养殖。可以说,海洋牧场的开发建设是发展水产增养殖业的一个重要途径。

日本建立了世界第一个现代化海洋牧场,面积 52 000 m²,设置了若干人工鱼礁,放养名贵的鱼类如鲷鱼等。为了防鱼外逃,在牧场周围设置金属网及合成纤维网拦鱼。配备投饲船自动投饲。牧场设有集鱼声波发生器,便于投饲、捕捞和观察鱼群。此外还设有水下监控设备生物遥测器等,用于监视鱼类生活和牧场环境变化。

日本已把海洋牧场高技术开发列入"海域高度利用系统导入事业"计划,由国家组织"200 n mile如渔业开发促进会"负责技术开发和实施。

美国已实施"巨藻场改进计划",计划在沿岸海域建立 400 km² 的海洋牧场,以增加巨藻场鱼类、海藻和鲍的产量。

我国也已开始进入科学的开发研究阶段。在辽宁长海县正在实施"蓝色研究项目",渔业生产将由原来的单纯捕捞型逐渐转向农业栽培型。我国政府委托长海县所管辖下的黄海北部海域建设海洋牧场,作为全国海洋开发实验事业中的一个项目,主要生产经济鱼类、鲍、刺参、对虾、贝类和海藻。

海洋牧场的建设是一个巨大而复杂的高科技系统工程和产业。所涉及的技术范围非常广泛,它至少需要解决以下三项基本技术:

①苗种生产技术。包括有种苗人工繁殖、培育技术、有种质改良技术和不育种制种技术等。

②生物管理技术。包括苗种投放控制技术、放牧与回归特性驯化技术,防病害、控制生物活动范围的防逃技术,养殖密度、容量控制技术、水产生物食物链培养和饲料配方、投饲技术等。

③环境控制技术。包括水质监测、控制技术、滩涂改造、海水流动控制、利用深海水的高营养盐及洁净技术、防风浪技术和建设人工鱼礁场、人工藻场技术等。

第三节　水产养殖机械分类

为了提高水产品产量和质量,开发新的渔业基地,各种养殖方式越来越需要以机械化、电气化加以改造。近年来,水产养殖机械和仪器设备在国内外发展迅速,其品种、型号繁多。

一、淡水养殖机械

淡水养殖机械按机械功能主要可分五大类。

(一)排灌机械

排灌机械一般是利用各类水泵给鱼池灌注清新水,调节鱼池水位,防洪排涝以及排除污水。在排灌中,达到要求的水质、水温、水量并促进浮游生物世代交替,提高鱼池初级生产力。常见的排灌机械(见图2-6)有轴流泵、混流泵、离心泵、深井泵和潜水泵等。

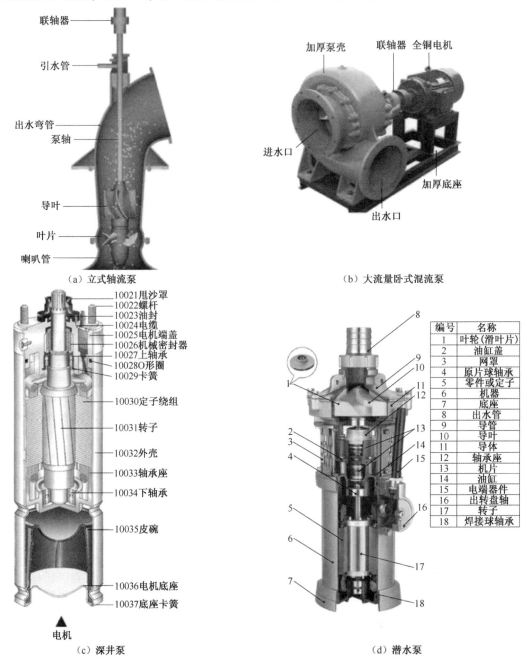

编号	名称
1	叶轮(滑叶片)
2	油缸盖
3	网罩
4	原片球轴承
5	零件或定子
6	机器
7	底座
8	出水管
9	导管
10	导叶
11	导体
12	轴承座
13	机片
14	油缸
15	电端器件
16	出转盘轴
17	转子
18	焊接球轴承

(a)立式轴流泵

(b)大流量卧式混流泵

(c)深井泵

(d)潜水泵

图2-6 常见的排灌机械

（e）离心泵爆炸图

图 2-6　常见的排灌机械（续）

（二）土方工程机械

　　用于清淤、挖塘、筑堤等的通用类的土方工程机械有单斗挖掘机、多斗挖掘机、水陆两用挖掘机、推土机、铲运机等，如图 2-7 所示。这些设备清淤、挖塘、筑堤工效高，但投资大，适于较大面积鱼池和其他养殖水域工程。国内目前普遍推广的有以泥浆泵为主体的水力挖塘机组，可同时完成挖、装、运、卸、填等五道工序。近年来，还研制成功潜式池塘清淤机。此外，还有挖泥船、动力索铲和包括机械脱水造粒的泥浆处理装置等。

　　国外广泛采用各式各样的土方工程机械，如与履带式拖拉机配套的推土机，各种形式的挖掘机、开沟机、铲运机、牵引机以及水力机械化土方工程设备等。日本还制造一种可潜式水陆两用推土机，可在陆地上和不超过 7 m 深的水下推土、挖掘。国外土方工程机具普遍采用液压技术，通过液压操纵与驱动。机具结构紧凑、操作方便、负载能力强。由于机具的大型化且应用新技术，而使作业工效较高。

（a）水力挖塘机组

（b）Xwq-260型旋挖式清淤机

图 2-7　土方工程机械

（c）小松水陆两用推土机

（d）挖泥船

图 2-7　土方工程机械(续)

(三)饲料采集、加工、投喂及施肥机械

1. 饲料采集机械

饲料采集机械主要是陆上和水下割草机,常见的有三种类型,即联合收割机、旋转式收割机和人工背负的圆盘式收割机。此外还有吸蚬机、吸蚬泵,如图 2-8 所示。

（a）吸蚬机

（b）吸蚬泵

图 2-8　饲料采集机械

2. 饲料加工机械

饲料加工机械包括青饲料切碎、打浆机械、饲料粉碎机、饲料混合、搅拌机械、颗粒饲料加工、破碎机械和轧螺蛳机等,如图 2-9 所示。

3. 投喂机械

投喂机械有喷浆机(液态饲料投饲机),机动、气动及太阳能投饲机、投饲车、投饲船,如图 2-10 所示。目前在国外工业化养鱼和机械化池塘养鱼中应用广泛。在我国北方也普遍推广。

（a）青饲料切碎机

（b）打浆机械

（c）饲料粉碎机

（d）颗粒饲料加工机组

图 2-9　饲料加工机械

4. 施肥机械

施肥机械以粪泵为主要设备,有施肥机、车、船,如图 2-11 所示。

图 2-10　鱼塘投饲机

图 2-11　施肥船

(四)水处理设备

水处理设备包括水质净化、增氧机械、调温设备及水质检测仪器设备。增氧机品种很多，常见的有叶轮式、水车式、充气式、喷水式、射流式增氧机以及各种形式的增氧船等，如图 2-12 所示。近年研制出的新产品有管式增氧机、涡轮喷射式增氧机、风力增氧机以及多功能水质改良机等。高密度机械化养鱼，除需配备增氧装置外，还要有水净化设备，调温、保温设备等。水质净化设备有生物滤池、滤塔、活性滤池和包括生物转盘、转筒在内的水净化机等。

调温设备包括锅炉系统、电热线加热器、电热棒、稀离子加热器、热交换器、热交换泵、太阳能调温设备、水温自控系统，必要时还应配以温室。热泵是一种新型节能调温装置，比常规调温设备节电 50% 左右。它可加温也可降温，国外工业化养鱼系统已广泛采用。

为了控制水质，必须配置一系列水质检测仪器设备，如溶氧仪、氨测定仪、水温计等，如图 2-13 所示。

(五)赶捕机械、运输机械

赶捕机械有各种绞钢机、起网机、电赶鱼机、电脉冲装置、气幕赶鱼器、电赶船、拦网船等，如图 2-14 所示。在我国北方，还推广一系列的冰下捕鱼机械，包括冰上钻孔机、冰下电动穿

（a）射流式涡轮式增氧机

（b）风力增氧机

（c）增氧船

（d）养虾场与桨水车式增氧机

图 2-12　增氧机

（a）溶氧仪

（b）氨测定仪

（c）水温计

图 2-13　水质检测仪器设备

索器和汽车式绞缆机等。现在,大型养鱼场、水库、湖泊已开始采用吸鱼泵。

（a）声纳赶鱼机

（b）吸鱼泵

（c）电子脉冲赶鱼器

（d）手提式冰钻

图 2-14　赶捕机械

运输机械包括各种活鱼车、活鱼船和活鱼箱,如图 2-15 所示。

（a）活鱼运输车

（b）活鱼运输船

图 2-15　运输机械

二、海水养殖机械

海水养殖机械品种繁多,主要有:

(1)贝类养殖机械有贝类采捕机械、播种机械、翻埋机、贝类净化设备等,如图2-16所示。

　　(a)贝类采捕机　　　　　　　　　　　　(b)贝类净化用紫外线消毒杀菌器

图2-16　贝类养殖机械

　　(2)鱼虾养殖装置包括网箱、网箱清洗机、饲料加工机械、投饲机械、增氧机、活鱼运输机械及监测仪器等,如图2-17所示。其中大部分可以移植淡水养殖机械。

　　(3)藻类养殖机械包括施肥设施、打桩机、收割机、采苗机、夹苗机等。

　　(4)水产苗种及饵料生物培育设备。①水处理系统。养殖水过滤、沉淀、净化、深度处理、杀菌、调温、进排水系统。②苗种培育系统。产卵、孵化、育苗、搅拌、充气、给饵、排污系统。③单细胞藻培育系统等生物饵料培育设备。

图2-17　YX-61D-2鱼虾养殖增氧旋涡气泵

　　国外贝类采捕机械应用较多,如美国、日本等国的牡蛎采捕联合加工船、贝类水力采捕机、荷兰的贻贝采捕器。西班牙、法国还设立贝类净化工厂。目前法国已注册的贝类净化工厂有

20 个之多。日本还发展海涂工作车、挖掘机、耕耘机和海底充气搅拌船等机具。

海藻养殖方面，日本的机械化程度较高，以紫菜养殖为主，有采苗用的水车式采苗机，采收紫菜用的采收机等。

世界各国也正在积极发展海水网箱养鱼技术。为了抗风浪，日本设计一种自动升降式网箱。他们还开发了钛金属丝养殖网箱。其特点是网衣使用寿命长，不易老化，海藻、贝类不易附着，并且重量轻，机械强度高。

还有一些国家进而发展流动式浮动平台养鱼工厂。平台上配备有发电机组、增氧机组、饲料加工机组及自动投饲装置等。西班牙的养鱼平台直径 60 m，平台上所有机械设备动力都采用太阳能，还设有海中录像监视器监测幼鱼生长情况。

我国近几年来，海水养殖技术装备已从无到有，研制出一系列产品，但有一部分装备水平还不高，性能不够理想。引进的部分设备由于地域空间局限性，尚难以在国内全面推广。如从日本引进的紫菜收割机不适于福建使用。目前，还有大量浅海、滩涂养殖机械化项目仍然处于空白。由于水域环境复杂，地貌、地质差异大，风浪冲击，海水腐蚀，气候多变，观察不便，加上养殖对象种类繁多，栖息习性各不相同，要求作业方式多种多样，并且作业时间受干露和潮水涨落时间限制，因此，海水养殖机械化难度较大。

海水养殖机械的研制和推广应用同样应适合我国国情，机械的开发应优先满足养殖专业户的需求。机械要力求灵活轻便，一机多用，并且坚固耐用，安全可靠，动力综合利用率高。国内有些专家认为，常用机械如海水增氧装置、饲料加工机械、投饲机、贝类和藻类采收机等应向小型化方向发展。而季节性使用的机械应向中型化、专业化发展，同机械化服务的专业化发展相适应，以提高机具利用率和保养效果，从而降低成本。海养机械同样应讲究经济效益，并针对劳动强度大、工效低的环节，以达到显著增产、增收的效果。同时应立足于当地的优势资源，加强节能和新能源开发利用。海养基地一般地处偏僻的沿海，往往供电不便，而高产出的海养却要大量消耗能量。因此，必须充分利用沿海地区丰富的风能、潮汐能、太阳能以及沼气、地热、余热等资源。

三、深水网箱养殖

设置水深在 15 m 以上、沿海开放性水域的大型网箱称为深水网箱。深水网箱养殖容量较大，是具有较强的抗风浪、海流性能的海上养殖设施。深水网箱在拓展养殖海域、减轻沿岸环境压力、提高养殖鱼的质量、增加养殖效益等方面已显示出明显的优势。

抗风浪深水网箱，是指设置在水深 15 m 以上的较深海域，养殖容量在 1 500 m³ 以上的大型网箱，具有较强的抗风、抗浪、抗海流能力。一般由框架、网衣、锚泊、附件等 4 部分组成。升降式深水网箱，还具有升降设施。

(一)框架系统

框架系统由高强度海水网箱用 HDPE 管材构成，采用国外进口专用聚乙烯原料制造。这种管材具有良好的强度和韧性。通过斯可利海洋科技有限公司实际的框架链接方式，使框架具有抗击台风巨浪的能力，同时框架材料进行了抗紫外线老化、抗海水腐蚀的高科技处理工艺，使用寿命在 10 年以上。

（二）网衣系统

网衣采用国际上先进编织工艺,经抗紫外线工艺处理的无结网片缝制而成,网衣强度高,安全性好,使用寿命长,同时根据客户需要,可以对网衣进行防附着处理,保证了网衣正常条件下有效防附着时间延长半年以上,降低了人工换网的频率,另外,公司设计的水下成型系统能有效地减少网衣浮移,有效养殖水体达95%以上。

（三）固泊系统

针对不同的海域地质,采用锚固、桩固、混凝土预制块等方式固定网箱,采用先进的张力缓冲结构。利用主副缆绳把网箱受的力均匀分散到各点上。保障网箱在恶劣的环境下最大限度地减少风浪对网箱的冲击,为网箱的安全提供了充足的保障。

20世纪80年代以来,由于出现了世界范围内的捕捞过度和环境污染等问题,渔业资源出现了严重衰退。为此,将渔业产业的重点由传统的狩猎式捕捞渔业转向放牧式的增养殖渔业,尤其是避开近海内湾的易污染环境,转向外海去发展高经济价值鱼类的深水网箱养殖业,已成为世界各国的共识。深水网箱作为一种产业,缓解了当前海洋渔业资源衰退,并可带动网箱制作、苗种培育、饵料生产、加工保鲜、销售运输等相关产业。减少因200 n mile专属经济区渔场划界造成的损失等负面影响;对捕捞渔民的转产,养殖渔民增收都有积极作用和重要意义。

深水网箱是目前科技含量较高的海水鱼类养殖方式。深水网箱具有抗风浪强、可在半开放海区养殖鱼类等特点,因此,与传统小网箱相比,集约化程度高、养殖密度大,网箱养殖鱼的食物来源更加丰富,鱼类生长速度快,肉质好,品质天然。同时,海水具有一定的流速,鱼类的排泄物也会很快被海水带走,因而,与传统网箱相比,深水网箱养殖鱼类病害较少。诸多优势使得深水网箱的养殖产品质量上乘,养殖经济效益显著。

国外主要渔业国家如挪威、冰岛、英国、丹麦、美国、加拿大、澳大利亚、法国、俄罗斯、日本等早在20世纪70年代就投入大量人力物力开展海水网箱养殖。

我国的海水网箱养鱼起步于20世纪70年代,广东率先试养石斑鱼获得成功,以后在海南、香港、福建、浙江及山东等地区得到长足发展。海水网箱养殖品种主要有石斑鱼、真鲷、黑鲷、尖吻鲈、花鲈、大黄鱼、牙鲆和大菱鲆等品种。

我国是全球网箱养殖量最多的国家,由于近几年海域污染加剧,网箱养殖业正期待向深海及新型高效的网箱养殖模式发展,通过几年的海外养殖试验效果来看,全金属抗流、抗风浪大网箱养殖是非常适合在中国发展的一种高效新型的网箱养殖模式。

1. 网箱分类

①按养殖水域:深水网箱、内湾网箱、内陆水域网箱,如图2-18所示。

②按作业方式:移动网箱、浮式网箱、升降式网箱、沉式网箱,如图2-19所示。

③按形状:圆柱体网箱、方形网箱、球形网箱、双锥形网箱。

④按张紧方式:锚张式网箱、重力式网箱。

⑤按固定方式:多点固泊网箱、单点固泊网箱。

⑥按框架材质:钢制框架网箱、高密度聚乙烯框架网箱、木制框架网箱、钢丝网水泥框架网箱、浮绳式网箱。

⑦按网衣材料:纤维网衣网箱、金属网衣网箱。

图 2-18 深水网箱养殖

图 2-19 浮式网箱

2. 地点选择

设置网箱的地点应具备如下条件：①水面宽阔，水位稳定，背风向阳，水温高，水深 3~7 m，环境安静，水质清新，无污染，酸碱值为中性偏碱性的水域较好。②选择自流水或有潮汐的水体。水流速度一般最好是 0.05~0.2 m/s，以保证氧气的供应。水流过急，常使箱内鱼类顶流游动，消耗体力，影响生长。③以养鲢、鳙为主的网箱，应选择水质肥沃、浮游生物丰富（一般以每升水含浮游植物量 200 万个以上，含浮游动物 3 000 个以上为肥水）、透明度 30~50 cm、水中含泥沙杂质较少的水域。水质浑浊，不利于浮游生物的生长。

（四）养鱼工船

养鱼工船就相当于一个超大的浮动网箱，如图 2-20 所示。养鱼工船能深入普通养殖网箱无法到达的深海区。而且养鱼工船的安全性要高很多。功能完善的养鱼工船有科研室、饲料室，发电室等科学化的设备，可大大提高产量。

2017 年 7 月 7 日，我国第一艘养殖工船"鲁岚渔养 61699"启航。这是我国现代渔业装备发展史上的一件大事，标志着我国在推进深远海养殖装备现代化方面迈出了坚实步伐，在真正走向深远海方面取得了突破性进展，对于拓展养殖空间，提升养殖业发展水平，推动渔业"转方式、调结构"具有重要意义。

"鲁岚渔养 61699"由中国海洋大学和中国水产科学院渔业机械仪器研究所设计，日照市万泽丰渔业有限公司出资,日照港达船厂改建造。该工船长 86 m,型宽 18 m,型深 5.2 m,拥有 14 个养鱼水舱,配备饲料舱、加工间、鱼苗孵化室、鱼苗实验室等配套齐全的舱室和设备,可满足冷水团养殖鱼苗培育和养殖场看护要求。该工船相当于一个超大的浮动网箱,可深入到普通养殖网箱无法到达的深海区。冷水团养殖工船通过循环抽取海洋冷水团中的低温海水,可以低成本进行三文鱼等高价值的海洋冷水鱼类养殖。在世界上首创温带海域冷水鱼类规模化养殖模式,促进我国由水产养殖大国向水产养殖强国的转变。

图 2-20　养鱼工船

（五）人工鱼礁

人工鱼礁是人为在海中设置的构造物,其目的是改善海域生态环境,营造海洋生物栖息的良好环境,为鱼类等提供繁殖、生长、索饵和庇敌的场所,达到保护、增殖和提高渔获量的目的,如图 2-21 所示。目前国内外已经广泛的开展人工鱼礁建设,进行近海海洋生物栖息地和渔场的修复,而且取得了较好的效果。

图 2-21　人工鱼礁

鱼礁是适合鱼类群集栖息、生长繁殖的海底礁石或其他隆起物。其周围海流将海底的有机物和近海底的营养盐类带到海水中上层,促进各种饵料生物大量繁殖生长,为鱼类等提供良好的栖息环境和索饵繁殖场所,使鱼类聚集而形成渔场。常选择适宜的海区,投放石块、树木、废车船、废轮胎和钢筋水泥预制块等,以形成人工礁,可诱集和增加定栖性、洄游性的底层和中上层鱼类资源,形成相对稳定的人工鱼礁渔场。

1. 人工鱼礁的分类

人工鱼礁可以从功能和造礁材料两个角度来进行分类。

（1）按建礁功能

①养殖型鱼礁：以养殖为目的，根据养殖对象的生活习性来设计和设置的鱼礁。

②诱集型鱼礁：以提高渔获量为目的而设置的鱼礁。

③增殖型鱼礁：以增殖生物资源改善鱼类种群结构为主要目的而设置的鱼礁。一般投放于浅海水域，主要放养海参、鲍、扇贝、龙虾等品种，起到增殖作用。

④游钓型鱼礁：为旅游者提供垂钓等休闲娱乐活动而设置的鱼礁。

⑤保护型鱼礁：设置鱼礁的目的是改善海域生态环境，有效保护海洋生物多样性，保护和保全濒危珍稀物种。防止大型渔具作业，使拖网、围网和刺网等网渔具避开鱼礁区。鱼礁区成为禁渔区和鱼类避难所。

（2）造礁材料

①水泥礁：水泥可制成各种不同形状的礁体。

②船、车礁：利用废旧船舶和车辆作为人工鱼礁礁体，这种人工鱼礁可以使废品得到利用，且成本低。

③轮胎礁：将废旧轮胎捆扎成塔形、方形等形状，投放于预定海域作为人工鱼礁，实现废物利用。但捆扎的方法和用材要牢固经久耐腐蚀。

④石料礁：以天然石块作为礁体，直接投放于海底堆叠成一定形状的鱼礁，如海参鱼礁。

⑤塑料礁：以塑料构件为原材料制成的鱼礁。此类材料大多数应用于浮式鱼礁，因为浮式鱼礁要求礁体又轻又耐用。

⑥钢材礁：钢质材料制成的框架式鱼礁，一般为大型，多投放在外海，水深 40 ~ 100 m 区域。日本使用较多，用以诱集金枪鱼、鲣鱼等。

按礁体所处水层又可分为底层鱼礁、中层鱼礁和表层鱼礁。

按礁体结构又可分为方形鱼礁、十字形鱼礁、三角形鱼礁、圆台形鱼礁、半圆形鱼礁、框架形鱼礁、梯形鱼礁、船形鱼礁、综合形鱼礁。

最初的人工礁是以诱集鱼类，造成渔场，以供人们捕获为目的，而且主要以鱼类为对象。所以称为人工鱼礁。当前人工礁的概念是一种人为设置在水域中的构造物，人工鱼礁是利用生物对水中物体的行为特性，将生物对象诱集到特定场所进行捕捞或保护的一种设施。

目前国内通用概念：人工鱼礁是人工于天然水域环境中用于修复和优化水域生态环境的构造物。它通过适当地制作和放置，来增殖和诱集各类海洋生物，达到改善水域生态环境的目的。国外的概念：人工鱼礁是指由一个或多个自然或人造物体组成，并有目的的设置于海底，用来改变海洋生物资源与环境，进而促进社会经济发展的人工设施。

早在明朝嘉靖年间，现在的广西北海市一带渔民，就已经利用设置在海中的竹篱来诱集鱼群，进行捕鱼作业。这些竹篱通常是用 20 根大毛竹插入海底，同时在间隙中投入石块和竹枝等。实际上就是早期的"人工鱼礁"。

真正人类建造人工鱼礁渔场，可追溯到 19 世纪。早在 1860 年，美国渔民就发现鱼礁的作用。当时由于洪水暴发，许多大树被冲入海湾，这些树上很快就附着许多水生生物，在其周围诱集大量鱼类。渔民由此得到启发，开始用木料搭成小栅，装入石块沉于海底，引来鱼群聚集。其后经过长时间的探索，人工鱼礁建设得到迅速发展。

目前建设人工鱼礁的材料种类繁多,从汽车到轮船,从水泥到玻璃钢等。投放人工鱼礁的目的也不再仅仅限于聚集鱼群增加渔获量,在增殖和优化渔业资源、修复和改善海洋生态环境、带动旅游及相关产业的发展、拯救珍稀濒危生物和保护生物多样性以及调整海洋产业结构、促进海洋经济持续健康发展等诸多方面都有重要意义。

对于人工鱼礁的作用原理目前尚未达成完全一致的看法。一种理论认为,人工鱼礁使水流向上运动,形成上升流,把营养丰富的海水带上来,吸引鱼群前来觅食;另一种理论为,人工鱼礁能产生阴影,许多鱼类喜欢阴影,故愿意游过来;还有一种理论认为,人工鱼礁能给鱼儿提供躲避风浪和天敌的藏身之地。

人工鱼礁的分类方法也很多,在《广东省人工鱼礁管理规定》(2004 年)中按其功能将其分为生态公益型人工鱼礁、准生态公益型人工鱼礁、开放型人工鱼礁。投放在海洋自然保护区或者重要渔业水域,用于提高渔业资源保护效果的为生态公益型人工鱼礁。投放在重点渔场,用于提高渔获质量的为准生态公益型人工鱼礁。投放在适宜休闲渔业的沿岸渔业水域,用于发展游钓业的为开放型人工鱼礁。

2. 人工鱼礁的作用

（1）恢复渔业资源

鱼类等水生生物有着索饵的本能,多数鱼类都以浮游生物为食料,投放在海域中的人工鱼礁(上升流礁)在迎面流附近产生涌升流,这种涌升流将海洋底层低温而营养丰富的海水带上来,使海洋浮游动植物在人工鱼礁礁体及区域内增殖,从而为鱼类等水生生物提供大量饵料;鱼类等水生生物还有着繁殖、避敌等本能,经过精心设计的产卵礁提供了广大的表面积,成为许多鱼卵的附着基和孵化器,且礁体多为中空、小孔较多的避敌礁,则成为幼鱼的庇护场所,减少幼鱼被凶猛鱼类捕食的厄运,从而提高幼鱼存活率。丰富的饵料、舒适安全的生长环境自然使人工鱼礁的集鱼、增殖效果不一般。

（2）恢复海域生态环境,稳定海域生态系统

人工鱼礁的引入有助于改善水质,减少海洋赤潮等海洋灾害发生的频率。人工鱼礁投放后会被大量的生物附着,尤其是底栖生物,如藻类、贝类等,海藻等底栖植物的生长能消耗大量的氮、磷等营养盐,同时进行光合作用,吸收二氧化碳,释放氧气,而贝类等底栖动物则可通过滤食消耗掉大量有机碎屑、浮游植物。利用这一效应就可净化水质,减少赤潮发生的概率。

我国海洋渔业长期采用底拖网作业,其不仅带来渔业资源衰退的结果,更使得近海海底的自然鱼礁、海底突起部分和海沟夷为平地,长期遭受底拖网作业区域的海底往往呈平脱化、荒漠化,生态环境日趋恶化。人工鱼礁的引入不仅可以阻止底拖网作业,而且兼具改善渔场的底质环境的功能,可变鱼种较少的沙泥底质环境为生产力较高、鱼种较多的岩礁环境。此外人工鱼礁还可建设在海洋自然保护区,对于拯救濒危物种和保护海洋生物多样性起到积极作用。人工鱼礁可在优化海洋生态环境与保护水产生物之间形成一个良性循环,而这样的良性循环正是维持海洋生态系统稳定的重要因素。

（3）调整海洋渔业产业结构,带动相关产业的发展

我国现有的渔业产业结构不尽完善,人工鱼礁业的发展首先可以为捕捞业限缩提供"软着陆"环境。被淘汰的废旧渔船经过清洁处理与改装,可作为建礁材料,渔民则可在礁区从事钓业或者经营游艇;其次人工鱼礁可与海水养殖、增殖放流等相结合,发展海洋牧场,进一步提升"海洋农牧化"水平,实现海洋渔业可持续发展的目标。

人工鱼礁还可带动休闲旅游业的发展,生态旅游是现代旅游业最时尚的方向之一,生态环境、生态资源及生态文化丰富的区域往往成为旅游胜地,人工鱼礁可使渔业有机地融入旅游业,建于不同港湾的人工鱼礁区,海岸景色和生物资源各异,可成为海上不同的观光旅游区与休闲垂钓区,为沿海城市的海洋生态旅游增添新亮点。

我国人工鱼礁建设的历史渊源悠久,据记载,在明朝嘉靖年间,现在的广西壮族自治区北海市一带沿海渔民就已经在海中投掷竹篱以吸引鱼群进行捕捞作业,至清代中叶,渔民在海中放置石头、破船、竹木栅栏等障碍物,形成了传统的"杂挠"和"打红鱼梗"作业,这也就是早期的"人工鱼礁"。我国现代意义上的人工鱼礁建设则始于20世纪70年代末。我国人工鱼礁建设的历史可分为以下两个阶段。

20世纪70年代末至80年代中期,属于人工鱼礁试验推广阶段。1979年在广西壮族自治区钦州防城区的水产工程技术人员首次研究制造了26座小型沉式单体人工鱼礁,投放于该县珍珠港外的白苏岩附近水深20 m处,试验取得初步成功,随后水科院黄海水产研究所和南海水产研究所先后在山东、广东沿海进行了相关试验研究,从1983年起人工鱼礁建设就受到中央的重视,农业部还成立了全国人工鱼礁技术协作组,组织全国水产专家指导各地人工鱼礁试验。此阶段全国从辽宁至广西共8省(自治区)进行了人工鱼礁试验,投放了28 700多个人工鱼礁,共投放礁体8.9万 m³,取得了丰硕的人工鱼礁研究成果。然而由于资金不足,人工鱼礁投入较小,效果不十分明显,管理经验又缺乏,人工鱼礁建设被迫中止。

进入2000年,以广东为开端,沿海省市又掀起了新一轮人工鱼礁建设高潮。目前我国沿海各城市纷纷将人工鱼礁作为养护和恢复海洋渔业资源、改善修复海洋生态环境,促进渔业可持续发展的重要举措付诸实践,并取得良好效果。以广东和山东为例,广东省人工鱼礁建设以生态公益性人工鱼礁为主,目前已建成人工鱼礁区24座,在建15座,通过对已建人工鱼礁区的监测发现,人工鱼礁礁体上附着各式各样的海洋生物,如海胆、牡蛎、翡翠贻贝、藻类等,礁体覆盖率超过了95%,浮游生物和底栖生物、鱼卵及幼鱼的平均密度比投礁之前都有了明显增加,吸引大量经济鱼群进入人工鱼礁区觅食,鱼群种类、数量增多,资源恢复效果明显;山东省人工鱼礁建设以资源增殖型人工鱼礁为主,到2011年9月共建人工鱼礁150处,礁体总规模达750万 m³,增殖效果明显。仅2011年上半年全省人工鱼礁区(含扶持项目)共捕捞海珍品1 650 t,产值3.2亿元。预计人工鱼礁项目全部达产后,每年鱼礁区可增产海珍品1万 t,增加渔业产值10亿元。

日本政府有计划地投资建造人工鱼礁始于1954年,日本在世界渔业资源受到限制的情况下继续增加捕捞量,主要就是依靠人工鱼礁建设沿海渔场。

而美国人工鱼礁的最大特点,是与游钓渔业紧密结合。到目前为止,全美因游钓渔业所带来的社会效益达500亿美元。

第四节　捕捞机械与设备

捕捞机械是渔船上为配合捕捞生产而配备的专用机械,按渔船作业方式可分为拖网、围网、流刺网、定置网和钓具等捕捞机械。我国的捕捞机械研究始于20世纪60年代,随着海洋渔业船只从木帆船向机帆渔船和钢质渔船转型的生产进步,捕捞机械的研究在个别进口仪器或设备的基础上开始起步,到了 70 年代尤其是整个 80 年代,进入了全面发展时期。中高压液压技术的应用推动了我国捕捞机械技术的快速发展,使捕捞机械技术水平跃上了新台阶。

一、渔业装备与工程技术发展历程

我国渔业装备的科技研究起步于 20 世纪 60 年代。从捕捞装备到养殖、加工装备,从单一的设备研制发展到与设施工程相结合的系统集成,逐步形成了我国渔业装备的研究体系,由此推动了渔业生产力的发展。其主要的科研活动多发生于 20 世纪 70、80 年代和 90 年代前期,重要成果繁盛于 20 世纪 80 年代以后。1963 年创建的专业研究机构——中国水产科学研究院渔业机械仪器研究所(简称渔机所),承担了我国渔业装备的大部分研究任务,包括中国水产科学研究院黄海水产研究所、南海水产研究所、东海水产研究所、黑龙江水产研究所、渔业工程研究所和渔船研究室,以及上海海洋大学、大连海洋大学(原大连水产学院)等在内的科研院校也在该领域做出了重要贡献。不断涌现的现代渔业装备在中国渔业的高速发展中发挥了历史性的作用。

(一)渔船与捕捞装备

捕捞装备是海洋和内陆水域作业过程使用的机械和仪器,如图 2-22 所示。中高压液压技术的应用推动了我国捕捞装备技术的快速发展,使捕捞装备水平跃上了新台阶;高海况打捞设备在载人航天工程中的应用,标志着捕捞装备技术获得了突破性拓展。双钩型织网机的问世实现了我国织网机工业零的突破。8154 型双拖尾滑道冷冻渔船和 8201 型围网渔轮的成功设计建造成为我国渔船建造史上的经典。渔用定位仪和探鱼仪的广泛应用彻底改变了我国的捕鱼传统,渔用 GPS 又将捕捞技术向前推进了一大步。但是,基于对海洋渔业资源的保护,从 20 世纪 90 年代中期开始,我国渔船捕捞装备的发展逐渐进入了一个平台期。

 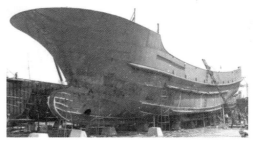

(a)42 m 尾滑道冷冻拖网渔船　　　　　　(b)大型有囊灯光围网钢质渔轮

图 2-22　渔船捕捞装备

(二)捕捞装备

1. 捕捞机械

液压绞钢机和液压围网起网机、理网机是主要的捕捞机械,如图 2-23 所示。20 世纪 60年代中期研制的两种低压液压绞钢机,成为当时我国国营渔轮的主要捕捞机械。1976 年,完成了液压悬挂式围网起网机的研制,该起网机是当时国内围网渔轮唯一使用的液压起网机械,它的使用,提高了围网渔轮的机械化程度和起网速度,推动了我国围网渔业的发展。现在,我国开发了多种适用于机帆渔船围网作业的液压起网机和中高压液压绞钢机,为群众捕捞渔船向外海发展,满足绞钢、起网、起锚和起吊鱼货(重物)等多种作业发挥了关键性的作用,也成为当时群众渔船捕捞机械的升级换代产品。

(a) 分离卧式起网绞纲机

(b) 立式绞纲机

(c) 串联式绞钢机

(d) 并列式双滚筒绞纲机

(e) 分列式双滚筒绞纲机

(f) 8 T/100 m/min深水拖网绞纲机

图 2-23　捕捞机械

2. 织网机械

1971 年,国内第一台以生产围网和养殖用网为主的双钩型电动渔网编织机研制成功,为织网机国产化奠定了技术基础。1991 年研制成功的 400 型双钩型织网机,实现了我国织网机工业零的突破,改变了我国长期依靠进口织网机的局面,实现了织网机国产化。该成果获得1992 年农业部科技进步一等奖和 1993 年国家科学技术进步三等奖。20 世纪 90 年代,双钩型织网机已成系列产品,推动形成了我国织网机制造产业的形成,国外进口织网设备逐步退出了中国市场,发展至今,中国已成为世界网具出口大国。20 世纪 90 年代中后期以来,织网机(见图 2-24)的研发已完全由企业主导,织网机在幅宽、纬线容量、结型、工作速度和自动化程度等技术要求都由市场来决定。

（a）渔网编织机　　　　　　　　　　　　（b）SF-788-D型剑杆渔网机

图 2-24　织网机械

3. 渔货起卸机械

渔货起卸机械的稳定性等都达到相当的水平,是国内远洋捕捞企业必用的配备。国际海洋渔业进入仪器捕鱼的瞄准捕鱼时代,主要以小型船用雷达、无线电通信、水平探鱼仪、网位仪、曳纲长度计和张力计(见图 2-25),以及拖网作业状态控制系统等为代表,实现了全球性、全年的、大规模的工业化生产。

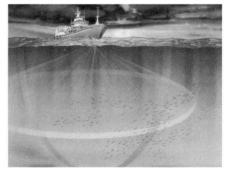

（a）垂直声纳探鱼仪　　　　　　　　　　（b）360°声纳探鱼仪

（c）网位仪　　　　　　　　　　　　　　（d）半导体探鱼仪

图 2-25　渔货起卸机械

二、渔业捕捞装备的现状

国外渔业发达国家以及我国远洋渔业的捕捞作业方式主要是：拖网、围网、延绳钓、鱿鱼钓等方式。拖网以底拖网为主，围网以中小型围网为主，流网和张网以群众性渔船为主，延绳钓以金枪鱼延绳钓和延绳笼为主，鱿钓主要以远洋作业为主。由于 200 n mile 渔业专属经济区划分，以及渔业资源问题，使渔船作业海区离基地渔港越来越远，所以海洋渔业发达国家在发展远洋渔业中都特别注重发展大型或特大型渔船，特别是拖网和围网渔船（见图 2-26）。大力发展围网渔船和钓捕渔船进行中上层鱼类资源开发，采用严格的配额制度合理利用海洋渔业资源。国外大型拖网渔船，其总长达到 140 多 m，船宽 18 m，航速达 17 km/h，鱼舱容积达 11 320 m³，绞钢机拖力达到 100 多 t，速度快，效率高，该船主要进行中上层拖网。国外大型化的渔船还有金枪鱼围网船，其船长也达到 100 多 m，航速也达到 17 km/h。围网、拖网捕捞装备一般都是采用了先进的液压传动与电气自动控制技术，设备操作安全、灵活、自动化程度高。

（a）大型拖网加工船

（b）大型超低温金枪鱼延绳钓船

（c）FRP中小型金枪鱼延绳钓船（1）

（d）FRP中小型金枪鱼延绳钓船（2）

（e）8201围网渔船

（f）大型金枪鱼围网渔船

图 2-26　大型或特大型渔船

（g）美式大型金枪鱼围网渔船

（h）鱿鱼钓作业

（i）国外大型拖网加工船

（j）挪威围拖两用船

（k）"开裕轮"拖网加工渔船

（l）"开顺号"拖网加工渔船

图 2-26　大型或特大型渔船（续）

　　金枪鱼围网最早在美国发展起来，随后日本、韩国以及欧洲的西班牙和法国等国家也快速发展金枪鱼围网，如图 2-27 所示。我国近年来也开始发展该产业，但捕捞渔船和捕捞装备大多是从国外购进的二手设备。金枪鱼围网捕捞装备的主要生产国是美国、西班牙和日本等国，其中美国、欧洲国家以及日本的大型金枪鱼围网技术水平较高。美式金枪鱼围网作业方式的设备较多，但效率比目式高。由于金枪鱼生活习性的特点，需采用专业化的金枪鱼围网渔船及捕捞装备，且要求该类渔船具有快速性和良好操纵性，其中动力滑车的起网速度、理网机控制以及其他捕捞设备的操作协调性都比一般围网作业的要求高。先进的金枪鱼围网捕捞设备主要包括：双卷筒纲绞机、支索绞机、吊杆绞机、变幅回转吊杆、动力滑车、理网机等，所有设备都采用中高压传动以及自动化电气控制技术，大部分捕捞作业都是由设备自动完成，降低了渔捞人员的劳动强度,同时提高了生产安全性和捕捞效率。其他围网作业也是在日本、美国和欧洲国家比较发达。欧洲国家围网作业除采用纹纲机、理网机外还常采用多滚筒起网机,整个围网作业基本实现自动化操作,其作业效率相当高。

南极磷虾是南极动物的主要摄食对象,据统计最高有数亿吨之巨,其资源量极为丰富。磷虾主要生活在距南极大陆不远的南大洋中,尤其在威德尔海的磷虾更为密集,目前全球先后已有近20个国家和地区对南极大磷虾进行试捕和商业性开发。根据南极磷虾栖息水层及作业原理,目前国际上普遍采用中层拖网进行瞄准捕捞,南极磷虾中层拖网网具与其他网具最大的区别在于网囊及囊头部分网衣网目需要使用较小的网目尺寸,以防止磷虾从网目中逃逸。目前,磷虾的捕捞方式主要有两种:大型艉滑道加工拖网船(见图2-28)单船作业和母船式多船作业。捕捞大磷虾的渔具是商业性开发利用磷虾必不可少的工具,其性能的优劣直接关系到渔获量和捕捞的经济效益。为防止南极磷虾拖网作业过程中兼捕海狮、海豹、海象等海洋动物,目前世界各国(及地区)南极磷虾拖网海洋动物释放主要采用分隔网片和分隔栅二种释放形式。

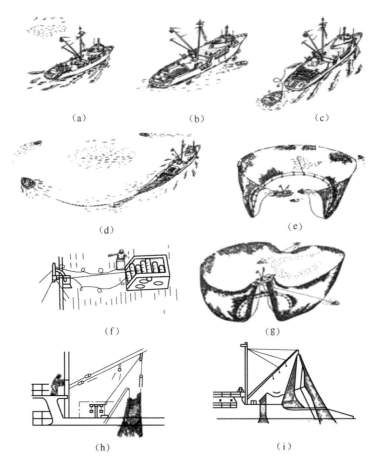

图2-27 金枪鱼围网

(a)全速靠拢鱼群;(b)准备放网;(c)放下大艇及网头,开始收网;(d)放网;(e)放网完毕
(f)主绞钢机开始收绞钢索;(g)开始收绞插钢;(h)取上全部底环,封闭网底;(i)开始起网

图 2-28　大型艉滑道加工拖网船

目前世界上最为重要经济头足类如北太平洋柔鱼、西南大西洋阿根廷滑柔鱼等柔鱼类,均采用光诱钓捕作业,如图 2-29 所示,其年产量累计在 100 万 t 以上,在世界头足类产量中占着极为重要的地位。我国目前拥有专业大型鱿钓船 100 多艘、改装型鱿钓船 300 多艘,年产量 20 多万 t,已成为世界上主要生产柔鱼类的国家(及地区)之一。国外日本、韩国与我国台湾地区的鱿鱼钓基本全部使用自动鱿鱼钓机、自动脱盘、自动输送带输送渔获物,如图 2-30 所示,目前国内捕鱼船在学习国外自动化的同时,在一些渔场还是主要靠人力来完成整个作业过程。

图 2-29　灯光鱿鱼钓

目前,全球大洋性超低温金枪鱼延绳钓渔船估计至少有 1800 余艘,其中日本、韩国和台湾地区是从事大洋性超低温金枪鱼延绳钓渔业的主要国家和地区。金枪鱼延绳钓船主要分为大型专业超低温延绳钓船与中小型带部分超低温延绳钓船,大型专业超低温延绳钓船主要使用成套的日本制扬绳机、理绳机、投绳机,目前最先进的中小型船基本全部以使用美式滚筒式钓机为主。

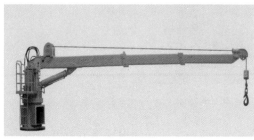

图 2-30　鱿鱼钓机甲板机械及产品

秋刀鱼广泛存在于北太平洋及其沿海海域,是日本、俄罗斯、韩国重要的远洋捕捞鱼种之一。最早开发的国家是日本,主要从事近海作业,除兼捕作业外,具有专业捕捞渔船,船型较小。秋刀鱼舷提网作业自20世纪30年代起源于日本的禾叶县和神奈川地区后,因其操作简便、渔获率高,迅速在日本全国推广应用,现已成为秋刀鱼捕捞的主要作业方式之一。秋刀鱼舷提网捕捞,从渔捞设备的安装至具体技术操作,因船而异。秋刀鱼捕捞作业(见图 2-31)基本上都采用舷提网作业方式,舷提网属浮敷网方式,其形状为方形或者长方形,上缘用一捆竹竿使网的上部浮于水面,将网预先铺设在水中,利用秋刀鱼的趋光性,用集鱼灯诱集鱼群,然后用舷提网进行捕捞。

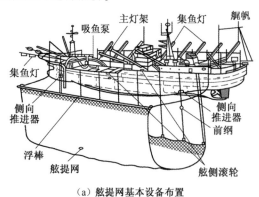

（a）舷提网基本设备布置

（b）秋刀鱼舷提网

图 2-31　秋刀鱼舷提网捕捞

目前我国绝大部分作业渔船船龄都较长,其配备的捕捞装备和助渔导航等设备都相对落后,拖网作业的捕捞设备绞钢机,虽然已采用液压传动技术,但在控制技术方面和自动化方面的技术水平还相对落后,产品规格也相对较小,适合于更大型拖网渔船的绞钢机。我国围网作业的捕捞装备主要为:绞钢机、动力滑车、舷边滚筒、尾部起网机、理网机;另一种被称为多滚筒的围网起网机,虽然已研制成功,但却由于作业习惯的问题还没有得到推广。一般国内围网渔船的捕捞装备是采用部分机械化设备,许多作业程序还是依靠人力完成,自动化水平相对较低。综合各方面的技术都反映我国渔船及捕捞装备的技术水平与渔业发达国家相比还有很大差距。我国渔船及捕捞装备技术正在向以下几个方面发展:

①我国渔船船型正在改变以往拖网渔船单一模式。为适应渔场的变化,已开始发展多种作业船型,如围、钓渔船。如我国第一艘现代化玻璃钢远洋金枪鱼延绳钓渔船,船长 30 m,球鼻艏,节能舵机,采用大直径、低转速的高效率螺旋桨,提高了船舶的耐波性。国内最先进的大型远洋金枪鱼围网船也已建造,该船船长约 70 m,设计舱容为 1 200 t,干湿舱装鱼获不少于 1 100 t/d,冷冻鱼获能力为 300 t。

②研发适于群众渔业的标准化节能船型。其中 35.5 m 标准化钢质船型(主机功率 225 kW)选用新型低油耗柴油机、轴带发电机、导管桨等,有的注重船体结构的改造,如采用球鼻艏,安装柱龙骨等,保鲜设备一般均采用冻结装置。在助渔助航仪器上也得到改善,诸如彩色雷达、彩色声呐均得到较普遍使用。

③针对远洋渔业向深水区发展。有关研究机构研制出 H8L1/R1 型 350 kW 大功率高速深水拖网起网绞机用于西非远洋深水拖网作业,开发的深水拖网绞机能满足 1 000 m 深水拖网的作业需要,起网速度达 110 m/min。针对远洋围网高效作业的需要,近两年研制出远洋围网高效捕捞成套装备,包括落地式起网机、动力滑车、并列式双滚筒围网绞机、液压离合器泵站、液压集中操作遥控系统,在国内渔船中首次采用负载敏感调速技术,提高了系统设备操作的协调性和自动化水平。

④渔船玻璃钢化具有一定技术基础。从造船材料来看,我国渔船材料仍以钢质和木质为主,目前正在积极地发展玻璃钢渔船,虽具有一定的技术基础,但玻璃钢技术应用到远洋渔船与日本、韩国及台湾地区差距很大。

三、渔业捕捞装备的发展趋势

(一)海洋渔业的发展趋势

国外海洋渔业发达国家在发展大型渔船的同时,也在发展中小型渔船,以满足近海捕捞的生产需要。发展的方向主要有三个方面:一是发展多用途作业渔船;二是装备现代化捕捞设备和助导航设备;三是小型渔船玻璃钢化。

海洋捕捞业如其他行业一样,突飞猛进,日新月异,20 世纪 80 年代以来,世界海洋捕捞产量虽然不如淡水渔业产量增长那么快,但仍在连年增加。其发展趋势主要有以下几个方面:

1. 渔船大型化、机械化、自动化和节能化

随着科学技术的进步和远洋渔业的发展,达到海洋渔船逐步向大型化发展,达到甲板工作机械化,驾驶、捕捞、加工、生产自动化,导航助渔电子仪器设备先进齐全。一些海洋渔业发达国家(及地区)大力发展大型乃至超大型远洋渔船。如荷兰超大型艉滑道拖网渔船,船长达

140 m,鱼舱容积达 11 320 m³,冻结渔获物达 300 t/d。船长 83.5 m 的围网/中层拖网两用型渔船,用于捕捞并加工鲱鱼,日生产能力超过 200 t,加工剩余物可在船上生产成鱼粉和鱼油,船体设计兼顾了节油性能和良好的适航性能。此外,在超大型金枪鱼围网渔船方面也相继出现新船型,如 90 m 长金枪鱼围网渔船。

2. 网渔具趋于大型化

随着渔船大型化的发展,所使用的网渔具主尺度和网目尺寸也越来越大。为捕捞中上层鱼类资源,渔业发达国家大力发展围网渔船与延绳钓渔船,如挪威建造了长 60 m 以上围网渔船及 45 m 长的延绳钓渔船,冰岛建造 71 m 长的中层拖网渔船及 41 m 长的延绳钓兼拖网渔船。此外,在发展捕捞中、上层鱼类渔船的同时,积极发展中、上层渔业的加工业,如金枪鱼的冷冻、加工技术及相应的船上配套设备。

3. 捕鱼技术现代化

科学技术的飞跃发展,推动捕鱼技术步入了高科技时代。在世界海洋捕鱼业中,除了改进传统的渔具渔法来提高捕鱼效率之外,还采用了现代化的捕鱼技术。新装备、新技术不断引进到渔船上应用。装备有全自动鱼类处理系统的捕捞船(船长 83.5 m),使鱼能被准确定位,去头吸内脏机精确有效地去除鱼头和鱼尾,鱼片机配有视觉系统,产能为 300 尾/分钟,鱼腹切割设备和刷洗系统。

4. 渔具材料向高强度发展

世界渔具各式各样,渔具材料种类也很多。在渔业上广泛使用的合成材料有聚乙烯、尼龙、聚丙烯、聚氯乙烯、聚酯。随着化工业的进步,渔船拖力、网具度和网目尺寸的增大,网材料正向高强度发展,以适应捕鱼的需要。中、小型渔船广泛应用玻璃钢材质。近年各国玻璃钢渔船得到迅速发展,如日本的玻璃钢渔船占日本渔船总量的 70% 以上,并拥有了不少主尺度较大的玻璃钢渔船。为防止渔船报废时的污染,目前也有一些国家开始建造铝合金渔船,这也是渔船材质的新动向。

（二）渔业设施与装备的发展趋势

渔业装备及工程科技的发展将顺应我国渔业未来发展的趋势及其对渔业装备现代化的要求,借助社会科学技术的发展,在现有技术水平上,有重点地进行应用技术研究、高新技术突破和常规技术升级,以期有效地推动我国渔业现代化的发展。

①养殖设施及装备方面。无污染、低消耗、有投资回报效益、保证食用安全等将是未来养殖设施及装备科技发展所追求的目标。工厂化养殖设施及装备将越来越注重于生产系统的节水、节能和达标排放,追求投资回报率将引导系统技术水平不断升级,主要品种标准化生产模式及养殖专家软件系统将是规模化生产的主要支持手段。池塘养殖和内湾网箱养殖生产系统将注重设施化与生态化的结合,注重设施与生态、设备的结合,在健康养殖的前提下提高生产的集约化程度,减小对自然水域环境的影响。随着新技术、新材料的运用,深水网箱养殖设施包括生产的各个环节配套将更为全面,达到安全生产和操作方面的要求,更利于产业化生产。海上养殖设施技术的研究还会向更新的形式发展。

②远洋捕捞装备方面。有利于国际性渔业生产竞争,有利于保护渔业资源的选择性捕捞,将是捕捞生产对装备及其工程化技术的基本要求。捕捞装备将逐步实现国产化,我国在世界船舶、机械制造业的优势将为远洋渔船自主建造提供基本条件,市场对国产化的要求将会促使

科技工作迎头赶上。随着社会科技水平的迅速发展,在现有声呐技术、GIS 技术、GPS 技术的平台上,有助于选择性捕捞、准确性渔政管理的助渔仪器将会有越来越大的发展需求。

③水产品保鲜、加工与流通装备方面。随着社会的现代化进程、国际贸易的竞争日益激烈,产业竞争优势由劳动密集型向质量、技术密集型的提升,水产品保鲜加工与流通装备将有很大的发展空间。高效的鱼(虾、贝)类处理装备将替代人工水产品加工业的规模化、产业化发展提供基本手段。水产品精深加工、综合加工及质量保证的装备技术将不断提高。为适应不断增加的市场需求,生产各类制成品的技术及装备将日渐丰富。水产品流通技术也将随着现代物流业的发展形成独特的体系。

渔业是农业的重要组成部分。大力发展渔业,是开拓新的农业资源、增加食物总量、保障国家粮食安全的重要措施。我国渔业正处在从传统渔业向现代渔业的转型期,实现传统渔业向现代渔业的跨越,是新时期渔业发展面临的一项长期而艰巨的任务。现代渔业是相对传统渔业而言,遵循资源节约、环境友好和可持续发展理念,以现代科学技术和设施装备为支撑,运用先进的生产方式和经营管理手段,形成农工贸、产加销一体化的产业体系,实现经济、生态和社会效益和谐共赢的渔业产业形态,可持续发展是现代渔业发展的基本前提。

海洋捕捞装备需要提升机械化水平。近海捕捞需要发展节能型标准化渔船,以提高燃油利用效率、降低生产成本,提高选择性捕捞的能力,发展玻璃钢渔船。远洋捕捞需要提升船舶及装备的现代化水平,实现大型围网、拖网、延绳钓捕捞装备的国产化,提升资源探捕、渔场判断的能力。

四、海洋捕捞装备发展的建议

(一)装备检测、标准化

捕捞装备标准作为渔业标准化体系的重要组成部分,在促进捕捞机械技术改进、规范市场、提高我国渔业捕捞生产能力与竞争力等方面发挥了重要的作用。捕捞装备标准的基础是捕捞机械技术,将新技术转化为标准,可显著地提升其推广应用的覆盖面,减少风险,增加效益,促进渔业的发展。并且标准化又是新技术的体现形式之一,标准化对科技创新有强有力的推动作用。捕捞机械是渔船上为配合捕捞生产而配备的专用机械,按渔船作业方式可分为拖网、围网、流刺网、定置网和钓具等捕捞机械。

(二)机械化、自动化

拖网捕捞机械,如图 2-32 所示。拖网捕捞是我国捕捞产量最高的捕捞方式,目前我们使用的是简易的液压绞钢机,产品的故障与人工匹配还是很大,要加大对带副卷筒绞钢机应用的研究与推广,加大对新型高效拖网网板的研究与推广,加大对整船捕捞装备集中控制应用推广,使用声呐、网位仪等先进的仪器来高效精准捕捞。

围网捕捞机械,如图 2-33 所示。围网捕捞是以长带形或一囊两翼形网具包围鱼群进行选择性捕捞的作业方式,是目前世界海洋捕捞的主要作业方式之一。我国围网捕捞机械主要为绞钢机、动力滑车、舷边滚筒、尾部起网机、理网机等。

(三)效率与节能问题

国内捕捞装备目前尚处于缓慢发展阶段,以人力为主,机械化、自动化程序使用率非常低,人工作业最大的缺点就是效率较低,有些实现自动化的部分也有耗能问题,所以中国捕捞装备要突破发展瓶颈,必须克服这两个问题。在捕捞效率方面,我们应该向其他捕捞发达国家看齐,实现捕捞效率提高,使渔船数量减少,但捕捞量却不减少。欧洲还出现了延绳钓船用的自动延绳钓系统,冰岛 Hampidijan 公司发明的自扩张拖网等。又如美国 Seascan 飞行器,长仅1.2 m,巡航速度可达 49 km,来探测金枪鱼,这对瞄准捕捞极有帮助,大大地提高了捕捞效率。北欧的小型变水层拖网渔船,利用声呐探鱼的有效探测鱼群,基本做到精准瞄准捕捞。

（a）拖网作业

（b）单拖底拖网

图 2-32　拖网捕捞机械

（a）围网作业

（b）围网捕捞放网作业

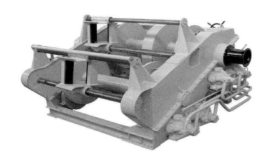

（c）围网括钢绞车

（d）围网动力滑车理网起网机

图 2-33　围网捕捞机械

　　为使整船主副机与电力有效匹配,目前国内已经在推动电力推进系统的实船试验,如果一些主流作业船舶全部能使用此系统,将节省一定比例的能耗。

(四)小型渔船的玻璃钢化

渔船玻璃钢化(见图2-34)具有一定技术基础。从造船材料来看,我国渔船材料仍以钢质和木质为主,目前正在积极地发展玻璃钢渔船,并具有一定的技术基础。中、小型渔船广泛应用玻璃钢材质。近年各国玻璃钢渔船得到迅速发展,如日本的玻璃钢渔船占日本渔船总量的70%以上,并拥有了个少主尺度较大的玻璃钢渔船。

玻璃钢,是一种玻璃纤维与树脂的复合材料,具有比重轻(仅有钢材的25%)、强度高、可塑性强、耐腐蚀、抗老化、介电常数高等特点。玻璃钢渔船由整体成型的玻璃钢复合材料制备而成,所以其具有"重量轻、阻力小、航速快、寿命长、维护简单、综合节能效果显著"等一系列优点。比木质渔船节能15%以上,比钢质渔船节能10%以上,是国际公认的渔业节能减排最有效方法,更是现代海洋捕捞船的发展方向。

图 2-34 玻璃钢渔船

(五)捕捞安全的建议

世界每年因捕捞而死亡的人数约为 25 000 人,因此,人员安全的问题亟待解决。目前由于机械设备落后,自动化程度很低,导致大量不安全环境中的工作全靠人工完成,造成了大量的工伤事故。近年来,研究了各种各样的设备来确保人员安全,如英国研制成 Seabass 系统、日本研制了两舷有折叠翼、欧洲研制出一种用于快速营救的船位报告系统称为 CPRS,西班牙也为纳米比亚建造了一艘巡逻船,其功能有搜索、营救、打捞、消防、拖带、防污染、监督渔场等,用于保证海上捕捞作业的安全。所以,在捕捞装备的发展中注重捕捞安全是必须要重点考虑的。

第三章　清理和分选机械与设备

第一节　原料清理机械

食品原料在生长、收获、储藏和运输过程中难免会受到尘埃、沙土、微生物、肥料和包装物的污染。在加工前，如果不将这些污物、杂质及有害物质清除掉，不仅会降低产品质量，甚至造成食品安全问题，或者在加工过程中，影响机械设备的工作效率，污染车间的环境卫生。因此，清洗是加工过程中的重要内容。由于食品原料的物理特性、化学特性及生物学特性的差异，清洗机械的形式繁多。按清洗方法有浸泡、刷洗、喷淋、振动清洗等。具体清洗工艺可采用作业方法中的一种，也可以把其中几种方法组合起来使用。

浸泡是在静止或流动的水或其他液体中浸泡，对数量很少且只是松散地附着在产品表面上的脏物有清洗效果。更多的是使黏结在食物表面且已经干结的污物被泡软，从而容易清洗。所以这种方法通常只作为预清洗而与其他方法联合使用。

喷淋可除掉一部分干污物，并可搅动原料，特别是把原料盛放在水槽中喷淋时效果更好。各种喷淋作业，从低压散射到高压的定向喷射，效率都很高。喷淋适用于浸泡后大多数食品原料的清洗，但是必须精心选择喷水强度和水雾的分布形式。

刷洗是在水和毛刷的同时作用下，洗掉清洗物表面的污物。由于毛刷和物料之间的相对运动，加上水的及时分离，去污效果好。常将喷淋和毛刷输送结合起来用。

下面介绍海洋生物资源中有代表性的几种清洗设备。

一、滚筒式清洗机

滚筒式清洗机的结构简单、生产率高、清洗彻底，对产品的损伤相对较小，主要用于贝类、藻类等块状物料或质地较硬的物料的清洗，如图 3-1 所示。从机械结构上来说，这类清洗机的主体是滚筒，其转动可以使筒内的物料自身翻滚、互相摩擦并与筒壁发生摩擦作用，同时用水管喷射高压水来冲洗翻动原料，从而使表面污物剥离，达到清洗的目的。这种清洗机清除污物的性能取决于滚筒的回转速度、滚筒内表面的粗糙度或皱纹数量以及物料在清洗机中的留存时间。滚筒一般为圆筒形，也可制成六角形筒。

按操作方式，滚筒清洗机可以分为连续式和间歇式两种。按滚筒的驱动方式，可以分为齿轮驱动式、中轴驱动式和托轮-滚圈式三种。目前，采用最多的是托轮-滚圈式，中轴驱动式还有部分在使用，齿轮驱动式已经被淘汰。

(一)间歇式滚筒清洗机

间歇操作的滚筒清洗机(见图 3-2)两端加有挡板，周向开有带盖板的进出料口。料口向上时,可以打开料口盖板向里加料;洗净后,筒体转至料口朝下,打开盖板便可卸料。为了便于物料在筒内翻滚,加料不可太满。一般这种清洗机采用喷水管连续或间歇地向筒内喷水以便使污染物浸润而迅速剥离和排走。

（a）诺邦滚筒式清洗机　　　　　　　　　　（b）蛤蜊等贝类清洗去泥滚筒式毛刷清洗机

图 3-1　滚筒式清洗机

（a）滚筒式生蚝清洗机　　　　　　　　　　　（b）鲍鱼滚筒清洗机

图 3-2　间歇式滚筒清洗机

(二)连续式滚筒清洗机

连续式滚筒清洗机的滚筒两端为开口式,原料从一端进入,从另一端排出。物料在筒内的轴向运动可以通过筒倾斜安装和在筒体内壁设置螺旋导板或抄板的方式实现。按照清洗方式不同,连续式滚筒清洗机可分为喷淋式滚筒清洗机和浸泡式滚筒清洗机。

1. 喷淋式滚筒清洗机

图 3-3 为一种喷淋式滚筒清洗机的结构图。它主要由滚筒、传动装置、喷淋装置、机架、水箱、电动机、进出料斗等组成。机器工作时,滚筒内的喷管在水泵作用下不断喷水,物料经进料斗进入到旋转的滚筒内,在螺旋导料板的作用下,物料沿滚筒壁向前运动,在运动过程中不断被水冲洗、摩擦、翻转并受到滚筒壁轴向安装的三排毛刷的刷洗,最后从滚筒另一端的出料斗排出,喷淋后的水通过滚筒壁的筛孔回收进入水箱,经过滤循环利用。图 3-4 为喷淋式滚筒清洗机的实物图。

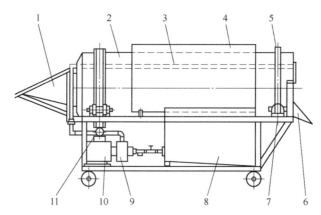

图 3-3 喷淋式滚筒清洗机结构图

1—进料斗;2—滚筒(带毛刷);3—喷管;4—机罩;5—支撑圈;6—出料斗;7—小托辊;8—水箱

图 3-4 喷淋式滚筒清洗机

2. 浸泡式滚筒清洗机

图 3-5 为一种浸泡式滚筒清洗机的剖面示意图。这是一种通过驱动主轴使滚筒旋转的

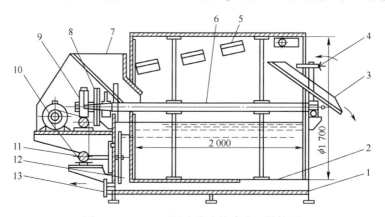

图 3-5 XG-2 型浸泡式滚筒清洗机结构图

1—水槽;2—滚筒;3—出料口;4—进水管及喷水装置;5—抄板;6—主轴;7—进料斗;
8—齿轮;9—涡轮减速器;10—电动机;11—偏心机构;12—振动盘;13—排水管接口

清洗机。滚筒 2 的下半部浸在水槽 1 内。电动机 10 通过传动带传动蜗轮减速器 9 及偏心机构 11 产生前后往复振动,使水槽内的水受到冲击搅动,加强清洗效果。滚筒 2 的内壁固定有按螺旋线排列的抄板 5。物料从进料斗 7 进入清洗机后落入水槽 1 内,由抄板 5 将物料不断地捞起再抛入水中,最后落到出料口 3 的斜槽上。在斜槽上方安装的喷水装置,将经过浸洗的物料进一步喷洗后卸出。

滚筒式清洗机由于物料在其中翻滚碰撞激烈,除了能使表面污物剥离外,有时还会损伤皮肉,故主要用于贝类、田螺等质地较硬的物料的清洗,不适用于鱼、虾类物料的清洗。图 3-6 为田螺浸泡式滚筒清洗机的实物图。

图 3-6　田螺浸泡式滚筒清洗机

二、鼓风式清洗机

鼓风式清洗机也称为鼓泡式、翻浪式和冲浪式清洗机,其清洗原理是利用鼓风机把空气送入水槽中,使水产生剧烈翻动,物料在空气对水的剧烈搅拌下进行清洗。利用空气搅拌,既可加速污染物的剥离,又能使原料在强烈的翻动下不致损伤,有利于保持原料的完整和美观,但其耗水量较大。鼓风式清洗机适用于块状原料的清洗。

图 3-7 是鼓风式清洗机的外形图。图 3-8 是鼓风式清洗机结构图。鼓风式清洗机主要由洗槽、输送机、喷水装置、鼓风机、空气吹泡管、传动系统等组成。该机一般采用链带式装置输送待清洗的物料。链带可采用滚筒式网带、金属丝网带或装有刮板的网孔带作为物料的载体。输送机的主动链轮由电动机经多级皮带带动。主动链轮和从动链轮之间链条的运动方向由压轮改变,分为水平、倾斜和水平三个输送段。下面的水平段处于洗槽水之下,原料在此首先得到鼓风浸洗;中间的倾斜段是喷水冲洗段;上面的水平段则可用于对原料进行拣选和修整。

图 3-7　鼓风式清洗机

三、振动清洗机

振动清洗机可进行强有力的振动。清洗机的结构比较复杂、价格较高,它能洗去难以去掉的污物,而且效率较高,但不宜用于表皮已被损坏的原料。图 3-9 是振动清洗机结构图。图 3-10 是振动清洗机的外形图。这种清洗机通常装有分离筛,以便从物料中洗掉污物、碎皮、沙石等。振动清洗机工作时,物料喂入筛盘,筛盘与水平面成一倾斜角(可调)。在振动力作用下,筛盘以一定频率振动,物料沿斜面下滑并翻动,被喷淋管喷出的高压水流冲洗,污水从筛孔中排出,达到清洗的目的。

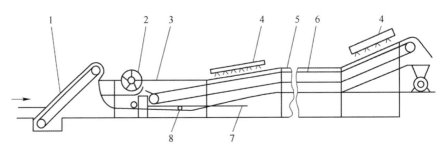

图 3-8 鼓风式清洗机结构图

1—提升机;2—翻物轮;3—洗槽;4—喷淋管;5—拣选台;
6—辊子输送机;7—高压水管;8—排水口

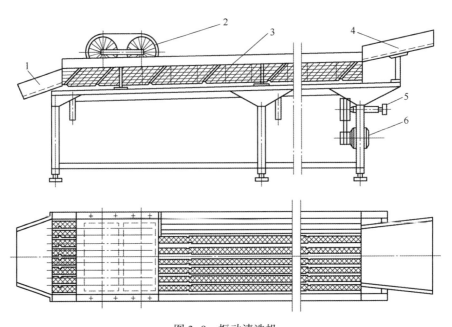

图 3-9 振动清洗机

1—出料口;2—横毛刷辊;3—纵毛刷辊;4—进料口;5—传动装置;6—电动机

四、超声波清洗机

在现代工业化大生产中,与传统浸洗、刷洗、压力冲洗、振动清洗等方法比较,超声波清洗机显示出了很大的优越性,如图 3-11 所示。由于超声波在介质中传播时产生的穿透性和空化冲击作用,使超声波清洗机具有一般清洗所没有的高效率和高清洁度。无论何种食物原料,都能被清洗得干干净净,且只需两三分钟即可完成,清洗速度是毛刷清洗、压力清洗等传统方法的几倍到十几倍。特别在许多对产品表面质量和生产率要求较高的场合,显示了用其他处理方法难以达到或不可取代的效果。

图 3-10　振动清洗机

（a）小龙虾超声波解毒清洗机

（b）三槽旋转式超声波清洗机

图 3-11　超声波清洗机

第二节　原料分选机械

食品加工对象和成品中,有很大一部分是固体物料,如鱼、虾、海带、贝类、藻类等。同类物料由于品种不同在尺寸、形状、密度等方面会存在很大差异,而且物料中还会有含杂物的问题。固体物料的形态有粉体、散粒体和尺寸较大的个体等。为了便于加工或使产品的规格和质量达到标准要求,提高产品质量或商品价值,往往也需要对物料进行清选和分级。

清选是指清除物料中的异物或杂质,分级是指将清洗后的物料按其尺寸、形状、密度、重量、颜色或品质等特性分成等级。这两种方法统称为分选。

一、固体物料分选方法概述

(一)固体物料分选方法

分选固体物料的基本思路是:利用分选对象在物理学、化学、生物学等性状的差异,选择技术可行、经济合理、具有针对性的方法进行分选。

物理学性状:水分含量,粒度,重量,表面形状,质地,颜色,磁性。

化学性状:化学成分,游离脂肪酸指数,含脂肪食物的酸败度、风味、气味。

生物学性状:发芽情况,病虫害,成熟度。

在实际应用中对固体物料进行分选的操作包括原料预处理、成品分级、残次品剔除作业等。

(二)固体物料分选机械分类

固体物料分选机械种类繁多,分类依据多种多样。最常见的分类依据是分选原理、分选目的和分选对象。分选机械按分选原理可分为尺寸、重量、形状、密度、气流、筛分机械等;按照分选目的可分为异物与缺陷分离机械、尺寸分级机械、重量分级机械、品质等级分级机械等。

二、散粒体物料分选机械

(一)气流分选机械

气流分选可用于轻杂的初选,还经常用于物料粉碎过程中从粉碎室内取出成品以及对生产环境的粉尘控制。物料的空气动力学特性通常用悬浮速度表示,它是进行气流分选的依据。在食品加工厂,气流分选可用于清杂的初选,还经常用于物料粉碎过程中从粉碎室内取出成品以及对生产环境粉尘控制。

颗粒的悬浮速度:当沉降速度为物料颗粒在垂直管道中受到垂直向上的气流作用时,调整气流速度为 v_a,使得颗粒的绝对速度恰好为零,则颗粒在气流中保持"悬浮"状态,此时的气流速度 v_t 称为该颗粒的悬浮速度。v_a 与 v_t 的大小相等,但方向相反。物料在空气中的悬浮速度通常取决于物料的颗粒密度、大小、形状等因素。悬浮速度越小,颗粒在气流中主动飞行的阻力越大,被气流加速的能力越强。

1. 垂直气流清选机

图 3-12 所示为垂直气流清选机,常用于轻杂物的清选分离。通常应用在海产品的干制产品中,原料由喂料口喂入,气流在筒体内由下向上流动。因轻杂物的悬浮速度小于气流速度而上升,原料则由于悬浮速度大于气流速度而下降,两种物料在设备的上下两个出料口被分别收集,实现轻杂物的清选分离。

2. 水平气流分选机

水平气流分选机如图 3-13 所示。物料降落时受到水平气流的作用,大的颗粒受到的气流阻力相对于自身重力较小,落在近处,小的颗粒被吹到远处,更为细小的颗粒则被气流带走,由旋风分离器、布袋除尘器等作后续分离。水平气流分选机适合较粗颗粒($>200\ \mu m$)的分级,不适合具有集聚性的微粉的分级。

图 3-14 为两种气流清选机的外形图。

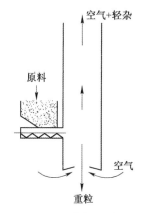

图 3-12　垂直气流清选机

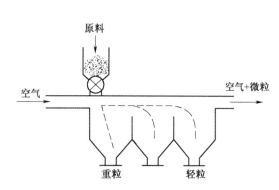

图 3-13　水平气流清选机

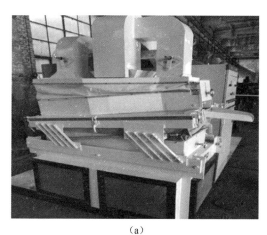

（a）

（b）

图 3-14　气流清选机

3. 旋风分选机

旋风分选机通常用于微粉的分选,即从粉碎物中提取粒度合格的成品。旋风分选机通过作用于颗粒的离心力与气流产生的阻力间的平衡实现粗微粉的分级。假设处于平衡时的颗粒为球形颗粒,则

$$D_p^2 = \frac{\mu v}{\rho_s r \omega^2}$$
（3-1）

式中,D_p——颗粒的直径, cm;

μ——空气的黏性系数,g/(cm·s);

v——空气的流速,m/s;

ρ_s——颗粒的密度,g/cm³;

r——分级场的半径, cm;

ω——转子的角速度,1/s。

以 D_p 为分级粒径,粒径大于 D_p 的大颗粒的离心力大,进入粗粉侧,粒径小于 D_p 的小颗粒由于气流阻力大,进入细粉侧。改变转子的旋转角速度 ω 或空气的流速 ω 即可改变分级粒径。涡流形式分为自由涡流和强制涡流两种,涡流的旋转速度与旋转半径成反比的为自由涡流,旋转速度与旋转半径成正比的为强制涡流。自由涡流型旋风分选机中,气流沿分级室切向进入,产生旋转气流;强制涡流型则在分级室内设置旋转机构。图 3-15 所示为强制涡流型旋风分选机的原理图,图 3-16 为两种旋风分选机的外形图。由周边喷入的超声速气流进行往复的分级和分散操作,使分级性能得到了改善。强制涡流型旋风分选机的分级精度优于自由涡流型,实际应用较多,但吸送气流的消耗动力较大。

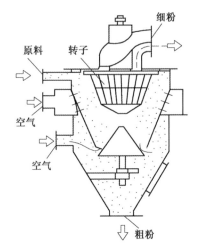

图 3-15　强制涡流型旋风分选机

（a）高效涡流式分选机　　　　　　（b）旋风式分选机

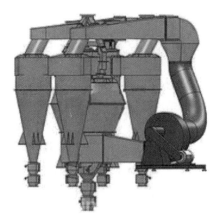

图 3-16　旋风分选机

(二) 筛选机械

1. 筛分原理和筛面

筛分是将颗粒或粉体物料通过一层或数层带孔的筛面,使物料按宽度或厚度分成若干个粒级的过程。每一层筛面都可以将物料分成筛下物(又称筛过物)和筛上物(又称筛余物)两部分。

筛分机械是利用筛面对物料按宽度或厚度尺寸进行分选的机器,可用于去杂及分级,应用非常广泛。机械筛分的主要对象是尺寸较小的球形、椭球形和多面体散粒体物料。散粒体颗粒组成相对均匀,在某种运动状态下可持续一定时间,密度小、颗粒大而扁、表面粗糙的物料将向上层浮动,而密度大、颗粒小而圆、表面光滑的物料则沉到下层,中间层为混合物料,这种现象称为自动分层现象。自动分层现象为筛分操作提供了有利条件,即当有一定厚度的物料要进行分选时,通过振动或运动,密度大、颗粒小的位于下层,与筛面充分接触并穿过筛面实现分离。

(1)筛面结构

筛面是筛分机械的主要工作构件。筛体多为平面结构,少数为柱面(圆柱面和棱柱面)结构。按照制造工艺不同,筛有冲孔筛、编织筛、栅筛等。常见的筛孔形状有圆形、正方形和长方形,筛面材料有金属、蚕丝、锦纶丝等。

冲孔筛面是在金属薄板上按一定排列方式冲制出所需要的筛孔,最常见的筛孔形状是圆孔和长孔,有时也采用三角孔或异形孔。这种筛面的孔径精确均匀,孔眼固定,分级准确,坚固刚硬且使用期限长,适宜于筛分精度要求较高的场合,专用筛分机械多采用这种筛面。但由于冲制小孔比较困难,一般直径 1 mm 以下的物料不适合用冲孔筛面分级。

编织筛面通常为正方形筛孔,其规格一般用网目(即 1 英寸长度筛面上的筛孔数量)来表示,网目数字越大,筛孔越小。这种筛面简单易造,开孔率高,凹凸不平的筛面会对物料产生较强的摩擦作用,易产生自动分层,有利于筛分作业。但往往会因网丝滑动导致筛孔变形,从而影响筛分的准确性。

栅筛面采用具有一定截面形状的棒料,按一定的间距排列而成,通常用于物料的去杂粗筛。栅筛面结构简单,容易制造,物料顺筛栅方向运动前进。

如图 3-17(a)所示,按照"长度>宽度>厚度"定义物料的三维尺寸。圆孔筛是根据物料宽度不同进行分选的,如图 3-17(b)所示,宽度大于筛孔直径的颗粒将被截留在筛面的上方,宽度小于筛孔直径的颗粒只有以直立姿势穿过筛孔才会落到筛面的下方。长方形筛孔是按颗粒的厚度进行分选的,如图 3-17(c)所示。厚度大于筛孔宽度的颗粒被截留在筛面的上方,厚度小于筛孔宽度的颗粒以直立或侧立姿势穿过筛孔落到筛面下方。为保证筛理质量,筛面只需要作水平往复振动,筛孔的长边应与振动方向一致。

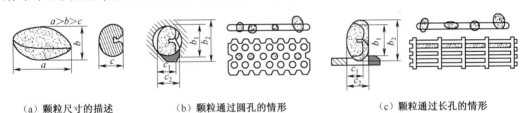

(a)颗粒尺寸的描述　　(b)颗粒通过圆孔的情形　　(c)颗粒通过长孔的情形

图 3-17　圆形孔和长方形筛孔分离原理

(2)筛面运动形式

为保证筛分过程的正常进行,物料与筛面应保持足够的接触时间。以便于筛孔度量颗粒,同时物料与筛面之间应形成相对运动,促使小于筛孔的物料穿过筛孔。物料在筛面上最大可能移动距离(称为筛程)越长,筛分效率越高;物料沿筛面运动速度越快,越不易穿过筛孔,筛分效率越低;物料沿垂直于筛面的运动速度越大,小颗粒越易穿过筛孔,但动力消耗也相应增大。

常见的筛面基本运动形式如图 3-18 所示,有静止倾斜筛面、往复运动筛面、高速振动筛面、平面回转筛面和滚动旋转筛面等。

①静止倾斜筛面。物料在自重作用下沿筛面下滑,小于筛孔的颗粒穿过筛孔分离出去,

改变筛面的倾角,可以改变物料的速度和逗留时间。这种筛面筛程较短,筛分效率低。

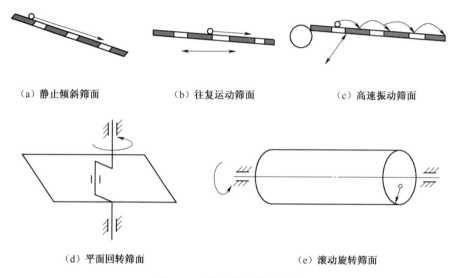

（a）静止倾斜筛面　　　（b）往复运动筛面　　　（c）高速振动筛面

（d）平面回转筛面　　　　　　　　（e）滚动旋转筛面

图 3-18　筛面基本运动方式

②往复振动筛面。筛面作往复直线运动,物料沿筛面作正反两个方向的相对滑动。筛程较长,振动频率低而振幅较大,用于流动性好而杂物细小的物料筛选,筛分效率及生产能力较高。当筛面的往复运动具有筛面的法向分量,而筛面法向运动的加速度等于或大于重力加速度时,物料可能跳离筛面跳跃前进,此时可有效减少物料对筛孔的堵塞。

③高速振动筛面。筛面在铅垂面内作圆形或椭圆形运动,振动频率高而振幅小,物料在筛面上作微小跳动。筛孔不易堵塞,适用于筛分流动性较差的细颗粒或非球形多面体物料。

④平面回转筛面。筛面在水平面内作圆形轨迹运动,筛面一般为水平或略微倾斜,物料在离心力及摩擦力的作用下沿螺旋线运动,筛程长,自动分层明显,筛分效率高,不易堵塞筛孔。筛分细粉、流动性差、自动分层困难的物料时,需要采用较大的筛面,且通常用多层结构。这种筛面在食品加工、食品粉状物料分级中应用极为广泛。

⑤滚动旋转筛面。筛面呈圆柱面或棱柱面结构,倾斜布置,绕自身轴线转动,物料在筛筒内翻滚而被筛选。因物料不便于穿过筛孔,筛分效率低,且物料只与小部分筛面接触,筛分生产能力低。

选择筛分机械时,首先要掌握原料颗粒的形状、粒度分布、流动性等物性,选择适宜的机型,并根据原料处理量选择机械的生产能力。

（3）典型筛选机械

①振动筛。图 3-19 为振动筛结构图,图 3-20 为两种振动筛的外形图,主要由进料装置、筛体、吸风除尘装置、振动装置和机架等组成。

进料装置由进料斗和流量控制活门构成,其作用是保证供料稳定并沿筛面均匀分布,提高筛分效率,并使进料量可以调节。流量控制活门有喂料辊和压力门两种结构。喂料辊进料装置喂料均匀,但结构复杂,一般在筛面较宽时才采用。压力门结构简单,操作方便,筛选设备多采用重锤式压力门。

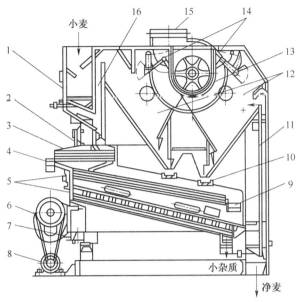

图 3-19 振动筛的结构图

1—进料斗；2—吊杆；3—筛体；4—大杂出料槽；5—筛格；6—自衡振动器；
7—弹簧限振器；8—电动机；9—中杂出料槽；10—轻杂出料槽；11—后吸风道；
12—沉降室；13—风机；14—风门；15—排风口；16—前吸风道

（a）直线振动筛

（b）3YK1854圆振动筛

图 3-20 振动筛

筛体是振动筛的主要工作部件，它由筛框、筛面、筛面清理装置、吊杆、隔振机构等组成。筛体内通常设 3 层筛面：第一层为接料筛面，筛孔最大，筛上物为大型杂质，筛下物均匀落到第二层筛面的进料端。第二层为大杂筛面，用以进一步清理略大于原料的中杂，第三层为小杂筛面，小杂穿过筛孔排出，因筛孔较小而易造成堵塞，为保证筛选效率，设置有筛面清理装置，图 3-20 所示振动筛采用的是橡胶材质的振球。

隔振装置用来降低筛体的振动。筛体的工作频率一般在超共振频率区，在启动和停机过程中需要经过共振区。常用的隔振装置有弹簧式和橡胶缓冲器。这种振动筛的筛面作往复运动，因物料只是在筛面上滑动，故适宜于流动性较好的散粒体物料的分选。

②谷糙平转筛。谷糙平转筛属于平面回转式筛设备，如图 3-21 所示，它具有结构紧凑、

物料提升次数少、筛面利用率高和操作管理较方便等特点,是碾米加工厂必不可少的定型设备。

谷糙平转筛的工作原理如图3-22所示。利用谷糙混合物自动分级的特性,使物料和糙米在筛面上充分分层,并配备大小适当的筛孔,使底层糙米及时分出,从而达到谷糙分离的目的。谷糙平转筛由进料装置、筛体、偏心回转机构和筛面角度调节机构等部件组成。筛体的固定方式分支撑式和悬吊式两类。

图3-21 gcp系列谷糙平转分离筛

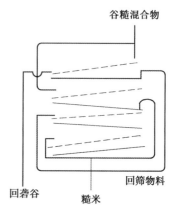

图3-22 谷糙平转筛工作原理

③圆筒筛分级机。圆筒筛分级机由回转圆柱面筛筒构成,筒壁分别开有筛孔(见图3-23)。如图3-24所示,依照不同孔径筛筒的排列,筛筒有并列式、串列式和同轴式三种结构。

图3-23 5XY-5型圆筒筛分级机

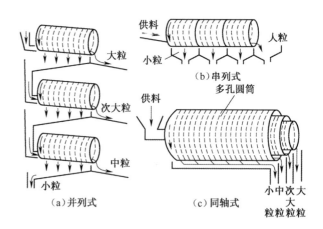

图3-24 圆筒筛分级机示意图

并列式组合将筛孔规格不同的几个筛筒按筛孔大小依次顺序排列。每段筛筒的长度较大,筛理路程较长,物料颗粒有更多且同样多的机会被筛孔度量。为节省占地面积,筛筒间可作垂直方向的排列。各段筛理能力均衡,适宜于粒径分布较为均匀的物料的筛分。

串列式组合将筛筒分成多段,筛孔由小而大,各段长度较短,筛理路程短,物料不能得到充分筛理,影响作业效率。适宜于小颗粒含量较多的物料的筛分。

同轴式组合将具有不同筛孔和筒径的筛筒由内向外排列,结构紧凑,但流量最大的内筛筒直径最小,筛理能力低,而且同一粒度的颗粒因穿过上一级筛孔的位置不同而不具有同样的筛理路程,故适宜于大颗粒较少物料的分选。

有些机型采用棱柱面筛筒,与圆柱面筛筒相比,料层的流动状态更有利于筛理,但结构略显复杂,且工作时平稳性较差。

三、重力分选机械

(一)重力分选原理

重力分选分为干法重力分选和湿法重力分选两种。

干法重力分选以散粒体的自动分层为基础,利用物料因密度及表面状态而产生的流动性差异进行分选。为提高分选效率,一般安排在筛选之后,用来清除并肩石(颗粒大小与物料相近的石子)或在粒径均匀一致的基础上获得密度和表面也均匀一致的散粒体物料。

湿法重力分选利用不同密度的颗粒在水中受到的浮力及下降阻力的差异大于在气流中的差异而进行分选。密度小于水的颗粒及杂物上浮而被分离,密度大于水的颗粒下沉,按沉降速度的不同可将不同密度的颗粒分开。由于水的密度和黏度比空气大得多,体积相同而密度不同的颗粒,其比密度值在水中比在空气中差别更大。

(二)典型重力分选机械

重力分级机也是一种干法重力分选设备,工作原理如图 3-25 所示。主要工作部件为振动网面 2 和风机 3,其中振动网面由钢丝编织而成,网面呈双向倾斜状。纵向(即 X 向)倾角为 α,横向(即 Y 向)倾角为 β。沐网面由振动电动机带动作往复振动,振动方向角(振动方向与水平面间的夹角)为 ε。网面同时受到自下而上的气流作用。将物料置于网面上,料层厚度为 δ,在机械振动和上升气流的作用下,物料呈半悬浮状态,不同颗粒按密度、尺寸、形状等差异沿铅垂方向分层排列。对于形状及尺寸大致相同的颗粒,则按密度的不同产生自动分层。在适当的振动、气流作用下,下层密度大的颗粒受到网面作用而沿纵向(X 向)上滑,上层密度小的颗粒不与网面接触,沿物料层纵向下滑,形成了不同加之物料不断从高端喂入,使纵向分离的、不同密度的颗粒沿不同轨迹作横向(Y 向)流动。不同密度颗粒的纵向、横向运动轨迹不同,结果在网面出料边 4 的不同位置上获得。这是一种较为有效的密度分选方法,广泛用于物料的分级。图 3-26 为几种典型重力分选机械的外形图。

四、精选机械

精选通常在经气流分选、筛选和重力分选之后进行,所处理的物料的粒度均匀,但在一些对于物料要求较高的场合,需要依据形状、色泽等进一步分选。

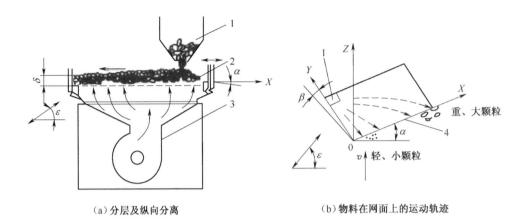

（a）分层及纵向分离　　　　（b）物料在网面上的运动轨迹

图 3-25　重力分级机工作原理

1—喂料斗;2—振动网面;3—风机;4—出料边

（a）鱼类重力分选机　　　　（b）螃蟹重力分选机

图 3-26　重力分选机械

（一）长度分选机械

1. 窝眼筒精选机

窝眼筒精选机,如图 3-27 所示,其工作部件是窝眼筒,圆筒内壁上有许多均匀分布的圆形窝眼(又称袋孔),工作时窝眼筒绕自身轴线做旋转运动。物料从转动的窝眼筒的一端喂入,其中长度小于窝眼的物料容易进入窝眼,并随窝眼筒回转至较高的位置后,落入窝眼筒中部的承料槽内,由槽中螺旋输送器推出。而长颗粒不易进入窝眼,某些进入窝眼后,因重心处于窝眼外沿以外,随着窝眼筒的滚动,将从窝眼中掉出回到下部的料流内,由筒底的螺旋输送器从窝眼筒的另一端推出。这种精选机的所有窝眼均在同一半径的圆周上,分选性能稳定一致,但有效工作面积较小。

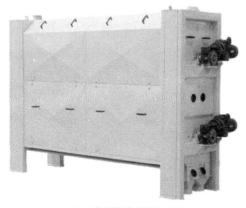

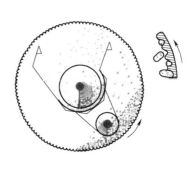

（a）窝眼筒精选机外形图　　　　　　　　（b）圆形窝眼筒结构

图 3-27　窝眼筒精选机

2. 碟片精选机

碟片精选机工作原理类似于窝眼筒精选机。碟片精选机主要由进料装置、碟片组、机壳、输送螺旋和传动部分等组成。碟片系由硬质铸铁精密铸造而成,两面均设有窝眼。工作时,物料从进料口流入,在机内堆积到一定的深度,物料依靠碟片轮辐上的叶片向前推进,由出料口送出机外;短粒由碟片窝眼带至一定高度后,从窝眼内滑出落至卸料口内排出机外。

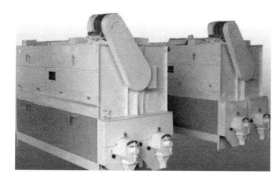

图 3-28　碟片精选机

这种精选机有效作业面积大、结构紧凑、生产能力强,但不同半径上的窝眼性能并不一致。窝眼的形式、大小应根据物料颗粒与杂质的性状及其粒度分布曲线来选择。

3. 球度分选机械

典型的球度分选机械为螺旋球度精选器,如图 3-29 所示。

螺旋球度精选器多用于从长颗粒中分离出球形颗粒。球度精选器由进料斗 1、放料闸门及 4~5 层围绕在同一垂直轴上的斜螺旋面所组成。靠近轴线较窄的并列的几层螺旋面称为内抛道,较宽的一层斜面称为外抛道。外抛道的外缘装有挡板,以防止球状颗粒滚出。内、外抛道下边均分别设有出口。

物料由进料斗出口均匀地分配到几层内抛道上,因椭圆形长颗粒滚动困难,而沿螺旋面向下滑动,其速度较低,所受到的离心力小,因而径向移动少,即与垂直轴线的距离近似不变,不会离开内抛道,最后直接落到排料口3;而球形颗粒在沿螺旋外面向下滚动时越滚越快,因离心力的作用而越过内抛道的外缘被抛至外抛道,从另外一个排料口2排出,实现分离。

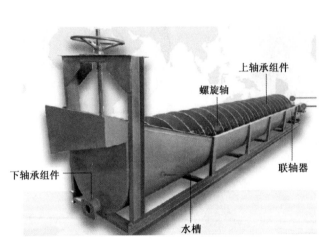
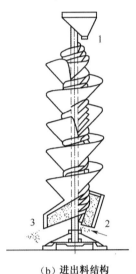

(a)螺旋球度精选器外形图　　(b)进出料结构

图3-29　螺旋球度精选器

1—进料斗;2、3—排料口

这种精选器结构简单,如果落差达到3 m以上,则不需动力,基本上不发生故障。内抛道的螺旋斜面倾角要适当。

五、磁选设备

农产品在加工前必须经过严格的磁选,除去铁、镍等磁性金属物质,以保护机械设备和人身的安全。磁选设备的主要工作部件是磁体,分永久磁体和电磁体。磁选设备分永磁溜管和永磁滚筒。

(一)永磁溜管

它是在一段倾斜溜管上方配置若干个(一般为2~3个)固定有磁铁的盖板,如图3-30、图3-31所示,每个盖板上装有两组前后错开的磁铁。工作时,物料从溜管上端流下,磁性物体被磁铁吸住。永磁溜管可连续地进行磁选。这种设备结构简单,占用空间小,需要定期取下盖板除去磁性杂质。为了保证磁选效果,物料通过磁极表面的速度不宜过快,一般应控制在0.15~0.25 m/s。当设备停止使用时,人工取下被吸住的铁性杂质,再用铁板将两个磁极盖住,以保存磁性。

(二)永磁滚筒

主要由进料装置、滚筒、磁芯、机壳和传动装置等部分组成,如图3-32所示。磁芯由锶钙铁氧体永久磁铁和铁隔板按一定顺序排列成圆弧形,安装在固定的轴上,形成多极头开放磁路。磁芯扇形圆柱表面与滚筒内表面间隙小而均匀(<2 mm),滚筒由非磁性材料(一般为不

锈钢)制成,外表面敷有无毒耐磨涂料聚氨酯作保护层以延长使用寿命。工作时,磁芯固定不动,而滚筒由电动机通过蜗轮蜗杆机构带动旋转。滚筒质量轻,转动惯量小。永磁滚筒能自动地连续排除磁性杂质,除杂效率高(98%以上),特别适合于除去粒状物料中的磁性杂质,永磁滚筒的圆周速率一般为 0.6 m/s 左右。

图 3-30　溜管式永磁除铁器

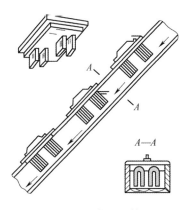

图 3-31　永磁溜管

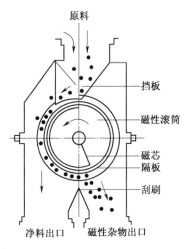

图 3-32　永磁滚筒

六、块状物料分选机械

单体尺寸和质量较大的块状物料通常需要通过逐个测定进行分选。根据测定项目,块状物料的分选分为尺寸分级、重量分级、色选和图像分选等。

(一)尺寸式分选机械

尺寸式分选机械通常用于块状海洋生物资源的分选,是利用物料的某一个尺寸或某一方向上的尺寸差异来分级的。这类分选设备结构简单,易操作,分选速度快,分级后的物料外形一致性较好,但精度低,有些设备对物料表皮损伤较大。常见的有滚筒式、三辊式、回转带式,还有利用光电检测法来分选的。

1. 滚筒式分级机

滚筒式分级设备采用中空的转筒作为分级工作部件,常用于球形物料的尺寸分级。滚筒式分级设备有多级滚筒和单滚筒两种结构形式。

图3-33(a)所示为多级滚筒分级机,每个转筒所开的孔眼按尺寸从小到大,有SS、S、M、L等多个不同级别,如图3-33(b)所示。原料从转筒外上方送入,从小到大顺序分级。根据工厂规模和进料量的差异,转筒的数目一般以2~4比较适宜,原料也相应被分为3~5个级别,然后由输送带沿滚筒轴向从滚筒内部输出。在实际生产中,滚筒可根据需要更换。如某种分选机配有7种孔径的不锈钢转筒,可将原料分成8个级别。某分级机配有4种孔径的不锈钢转筒,可将原料分为5个级别。

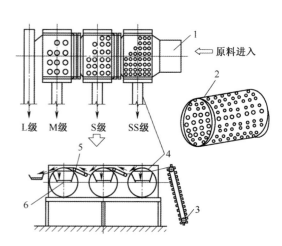

（a）多级滚筒式分级机外形图　　　　（b）多级滚筒式分级机分级过程示意图

图3-33　多级滚筒式分级机

1、3—原料;2—转筒;4—输入输送带;5　滚子输送带;6—输出输送带

这种多级滚筒分级机分级时物料与滚筒无相对运动,不易造成物料的损伤,但分级精度低,适用于尺寸较大、球度较差的物料。

图3-34所示为单滚筒分级机,工作时,物料在滚筒的内侧接触滚筒,分级时物料与滚筒有相对运动,多用于尺寸较小、球度较好的物料。

这种单滚筒分级机的滚筒内物料升高主要靠滚筒转动和物料对滚筒内壁的摩擦力,升角较小,只有40°~45°,其筛面利用率只有1/8~1/6;在运行中易发生堵塞现象,需时常有人看管;物料的落差大,原料易受损。

2. 回转带式分级机

带式分级机主要有两种结构形式。

一种使用两组带,调整带与带之间的距离进行分级,如图3-35所示。主要由一对长橡胶带组成,带面呈V形结构。橡胶带之间,从物料进口到末端出口,橡胶带逐渐变宽。整个过程分为几段,每段一个等级。将物料置于两条输送带上,若物料直径小于两条输送带间的距离,则从中下落,由于两条输送带间的距离沿运行方向不断加大,故不同尺寸等级的物料掉落在下方相应的输送带上。该装置结构简单,故障少,工效较高,但分级精度不高。

 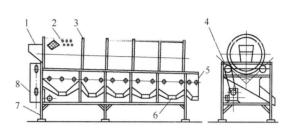

（a）单级滚筒式分级外形图　　　　　　　　　（b）单级滚筒式分级机结构示意图

图 3-34　单级滚筒式分级机

1—进料斗;2—滚筒;3—滚圈;4—摩擦轮;5—铰链;6—收集料斗;7—机架;8—传动系统

另一种回转带分级机,如图 3-36 所示,分级部分由三条回转输送带 1 组成,各条带上开有不同尺寸的圆孔,输送带中间设有集料输送带 2,每条输送带可将物料分成两部分,小于圆孔的物料通过圆孔落至集料输送带 2 上,大于圆孔的物料被送至下一输送带。物料由倾斜输送器升运后,先经手选装置,由人工剔除有缺陷的,然后通过叶片式刷子,将大部分物料引向输送带,而进入叶片间的特小物料被带向等外级集料输送带。三条输送带将物料分成小、中、大、特大等级别。

图 3-37 为 MMJM125 回转式分级机的实物图。

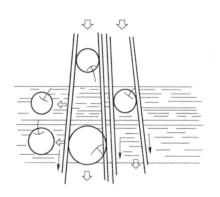

图 3-35　回转带分级机

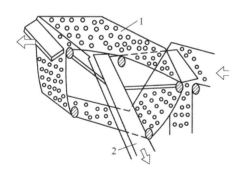 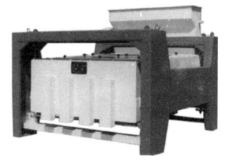

图 3-36　圆孔回转带分级机　　　　　　　图 3-37　MMJM125 回转式分级机实物图

1—回转输送带;2—集料输送带

3. 光电式尺寸分选机

这种设备采用光电传感器检测物料的尺寸。当物料等速通过光电检测器时,通过测量物料遮挡光束的时间或经过光束时遮挡的光束数量计算出高度、直径、面积,经与设定值比较后,控制卸料执行机构,使物料落入相应的位置,实现分级。

以下是几种常见的光电式尺寸分级机。

①光束遮断式分级机。如图 3-38(a)所示,一个发光器 L 与一个接收器 R 构成一个单元。两个单元的距离 d 由分级尺寸决定,沿输送带前进方向,间距 d 逐渐变小。物料在输送带上随带前进,经过分级区域时,若物料尺寸大于 d,则两条光束同时被遮挡,这时,通过光电元件和控制系统使推板或喷嘴工作,把物料横向排出输送带,作为该间距 d 值所分选的物料。双单元的数量由物料的分选等级数来确定。这种分级机适用于单方向尺寸分级。

②脉冲计数式分级机。如图 3-38(b)所示,发光器 L 和接收器 R 分别置于物料输送托盘的上、下方,且对准托盘的中间开口处。发光器发出一个脉冲光束,托盘移动距离为 a,若物料在运行中遮挡脉冲光束次数为 n,则物料的直径为 $D=na$,然后通过微处理机,将 D 值与设定值进行比较,分成不同的尺寸等级。

③水平屏障式分级机。如图 3-38(c)所示,将多个发光器和接收器一并排列形成光束屏障。当物料经过光束屏障时,从遮挡的光束数求出高度,再从光束遮挡时间经积分求出物料侧向投影面积,并与时间的设定值进行比较,在相应位置物料被排出而分成不同的尺寸等级,在规定处排出。

④垂直屏障式分级机。如图 3-38(d)所示,这种设备与水平屏障式分选机相仿,测定物料宽度方向的最大尺寸及水平方向的物料横截面积。

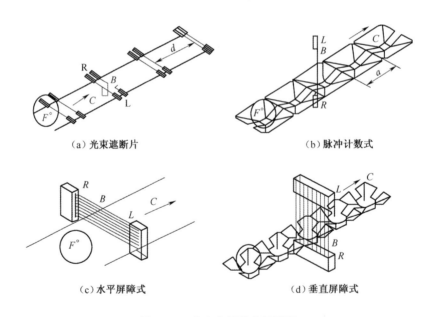

(a)光束遮断片　　　　　　　　　　　　(b)脉冲计数式

(c)水平屏障式　　　　　　　　　　　　(d)垂直屏障式

图 3-38　光电分级机分级原理

此类光电尺寸分级机在分级过程中,能进行非接触的测量,减少了物料的机械损伤,且有利于实现自动化。随着光电检测器件的进步,目前在尺寸检测和分选分级设备中已广泛使用阵列式(线性 CCD)光电探测元件,可直接检测出物料的长度和宽度,从而大大减少后续的数据处理和系统的控制过程,使检测系统更加可靠。

七、重量式分级机

重量式分级机依据的是物料的单体重量,分级后产品的重量一致性较好,但外形一致性则不如尺寸式分级。重量式分级设备较尺寸式分级设备复杂,分级精度较高。根据称重及控制方式,重量式分级机主要分为杠杆秤式、弹簧秤式和电子秤式。

(一)杠杆秤式重量分级机

农产品通常需要采用杠杆秤式重量分级机进行分级。图 3-39 所示为移动杠杆秤式重量分级机的结构。该分级机适用于鱼、虾、贝类等的重量分级。整机由喂料台、接料箱、移动秤 6、固定秤 2、滚子链 7 等组成。移动秤约 40~80 个,称重盘 1 上装有物料,随辊子链 7 在移动秤轨道 8 上移动。固定秤按需分等级数装有若干台,固定在机架上,其托盘中安置分级砝码。移动秤在非称重位置时,物料重量靠小导轨 9 支承,使移动秤杠杆保持水平。当移动秤到达称重位置(固定秤处)时,即与小导轨脱离,移动秤杠杆与固定秤的分离针 4 相接触。此时,物料和砝码在移动秤杠杆的两端,通过比较,若物料重量大于设定值,则分离针上抬,料盘随杠杆转动而翻转,物料被排至相应的接料箱。经过若干台固定秤,物料由重到轻分成若干级别。

图 3-40 为移动杠杆秤式重量分级机俯视图。该分级机分级精度较高,调整方便,物料在分级过程中不易受损,适用范围也广,但结构较复杂。

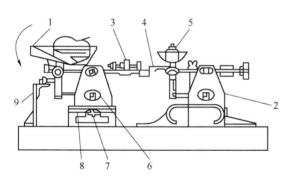

图 3-39　移动杠杆秤式重量分级机
1—称重盘;2—固定称;3—调整砝码;4—分离针;5—砝码;
6—移动称;7—滚子链;8—移动称轨道;9—小导轨

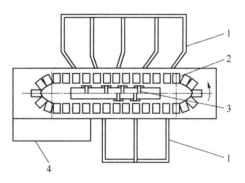

图 3-40　移动杠杆秤式重量分级机俯视图
1—接料箱;2—移动盘;3—固定盘;4—喂料台

(二)弹簧秤式重量分级机

图 3-41 所示为一称重滑道式重量分级机原理。被称重物料盛放于料斗 2 内,料斗前端与牵引链条 1 铰接,并支撑于滑道上,而尾端自由支撑于滑道上,滑道分为固定滑道 4 和称重活动滑道 3,其中称重段由感重弹簧保持与固定段形成直线滑道,在牵引链条牵引下料斗连续移动。当料斗尾端支撑杆移至滑道称重段时即进行称重,当因物料而作用于称重段的向下摆动的力矩超过感重弹簧提供的支撑力矩时,称重段被压下,料斗脱离固定滑道水平面,最后物料滑落到下方的横向输送带上被送出,料斗翻下后,称重段在弹簧作用下迅速复位。若物料较小,作用力矩不足以大于弹簧支持力矩时,料斗将继续载着物料沿滑道前移。称重段滑道设置数量与

分级挡位数相同,相应于分级挡位由重到轻,弹簧预紧力也由大到小。可根据相应的重量挡位,调节弹簧的预紧力。为提高生产能力,通常并行设置多列料斗,每列料斗对应一组滑道。

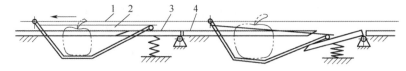

图 3-41　弹簧秤式重量分级机原理
1—牵引链条;2—料斗;3—称重活动滑道;4—固定滑道

这种分级机结构简单,分级速度快,但分级精度低,要求级差较大。

(三)电子秤式重量分级机

工作时,由链传动输送的称量托盘移至称量轨道 1 时脱离链传动,呈现浮动状态,此时,可以测得物料和托盘的重量。由于重量的增加导致称量轨道从基准位置下降,使差动变压器 6 产生位移,变位后的差动变压器的输出用放大电路 4 放大后,反馈到负荷线圈 7 产生磁力。磁力使差动变压器的位移复零,也就是称量轨道恢复到基准位置后达到平衡状态。此时,负荷线圈中的电流被变换成脉冲信号,作为重量的测量信号进入控制装置。该信号与事先设定的值进行比较,大小规格信息被储存,当托盘被送到大小规定的位置时,旋转编码器 2 转动,按照储存信息进行分选。

这种秤的特点是负荷线圈起强力减振作用,不易受到由托盘移动引起的振动影响。图 3-42所示为电子秤分级原理。

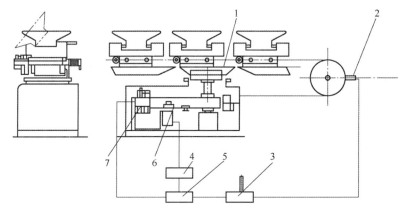

图 3-42　电子秤分级原理
1—称量轨道;2—旋转编码器;3—尺寸判断装置;4—放大电路;
5—变换电路;6—差动变压器;7—负荷线圈

八、现代分选技术装备

(一)色选设备

因为物料表皮颜色与其成熟度、食味、糖分与维生素含量等有密切相关,所以可以通过物料表皮颜色的变化来识别、评价它们的品质。色选设备就是通过对物料表皮颜色的检测来对物料进行分级的。

1. 利用光反射特性来鉴别

物料表皮的颜色可以利用光反射特性来鉴别,用一定波长的光或电磁波照射物料,根据反射光的强弱可以判别其表面颜色。图 3-43 所示为某光反射谱,它表示不同颜色在不同波长光的照射下的反射强度。

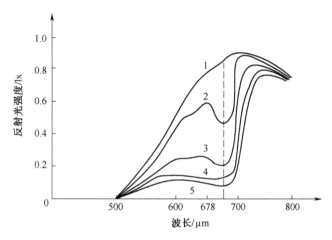

图 3-43 某光反射谱
1—黄色表皮;2—淡黄色;3—黄绿色;4—淡绿色;5—绿色

由图 3-43 可以看出,颜色越绿则反射强度越弱,这是因为叶绿素吸光性强所致。此外,对于不同波长的光,色差造成的反射光强度的差异也不同,其中采用波长为 678 nm 的光照射时,则其差异较大,故可用此波长来分选。采用光电探测元件将反射光转变为电信号,由电流强度的大小来判别物料表皮的颜色。电流 I 由下式确定:

$$I = SR \tag{3-2}$$

式中,R 为反射率;S 为测试系统灵敏度。

由于 S 值不仅与光照强度、光电管灵敏度有关,还与物料尺寸、形状、位置等有关,因而当不同颜色物料所得到的反射率之差相对于 S 值较小时,就会影响测试精度,为此,往往选用两种不同波长的照射光,得到两个电流值 I_1、I_2,以比值或差值或相对差值 $(I_1 \sim I_2)/2$ 为指标进行判别,这样可以不受或少受由物料尺寸、形状等带来的影响,提高了测试精度。如采用比值作指标时:

$$\frac{I_1}{I_2} = \frac{S_1 R_1}{S_2 R_2} \tag{3-3}$$

由于两种波长下的测试系统相同,故

$$\frac{I_1}{I_2} = \frac{R_1}{R_2} \tag{3-4}$$

此时,判别指标与 S 值无关,消除了不同物料尺寸、形状等因素的影响。

图 3-44 所示为色检箱,物料依次下落通过色检箱的过程中,受到垂直方向光线的照射;

对于不同的物料,为获得适宜波长的光,可更换背景板 3。从物料表皮反射的光,借箱内相隔 120° 配置的反射镜 1 反射入三个透镜 5,通过集光器 4 混合,然后分成两路,分别通过带有不同波长滤光器的光学系统,得到不同波长下的反射率,从而判别物料的颜色。

2. 利用延迟发光特性来鉴别

在暗室内,将光照射到高等植物的叶绿体上,若将光线遮挡数秒至数分钟时,被照物上会出现微弱的发光现象,这种现象称为延迟发光现象(简称DLE)。由于 DLE 强度值(用电压表示)显示了物料叶绿素的含量,而叶绿素含量与表皮颜色间有着一定的关系,因而 DLE 强度值可用来进行颜色分选。

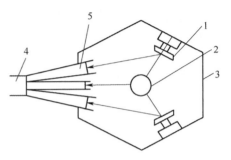

图 3-44 色检箱

1—反射镜;2—物料;3—背景板;
4—集光器;5—透镜

DLE 强度可用图 3-45 所示的装置测定。从光源 4 发出的白色光经反射镜 13 照射物料 14,当关闭光闸 1 时,反射镜即按顺时针方向回转 45°,打开了从物料 14 到滤光器 12 的光路,从物料发出的 DLE 经滤光器 12、放大器 8 至记录装置(数据记录仪 7、笔录仪 6)。光电管检测一部分照射光,求得物料的照光时间,通光电管得到电信号,经放大器 9 至记录装置。

图 3-46 所示为利用 DLE 特性分选的装置。物料经光源 4 照射一定时间后,由输送装置 3 送入暗室 1,遮光几分钟后,物料表面的微弱发光经光电管 7 转换为电信号送至控制回路,根据 DLE 值的高低将不同表皮色的物料分别从出口 5 或 6 排出。

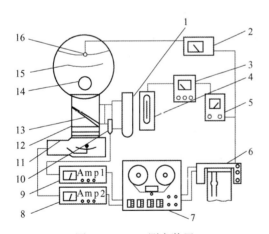

图 3-45 DLE 测定装置

1—光闸;2—电压调节器;3—电流表;4—光源;5—电源;
6—笔录仪;7—数据记录仪;8、9—放大器;10—光电管
11—光电倍增管;12—滤光器;13—反射镜 14—物料;
15—加热器挡板;16—加热器

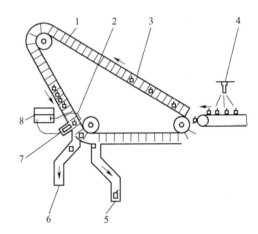

图 3-46 利用 DLE 特性的分选装置

1—暗室;2—转向装置和电磁阀;3—输送装置;4—光源;
5—黄色物料(DLE 值低)出口;6—青色物料
(DLE 值高)出口;7—光电管;
8—动力源和控制回路

图 3-47 所示的光电色选机是利用光电原理,从大量散装产品中将颜色不正常或感染病虫害的个体(球状、块状或颗粒状)以及外来杂质检测分离的设备。图 3-48 为光电色选机械

的实物图。

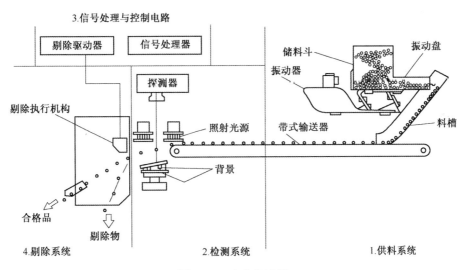

图 3-47 光电色选机

 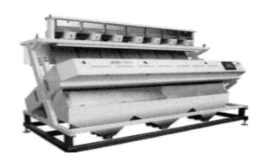

图 3-48 光电色选机(实物图)

光电色选机主要由供料系统、检测系统、信号处理与控制电路、剔除系统等组成。

供料系统由储料斗、电磁振动喂料器、斜式溜槽(立式)或带式输送器(卧式)组成。其作用是使被分选的物料按所需速率均匀地排成单列,穿过检测位置并保证能被传感器有效检测。色选机是多管并列设置,生产能力与通道数成正比,一般有 20、30、40、48、90 系列。

检测系统主要由光源、光学组件、比色板、光电探测器、除尘冷却部件和外壳等组成。检测系统的作用是对物料的光学性质(反射、吸收、透射等)进行检测以获得后续信号处理所必需的受检产品的正确的品质信息。

信号处理控制电路把检测到的电信号进行放大、整形、送到比较判断电路,判断电路中已经设置了参照样品的基准信号,根据比较结果把检测信号区分为合格品和不合格品信号,当发现不合格品时,输出脉冲给分选装置。信号处理控制电路如图 3-49 所示。

剔除系统最常用的是高压脉冲气流喷吹,它由空压机、储气罐、电磁喷射阀等组成。关键部件是喷射阀,应尽量减少吹掉一颗不合格品带走的合格品的数量。

光电色选机工作时,储料斗中的物料由振动喂料器送入通道成单行排列,依次落入光电检测室,从电子视镜与比色板之间通过。被选颗粒对光的反射及比色板的反射在电子视镜中相比较,颜色的差异使电子视镜内部的电压改变,并经放大。如果信号差别超过自动控制水平的预置值,即被延时则驱动气阀,高速喷射气流将物料吹送入旁路通道。而合格品流经光电检测室时,检测信号与标准信号差别微小,信号经处理判断为正常,气流喷嘴不动作,物料进入合格品通道。

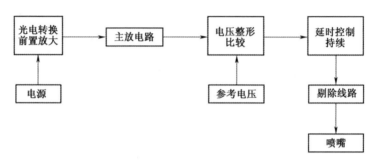

图 3-49　信号处理控制电路

九、图像处理分选设备

图像处理分选设备是通过非接触拍摄图像检测物料外观特征,再与所设定的外观特征参数相比较,然后根据差异进行分级。

食品物料的外观特征有面积、大小、长宽比、形状复杂度、灰度、纹理等,其综合特征一般由多个特征加权处理得到。有些物料只需要根据大小或表面积等参数进行分选。而对有些物料进行分选则要综合众多因素。

图像处理系统如图 3-50 所示。它与机械式分选设备的最大不同就是利用 CCD（charge coupled device）摄像机进行非接触摄像,并进行判断。图像处理分级机在应用上比较稳定,精度很高,加工处理能力强,应用范围极广。

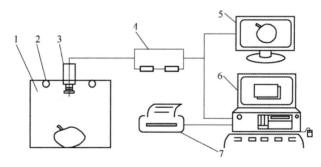

图 3-50　计算机图像处理系统
1—光源箱;2—光源;3—摄像机;4—采集卡;5—监视器;6—主机;7—图像输出

图像处理系统主要由图像采集部件、图像处理部件和识别结果输出部件三部分构成。图像处理的一般方法为,首先将由摄像机摄取的图像变换成二维图像,然后计算出有利于物料分选的特征值,再与设定值进行比较分选。更精确的方法是在计算出特征值之后,进一步进行细化处理,明确形状特征,或者进行微分处理,利用图形的连接性获得更准确的检测方法。根据这些特征值进行分级时,一旦特征值偏离设定值,即使是很小,等级也要发生变化,与人工判断产生差距。为了改善这种方法,已经开发出对于判断具有兼容性的模糊方式。不能用特征值进行形状评价的,可试用人工神经网络,以傅立叶级数代替用单纯的特征值(直径、长度、扁平度)评价物料形状。

图 3-51 所示为某品质等级分选机。其分级操作包括排列、分离、摄像、无损检测、计算机处理判断等过程。为了保证摄取的图像准确无误,应避免物料发生叠摞粘连现象,通过 V 形布置的两速度不同的输送带将叠摞在一起的物料形成单列,因辊轴链带的设计速度大于分离输送带的速度粘连在一起的物料得以分离。5 台 CCD 摄像机配置在传送带的上方及周边,可以全方位地摄取物料的图像,但为了获得物料上下两面的图像,特设物料翻转机构。在传送带的两侧安装有无损伤检测装置。当物料通过 CCD 摄像机时,物料的颜色、大小、形状、内部品质、糖度和酸度、表面损伤等情况均被记录下来,图像处理系统可通过这些信息完成分级处理。图 3-52 为两种等级分选机的外形图。

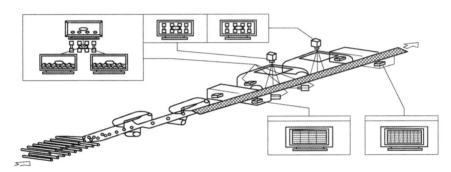

图 3-51　品质等级分选机

（a）大闸蟹分选机

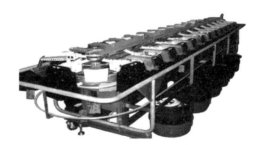

（b）鳗鱼等级分选机

图 3-52　等级分选机

十、金属探测设备

金属探测设备用于食品、药品、塑料颗粒等各种粉末状及颗粒物中的全金属检测,并具有自动剔除功能。图 3-53 所示为一国产输送带式金属探测器,图 3-54 所示为通道式金属探测器的外形图。

(一)探测器的结构

金属探测器主要是由探头和控制装置两部分构成。其中,探头由三个线圈组成,包括一个中心线圈和两个探测线圈,均绕在骨架上,需要检测的产品从中通过。中心线圈连接于振荡器,用来提供探测用的电磁场,该电磁场在探测线圈中感应一个信号。由于两个探测线圈反向连接,所产生的两个信号彼此相减。当合成信号为零时,探头处于平衡状态。当具有磁性和导电性金属材料在通过探头时,会破坏探头的平衡状态,从而产生一个非零信号,经控制装置处理后,即可将有金属杂质的产品从生产线上自动剔除。

图 3-53　食品金属探测仪　　　　　　图 3-54　通道式金属探测器

(二)金属探测器原理

如图 3-55 所示,振荡器产生信号送入探头,为探测器提供电磁场,从探头输出信号经选频放大,再经过检波、低频放大、触发、延时回路之后,由继电器发出执行信号,自动执行机构将含有金属杂物的产品剔除,或者发出执行信号控制报警系统。

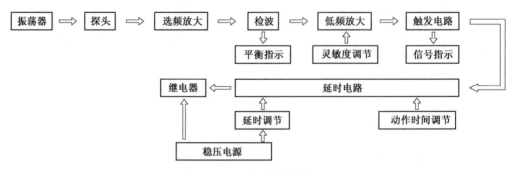

图 3-55　金属探测器原理

第四章 输送和搅拌混合机械与设备

第一节 活体物料输送机械

带式输送机用于块状、颗粒状物料及整件物料的水平方向或倾斜方向运送,同时还常用作连续分选、检查、包装、清洗和预处理的操作台等。下面详细介绍带式输送机的工作原理及结构。

带式输送机是一种具有挠性牵引构件的连续输送机械。如图4-1所示,它主要由环形输送带6、驱动滚筒8、张紧滚筒1、张紧装置2、装料斗3、卸料装置7、托辊5及机架组成,环形输送带作为牵引及承载构件,绕过并张紧于两滚筒上,输送带依靠其与驱动滚筒之间的摩擦力产生连续运动;同时,依靠其与物料之间的摩擦力和物料的内摩擦力使物料随输送带一起运动,从而完成输送物料的任务。物料从装料斗进入输送带上,通常被运送至输送机的另一端,当需途中卸料时,可在相应位置另设卸料装置。

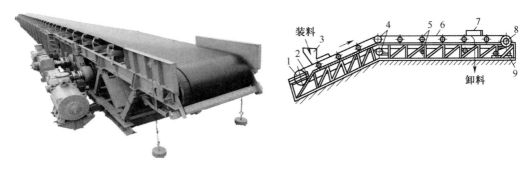

图4-1 带式输送机

1—张紧滚筒;2—张紧装置;3—装料斗;4—改向滚筒;5—托辊;6—环形输送带;7—卸料装置;8—驱动滚筒;9—驱动装置

带式输送机结构简单,适应性广,使用方便,工作平稳,不损伤被运输物料,输送过程中物料与输送带间无相对运动,可输送研磨性物料,运输速度范围广(0.02~4.00 m/s),输送距离长,输送能力强,能耗低,但输送带易磨损,在输送轻质粉料时易形成飞扬。

一、主要构件

(一)输送带

作为具有牵引和承载功能的构件,输送带应具有强度高、挠性好、质量小、延伸率小、吸水性小、耐磨性好的特点,用于输送食品的输送带还应满足食用卫生要求。食品工业常用的输送带有橡胶带、纤维编织带、网状钢丝带及塑料带。其中,橡胶带为纤维织品与橡胶构成的复合结构,上下两面为橡胶层,耐磨损,具有良好的摩擦性能,并可防止介质的侵蚀。其工作表面有平面和花纹两种,后者适宜于内摩擦力较小的光滑颗粒物料的输送。食品工业中还常采用不锈钢丝网带,其强度高、耐高温、耐腐蚀,适用于边输送、边清洗、沥水、炸制、通风冻结、干燥的场合。塑料带耐磨、耐酸碱、耐油、耐腐蚀,适用温度变化范围大,一般有单层和多层结构,其中多层结构塑料带与普通型橡胶带相似。

输送带连接的好坏是影响输送机使用寿命的关键因素之一。为确保输送机的正常运行,必须保证接头的抗拉强度。对于橡胶带一般采用机械连接(金属皮带扣连接法、皮线缝纫法等)和硫化连接两种方法。采用硫化连接时,其强度可达原来强度的90%,合处无缝,表面平整;而用金属皮带扣连接,接合容易,但强度仅为原来的35%~40%。对于塑料带,采用机械连接和塑化连接两种方法。塑化连接是将带芯拆散相互搭接后,上下覆以塑料片,加热加压而成,其强度可达原强度的75%~80%。

(二) 驱动装置

驱动装置包括电动机、减速器、滚筒。在倾斜式输送机上还设有制动装置。滚筒一般为空心结构,有驱动滚筒、变向滚筒和张紧滚筒三种。驱动滚筒是传递动力的主要部件,输送带借其与滚筒之间的摩擦力运行;变向滚筒可改变输送带的走向,也可用来增大驱动滚筒与胶带的包角;张紧滚筒用作输送机的端部输送带的支撑和张紧机构。变向滚筒和张紧滚筒均为光辊结构。滚筒的长度略大于带宽,一般比带宽大100~200 mm。为防止输送带跑偏,滚筒外表面一般制成鼓形结构,中间直径比两侧大1%左右。

(三) 托辊

用于承托输送带及其上面的物料,避免作业时输送带产生过大的挠曲变形。托辊分为上托辊(即载运托辊)和下托辊(即空载托辊)两种。上托辊又有单辊式和多辊组合式,如图4-2所示。平面单辊式支撑的输送带表面平直,物料运送量较少,适合运输成件物品,便于在运输带中间部位卸料。多辊组合式支撑使输送带弯曲呈槽形,运输量大、生产率高,适合运送颗粒状物料,但输送带易磨损。为了防止输送带跑偏,每隔5~6组托辊,安装一个调整托辊,即将两侧支承辊柱沿运动方向往前斜2°~3°安装,使输送带受具有向中间的分力的力,从而保持在中央位置,如图4-3所示,但输送带磨损较快。下托辊只起承托运输带作用,为平面单辊。在运送较重的大块物件时,还可以在装料处设置缓冲托辊,以减少冲击。缓冲托辊有橡胶圈式和板弹簧式两类。食品工厂输送的散料粒度及质量较小,很少使用缓冲托辊。较常见的托辊用两端加凸缘的无缝钢管制造而成,其支承采用滚动轴承或含油轴承,端部有密封装置及添加润滑剂的沟槽等。

(四) 张紧装置

在带式输送机中,输送带具有一定的延伸性,为稳定传递动力,输送带与滚筒间需要足够的接触压力,避免出现打滑现象。张紧装置的作用就是通过保持输送带足够的张力,从而确保输送带与驱动滚筒间的接触压力。常用的张紧装置有重锤式、螺杆式和压力弹簧式等,如图4-4所示。其中,螺杆式张紧装置利用拉力螺杆或压力螺杆实现张紧,其结构紧凑,但不能进行自动补偿,必须经常调整。重锤张紧装置由自由悬垂的重物产生拉紧作用,张紧力恒定,但外形尺寸较大。压力弹簧张紧装置是在张紧辊两端的轴承座上各连接一个弹簧和调整螺钉,其外形尺寸小,有缓冲作用,但结构复杂。

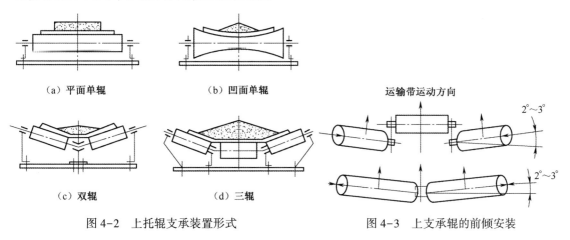

| (a) 平面单辊 | (b) 凹面单辊 |
| (c) 双辊 | (d) 三辊 |

图 4-2　上托辊支承装置形式　　　　　图 4-3　上支承辊的前倾安装

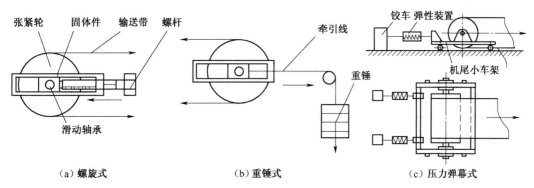

(a) 螺旋式　　　　　(b) 重锤式　　　　　(c) 压力弹幕式

图 4-4　张紧装置简图

(五)卸料装置

带式输送机有途中和末端抛射两种卸料形式,其中末端抛射卸料只用于松散的物料。途中卸料装置常用犁式卸料挡板,成件物品一般采用单侧卸料挡板,颗粒物料可采用双侧卸料挡板。

输送散状物料的输送能力可利用下式计算:

$$Q = KB^2 v \rho C \tag{4-1}$$

式中,v——输送带速度,m/s,输送作业时一般取 0.8~2.5 m/s,分选、检查作业时一般取 0.05~0.1 m/s;

$\quad B$——带宽;

$\quad C$——输送机倾斜度修正系数,其值见表 4-1;

$\quad K$——截面系数,见表 4-2;

$\quad \rho$——物料密度,t/m³。

表 4-1 输送机倾斜度修正系数 C

倾斜角度	0°~7°	8°~15°	16°~20°	21°~25°
C	1.00	0.95~0.90	0.90~0.80	0.8~0.75

表 4-2 截面系数 K

物料在带上的动态堆积角 ψ[①]		10°	20°	25°	30°	35°
K	槽形输送带	316	385	422	458	496
	平形输送带	67	135	172	209	249

① Ψ 为物料在输送带上的动态堆积角,一般为静态堆积角 ψ_0 的 70%。

第二节 混合物料输送机械

一、液料泵的基本类型与性能特点

按工作原理和结构特征,液料泵可分为以下基本类型。

(一)流量泵

流量泵具有依靠高速旋转叶轮对被泵送液料的动力作用,把能量连续传递给液料而完成输送。常见流量泵有离心泵、轴流泵、旋涡泵。流量泵具有以下基本特点:①静压低,动压高,流量大且稳定;②静压及流量因负载而不同,流量调整一般通过出口开度进行,压力也相应变化,但不会造成压力剧增;③叶片对液料有一定的剪切、搅动作用;④适用于黏度较低的液料输送或供给;⑤为稳定工作,使用时必须保持不低于某一转速;⑥只有在泵腔完全充满后才能启动供料,因此其安装位置必须保证这一要求,而且吸料管应尽量短且弯头少,避免积存空气。

(二)容积泵

容积泵又称正排量泵、正移位泵。通过包容料液的封闭工作空间(泵腔),形成周期的容积变化或位置移动,把能量周期性地传递给料液,使料液的压力增加,直至强制排出。根据主要构件的运动形式,常见容积泵又分为往复泵(如活塞泵、柱塞泵、隔膜泵)和转子泵(如齿轮泵、螺杆泵、滑片泵、挠性泵等)。容积泵具有以下基本特点:①静压高,动压低,流量小,瞬时流量波动较大,可通过顺序安排泵的工作相位减少波动,平均流量稳定、准确,可用于液料的计量;②稳定安全作业时,泵须配置调压阀(用于控制出料所需的最小压力)、安全阀(控制泵安全限制的最高压力)和溢流阀(在正常工作压力下,使多余的排量回流)等组件,使用时必须注意它们处于良好的工作状态;③流量一般只能通过调节泵本身的排量(如调节转速或更换转子)来实现,不可简单地通过出口开度进行调整,否则会造成压力骤增;④搅动作用一般较小,但对于缝隙流阀结构,其剪切作用较强;⑤适用于静压要求较高(黏度大或管道压力损失大)而流量要求较低且具有准确的液料输送或供给;⑥具有较强的自吸能力,故对安装位置要求不严格;⑦需要注意的是,液料在工作过程中起到一定程度的润滑剂作用,因此不得在无料的情况下空转,以免干磨造成严重的磨损。

二、典型液料泵

(一) 离心泵

离心泵属于流量泵,是使用范围最广泛的液体输送泵。它可以输送中、低黏度的溶液,也可以输送含悬浮物或有腐蚀性的溶液。如图 4-5 所示,离心泵主要由泵体、泵盖、叶轮、主轴、轴承、密封部件及支承架构成。其中泵壳为蜗壳形。

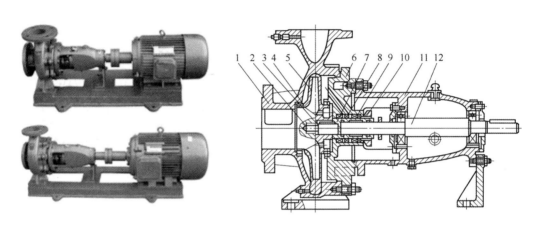

（a）单级单吸离心泵外形图　　　　（b）单级单吸离心泵结构示意图

图 4-5　单级单吸离心泵
1—泵体;2—螺纹;3—制动垫片;4—密封环;5—叶轮;6—泵盖;7—轴套;
8—填料环;9—填料;10—填料压盖;11—轴承悬架;12—轴

如图 4-6 所示,在当原动机带动泵轴和叶轮旋转时,叶片流道中的液体一方面随叶轮一起旋转,作圆周运动,一方面在离心力作用下,从叶轮中心被甩向叶轮外缘。液体从叶轮中获得了静压能和速度能,以较高的流速流入蜗壳形泵腔内,并流向排出口而输出。当液体流经蜗壳到排出口时,部分速度能将转变为静压能。而泵的中心部分形成低压区,与进料液面的压力形成压力差,使得料液不断地从进入口进到泵中。

按液体吸入叶轮的通道方式不同,离心泵分为单吸式和双吸式两种。其中,双吸式泵在叶轮两侧都有吸入口,料液从两面进入叶轮,在同样条件下比单吸式泵流量增加 1 倍。按叶轮级数,离心泵分为单级泵和多级泵。同一根轴上串联两个以上叶轮,上一级的出口与下一级的进口相通,这种泵称为多级泵,叶轮数多可以使液体获得足够的能量达到较高的压力。如三级离心泵的最大排液压力为 1.5 MPa,流量可达 70 m^3/h,系统压力可调至 6 MPa,可满足一般反渗透系统的需要。

离心泵的叶轮可将原动机的机械能传给液体,以提高液体的静压能和动能。叶轮结构通常有三种类型:封闭式、半封闭式和开式。封闭式离心泵叶轮两侧有前盖板和后盖板,液体从叶轮中间入口进入经两盖板与叶轮片之间的流道流向叶轮边缘,如图 4-7(a)所示,这种泵效率高,广泛用于输送清洁液体。半封闭式叶轮离心泵的吸口侧无前盖板,如图4-7(b)所示。开式叶轮离心泵的叶轮两侧不装盖板,叶片较少,叶片流道宽,如图4-7(c)所示,这种结构的泵效率低,适于输送含杂质的液体。轴封装置轴封的作用是防止高压液体从泵壳内沿轴向外漏出,或外界空气从相反方向渗入泵壳内。常用的轴封装置有填料密封和机械密封两种。

（a）离心泵工作原理　　　　　　　　（b）离心泵结构示意图

图4-6　离心泵

1—泵轴;2—叶轮;3—泵壳;4—液体入口;5—液体出口

　　填料密封(见图4-8)填料箱体1与泵体相连,填料2一般为浸油或涂石墨的石棉绳,拧紧螺钉,通过填料压盖4使填料压紧在填料箱体与转轴之间,达到密封的目的。内衬套5用于防止将填料挤入泵内。为了防止空气漏入泵内,在填料箱体内装有液封圈3。

　　机械密封(见图4-9)又称端面密封。主要密封元件由动环1、静环2组成。密封靠动环与静环端面间的紧密结合来实现。动环与轴一起旋转,动环的端面紧贴静环,而静环则与静环座固定连接,两端面借助于压紧弹簧通过推环紧密贴合。其紧贴程度可用弹簧来调节。与填料密封相比,机械密封具有液

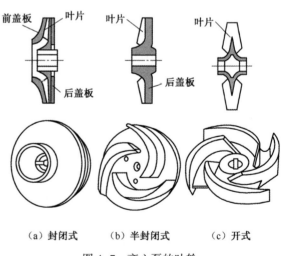

（a）封闭式　　（b）半封闭式　　（c）开式

图4-7　离心泵的叶轮

体泄漏量小、使用寿命长、功耗低,结构紧凑,密封性能好的优点,对于输送食品物料的泵,采用机械密封比填料密封更好,但机械加工复杂、精度高,安装的技术严格,成本高。

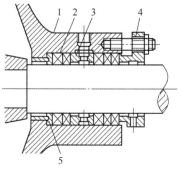

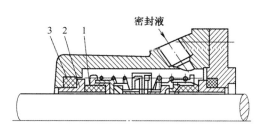

图 4-8　填料密封

1—填料箱体;2—填料;3—液封圈;
4—填料压盖;5—内衬套

图 4-9　机械密封

1—动环;2—静环;
3—静环密封圈

图 4-10 所示为食品厂最常使用的封闭型离心式饮料泵,因其泵壳内所有构件都是用不锈钢制作,通常称卫生泵,在饮料工厂常用于输送原浆、料液等。其构造及工作原理与普通离心泵相同。考虑到食品卫生和经常清洗的要求,食品工厂常选用的离心式饮料泵为叶片少的封闭型叶轮,泵盖及叶轮拆装方便。

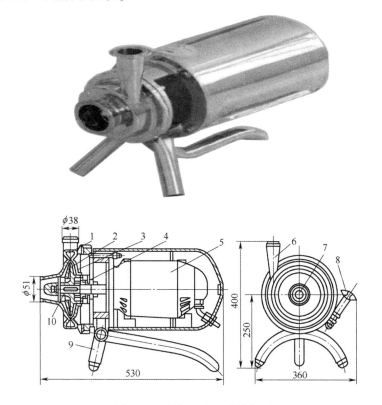

图 4-10　封闭型离心式饮料泵

1—前泵管;2—叶轮;3—后泵腔;4—密封装置;5—电动机;
6—出料管;7—进料管;8—泵体紧锁装置;9—支承架;10—主轴

(二) 涡轮泵

涡轮泵(又称旋涡泵)属于流量泵,是一种特殊形式的离心泵。如图4-11所示,叶轮外缘开有径向沟槽而形成叶片,泵壳与叶轮为同心圆,吸入口与排出口远端相通,泵壳与叶轮间留有引液道,而近端隔断。叶轮旋转时,液体在离心力作用下被抛入叶轮外缘外较宽的环形流道内。由于叶轮抛出的液体速度高于流道内的液体的速度,两部分液体将进行动量交换,流道内的液体能量增加,液体速度降低,在叶轮处获得的部分动能转化为势能。而后又回到叶片根部流入,再次从叶轮获得能量,依此循环向前流动直至从排出口排出,这种循环流动称为纵向旋涡,即涡轮泵主要依靠这种纵向旋涡作用来传递能量。

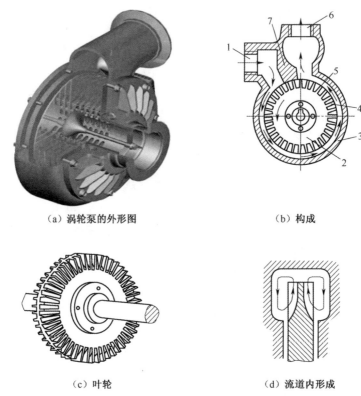

(a) 涡轮泵的外形图 　　　　　　　　(b) 构成

(c) 叶轮 　　　　　　　　(d) 流道内形成

图4-11　涡轮泵

1—吸入口;2—叶轮;3—泵壳;4—叶片;5—环形流道;6—排出口;7—间壁

涡轮泵的主要特点是扬程高,在其他参数相同情况下,其扬程约为离心泵的2~4倍;流量小;随着流量的增大,扬程下降较快,因此在启动时需要打开排出管道上的阀门,以降低启动负荷;由于液体多次高速流过叶片,机械效率较低,一般不超过45%,且易造成叶片磨损,故仅适用于黏度较低、不含颗粒的料液。

(三) 活塞泵

活塞泵属于往复容积式泵,依靠活塞或柱塞(泵腔较小时)在泵缸内作往复运动,以一定行程量将液体吸入和排出。适用于输送流量较小、压力较高的各种介质。对于流量小、压力大的场合,更能显示出较高的效率和良好的运行特性。

活塞泵由液力端和动力端组成,液力端直接输送液体,把机械能转换成液体的压力能,动力端将原动机的能量传给液力端。动力端由曲柄、连杆、十字头、轴承和机架组成。液力端由液压缸、活塞(或柱塞)、吸入阀、排除阀、填料函和缸盖组成。

如图 4-12 所示,当曲柄以角速度逆时针旋转,且活塞自左极限位置向右移动时,液缸的容积逐渐扩大,压力降低,上方的排出阀 2 关闭,下方的流体在外界与液缸内压力差的作用下顶开吸入阀 1,进入液压缸填充活塞移动所留出的空间,直至活塞移动到右极限位置为止,此过程为活塞泵的吸入过程。当曲柄转过 180°以后,活塞开始自右向左移动,液体被挤压,接受了原动机通过活塞而传递的机械能,压力急剧增高。在该压力作用下,吸入阀 1 关闭,排出阀 2 打开,液缸内高压液体便排至排出管,形成活塞泵的压出过程。活塞不断地往复运动,吸入和排出液体过程不断地交替循环进行,形成了活塞泵连续工作。

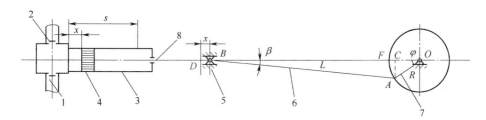

(a) 单作用活塞泵示意图

(b) NBB250-6型三缸单作用卧式活塞泵

(c) BW500/7型卧式三缸往复单作用活塞泵

图 4-12 单作用活塞泵
1—吸入阀;2—排出阀;3—液缸;4—活塞;5—十字头;6—连杆;7—曲柄;8—填料函

单缸活塞泵的瞬时流量曲线为半叶正弦曲线,脉动较大,当采用多缸结构时,其瞬时流量为所有缸瞬时流量之总和,脉动减小。液压缸越多,合成的瞬时流量越均匀,食品工业常用单缸单作用和三缸单作用泵。高压均质机就是采用三缸单作用柱塞泵。

(四)隔膜泵

隔膜泵属于往复式容积泵,有液压隔膜计量泵和机械隔膜式计量泵。

图 4-13 所示为液压隔膜泵,柱塞与隔膜不接触,液力端包括输液腔和液压腔,其中输液

腔连接泵的吸入、排出阀。液压腔内充满液压油(轻质油)并与泵体上端液压油箱(补油箱)相通。当柱塞前后移动时,通过液压油将压力传给隔膜片使之前后挠曲变形引起容积变化,起到输送液体的作用并满足精度计量的要求。这种隔膜泵无动密封,无泄漏,维护简单。适用于中等黏度的液体,排液压力可达 35 MPa,流量在 10∶1 范围内计量精度为±1%,压力每升高 6.9 MPa,流量下降 5%～10%,价格较高。

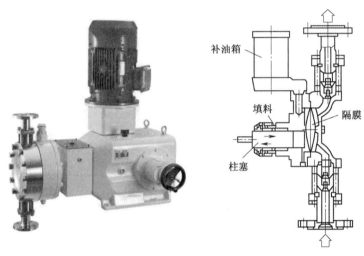

图 4-13　单隔膜计量泵

机械隔膜式计量泵的隔膜与滑动柱塞连接,柱塞的前后移动直接带动隔膜前后挠曲变形。适于输送高黏度液体、腐蚀性浆料。但隔膜承受应力较高,寿命低,出口压力在 2 MPa 以下,流量适用范围较小。

（五）螺杆泵

螺杆泵属于回转式容积泵,有单螺杆、双螺杆和多螺杆等几种。食品工厂中多采用卧式单螺杆泵,适用于高黏度液休及带有固体物料的浆液的输送。如虾肉、蟹肉、虾滑等连续生产流水线上,常采用这种泵。

如图 4-14 所示,单螺杆泵主要由转子(螺杆)、定子(衬套)、套轴、平行销连杆及泵体组成。转子由半径的圆以螺距、半径 e 的螺旋运动形成。螺杆横截面圆心相对轴心的位移量为 e,螺杆轴心相对套轴心的位移量也是 e(图 4-14　A—A 剖面)。定子在泵体内,是具有双头螺槽的橡胶衬套,衬套螺槽螺距为螺杆螺距的两倍。橡胶衬套由长圆形横截面,绕轴线转动并作轴向移动而形成,衬套内径略小于螺杆直径,以保证输送液料时起密封作用。单螺杆泵通过平行销联轴节与电动机连接。

工作时,螺杆在橡胶衬套内作行星运动,随着螺杆在橡胶衬套内的旋转,在进料端形成逐渐增大的空间而吸入料液,随后液料由螺杆与橡胶衬套之间形成的数个相互封闭的空间沿衬套螺槽不断向前移动,最后从出料端压出。

这种螺杆泵运转平稳,流量脉动小,无振动和噪声,其吸入压力较高,接近 0.85 MPa,具有良好的自吸性能,排出能力较好,可用于含固体颗粒料液和高黏稠液料。排出压力与螺杆长度及螺距数量有关,一般螺杆的每个螺距可产生压力 0.2 MPa。通常利用改变螺杆转速的方法调节其流量。但螺杆的螺旋面加工工艺较复杂。

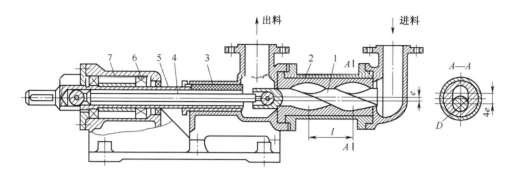

（a）单螺杆泵结构示意图

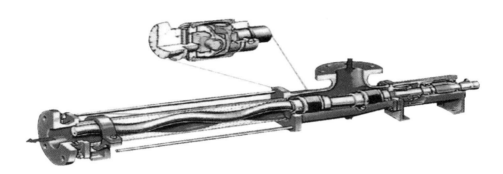

（b）单螺杆泵剖面

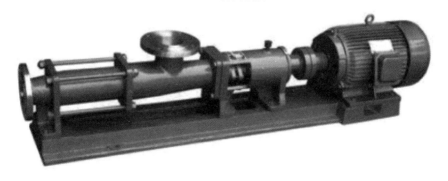

（c）单螺杆泵外形图

图 4-14　单螺杆泵

1—转子（螺杆）；2—定子（衬套）；3—填料函；4—平行销连杆；5—套轴；6—轴承；7—机座

在使用时为保护橡胶衬套，泵不能空转，开泵前需灌满液体，否则会烧坏橡胶衬套。合理的螺杆转速为 750~1 500 r/min，转速过高易引起螺杆与橡胶衬套的剧烈摩擦而发热损坏橡胶衬套，转速过低会影响生产能力。

（六）齿轮泵

齿轮泵属于回转式容积泵,在食品工厂中主要用来输送不含固体颗粒的各种溶液及黏稠液体,如油类、糖浆等。按齿轮啮合方式齿轮泵可分为外啮合和内啮合两种。

1. 外啮合齿轮泵

一般在食品工厂中采用最多的是外啮合齿轮泵。如图 4-15 所示,它主要由主动齿轮、从动齿轮、泵体及泵盖组成。食品加工用齿轮泵采用耐腐蚀材料如尼龙、不锈钢等制成。

在互相啮合的一对齿轮中,主动齿轮由电动机带动旋转,从动齿轮与主动齿轮相啮合而转动。啮合区将工作空间分割成吸入腔和排出腔。当一对齿轮按图 4-15 所示方向转动时,啮合的轮齿在吸入腔,逐渐分开使吸入腔的容积逐渐增大,压力降低,形成部分真空。液体在大气压作用下,经吸料管进入吸入腔,直至充满各个齿间。随着齿轮的转动,液体分两路进入齿间,沿泵体的内壁被轮齿挤压送到排出腔。在排出腔两齿轮啮合容积减小,液体压力增大,由排出腔压到出料管。随着主动齿轮、从动齿轮不断旋转,泵便能不断吸入和排出液体。

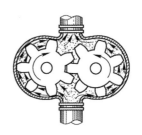

（a）外啮合齿轮泵外形图　　（b）外啮合齿轮泵内部结构图

图 4-15　外啮合齿轮泵

这种齿轮泵结构简单、质量小、具有自吸功能、工作可靠,应用范围较广。但是,所输送的液体必须具有润滑性,否则轮齿极易磨损,甚至发生咬合现象。外啮合齿轮泵的缺点是效率低噪声较大。为了避免液体流损,齿轮与泵体内壁的间隙很小。一般齿轮与泵体腔的径向间隙为 0.10~0.15 mm,齿轮侧面与泵体侧壁的端面间隙为 0.04~0.1 mm。

通常外齿轮泵的流量为 0.30~200 m³/h,出口压力小于或等于 4 MPa。

2. 内啮合齿轮泵

内啮合齿轮泵一般由一个内齿轮和一个外齿圈构成,其中内齿轮为主动轮,在其外侧的泵体上有吸入口和压出口。内齿轮与外齿轮之间装有月牙形隔板,将进料端与压出端隔开。因其结构特征,常被称为星月泵。

这种泵多作为低压泵应用。通常内齿轮泵的流量< 341 m³/h,出口压力<0.7 MPa。

（七）转子泵

转子泵(见图 4-17)属于容积泵,其泵送原理与齿轮泵相仿,依靠两啮合转动的转子完成吸料和泵出,但转子形状简单,一般为两叶或三叶,易于拆卸清洗,对于料液的搅动作用更小,因此对于黏稠料液的适应能力更强,尤其对于含有颗粒物的黏稠料液。普通的三叶转子形状如图 4-17(a)所示,对于含有较大颗粒的黏稠料液,转子还设计成蝴蝶形如图 4-17(b)所示,在所有相互啮合处均可使料液易于排出,避免因夹持颗粒造成其受到挤压破损。由于转子的制造精度要求较高,转子泵的价格较高。

（a）外啮合齿轮泵外形图

（b）外啮合齿轮泵内部结构图

图4-16 内啮合齿轮泵

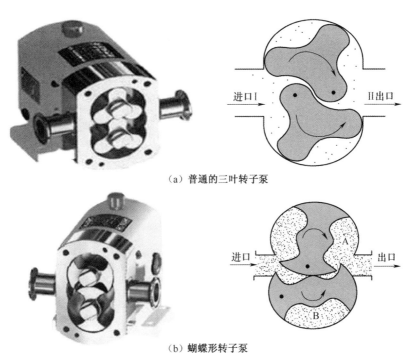
（a）普通的三叶转子泵

（b）蝴蝶形转子泵

图4-17 转子泵示意图

(八) 滑片泵

滑片泵属于回转式容积泵,如图4-18所示,主要由泵体、转子、滑片和两侧盖板等组成。转子为圆柱形,具有径向槽,被偏心安装在泵壳内,转子表面与泵壳内表面构成月牙形空间。滑片置于槽中,既随转子转动,又能沿转子槽径向滑动。滑片靠离心力或槽底的弹簧力作用紧贴泵体内腔。转子在前半转时相邻两滑片所包围的空间逐渐增大,形成真空,吸入液体,而转子在后半转时此空间逐渐减小将液体挤到排出管口。

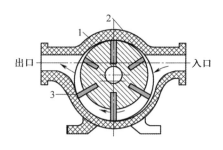

图 4-18 滑片泵

1—转子;2—泵壳;3—滑片

　　用于输送浆体及肉糜等黏稠物料时,因阻力较大,不宜采用高速滑片泵。所采用的滑片泵的转速较低,转子内设有中心凸轮,用以控制滑片在随转子转动过程中保持与泵壳间的紧密接触而实现密封。

　　在新型灌肠机填充用滑片泵上,为实现稳定充填,除设置中心凸轮外,泵壳也采用与中心凸轮相适应的封闭曲线形状。中心凸轮和外壳凸轮联合控制滑片的径向位置,控制可靠,而且两凸轮控制所形成的瞬时流量稳定,但加工制造复杂。采用轴向进料,使得进料容易,拆卸清洗方便。同时,为避免灌肠产品致密,可将泵腔连接至真空系统。

(九)挠性叶轮泵

　　挠性叶轮泵属于转子泵。如图 4-19 所示,挠性叶轮安装在有一偏心段的泵壳里,偏心段两端分别为出液口和进液口。当叶轮旋转离开泵壳偏心段时,挠性叶轮伸直形成真空,液体被吸入泵内,随着叶轮旋转,液体随之从吸入侧到达排出侧,当叶轮与泵壳偏心段接触发生弯曲时,液体便被平稳地排出泵外。

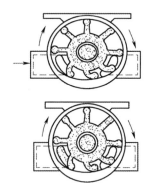

图 4-19 挠性叶轮泵

　　挠性叶轮泵的机械效率低,而且液体黏度增大,效率将大大下降;工作压力较低,一般小于0.3 MPa,随流量减少压力急剧上升;输送介质的温度受叶轮材料限制,一般料液温度不宜超过 80 ℃,亦不适宜干运转,但适用于低压、流量小于 12 m³/h 的场合。食品工业中可用于酸性液体、碱性液体、洗涤剂及蒸馏水的输送循环,但不适于输送高浓度溶剂和有机酸。

第三节　搅拌机械与设备

一、液料搅拌原理与技术特点

在食品加工中,常见有溶液的混合、液体的换热、糖浆的制备、溶糖等操作。通过搅拌,可以促进物料的传热,使物料温度均匀化;促进物料中各成分混合均匀;促进溶解、结晶、浸出、凝聚、吸附等过程的进行;促进酶反应等生化反应和化学反应过程的进行。这些搅拌操作所使用的设备通常称为搅拌器(机)。

在食品工业中,许多物料呈流体状态,有稀薄的,有黏稠的,有的具有牛顿流体性质,有的具有非牛顿流体性质。对于非牛顿流体的搅拌过程远比牛顿流体复杂,其剪切力与速度不成线性关系,剪切力与速度梯度之比称为流体的表观黏度。对于非牛顿流体,其表观黏度随剪切速率的增加而降低,即剪切作用的增强会使流体变稀。

搅拌过程是一个复杂的过程,它涉及流体力学、传热、传质及化学反应等多种原因。从本质上讲,搅拌过程是在流场中进行单一的动量传递,或者是包括动量、热量和质量的传递及化学反应的综合过程。可以认为,整个搅拌过程就是一个克服流体黏度阻力而形成一定流场的过程。在搅拌过程中,搅拌器不仅引起液体的整体运动,而且要使液体产生湍流,才能使液体得到剧烈的搅拌。

低、中黏度液体混合的强度取决于流型,其中的对流形式包括主体对流和涡流对流。主体对流是指在搅拌过程中,搅拌器把动能传给周围的液体,产生一股高速的液流,这股液流再推动周围的液体,逐步使全部的液体在容器内流动起来,这种大范围的循环流动引起的全容器范围的混合称为"主体对流扩散"。涡流对流是指当搅拌产生的高速液流在静止或运动速度较低的液体中通过时,处于高速流体与低速流体的分界面上的流体受到强烈的剪切作用。因此,在此处产生大量的漩涡,这种漩涡迅速向周围扩散,一方面把更多的液体夹带着加入"宏观流动"中;另一方面又形成局部范围内物料快速而紊乱的对流运动。在实际混合过程中,主体对流只能把不同的物料搅成较大"团块",而过"团块"界面之间的涡流,使混合均匀程度迅速提高。在低、中黏度食品的搅拌过程中,以对流和扩散混合作用为主。

高黏度液体一般指黏度高于 $2.5\ Pa\cdot s^{-1}$ 的液体。高黏度物料(包括高浓度物料)在搅拌过程中黏度往往会变化。根据搅拌过程中液体黏度的变化,可分为三类:一是液体的黏度由低向高过渡,如溶解、乳化及生化反应等操作;二是液体的黏度由高向低过渡;三是液体的黏度保持在高水平下操作。与低、中黏度液体的混合不同,高黏度液体在搅拌的作用下,既无明显的分子扩散现象,又难以造成良好的湍流以分割组分元素,在这种情况下,混合的主要作用力是剪切力,剪切力是由搅拌的机械运动所产生的。剪切力把待混合的物料撕成越来越薄的薄层,使得某一组分的区域尺寸减小。图4-20所示为平面间的两种黏性流体的剪切混合作用。开始时主成分以离散的黑色小方块存在,随机分布于混合体中,然后在剪切力的作用下,这些方块被拉长,如果剪切力足够大,对每一薄层的厚度撕到用肉眼难以分辨的程度,到这个程度我们称为"混合"。因此,高黏度流体中,流体的剪切力只能由运动的固体表面造成,而剪切速度取决于固体表面的相对运动及表面之间的距离。所以,在高黏度搅拌机的设计上,一般取搅拌器直径与容器内径的比值接近于 1 : 1。高黏度的食品混合主要是以剪切混合为主。

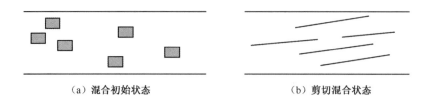

（a）混合初始状态　　　　　　　　（b）剪切混合状态

图 4-20　流体剪切混合作用

二、搅拌器形式

搅拌器的主要部件为搅拌桨叶。搅拌桨叶根据搅拌产生的流型分成轴向流动的轴流式桨叶和产生径向流动的径流式桨叶。根据桨叶的结构形式不同,可分为桨式、涡轮式、旋转桨式搅拌器等。

（一）桨式搅拌器

桨式搅拌器(见图 4-21)是一种最简单的搅拌器,桨式中以平桨式最简单,在搅拌轴上安装一对或几对桨叶,通常以双桨和四桨最普遍。大多数的平桨做成径向结构,有时也做成后倾结构。桨式搅拌器的转速较慢,一般为 20～150 r/min,所产生的液流主要具有径向及切向速度。液流离开桨叶以后,向外趋近器壁,然后向上或向下折流。对于黏度稍高的液体,在平桨上加装竖直桨叶,即成为框式搅拌器见[见图 4-21(b)]。若桨叶外缘做成与容器内壁形状相一致而间隙甚小时,即成为锚式搅拌器见[见图 4-21(c)]。处理低黏度液体时搅拌轴由电动机直接带动,故桨叶转速高;处理中等黏度液体时,桨叶转速较低。

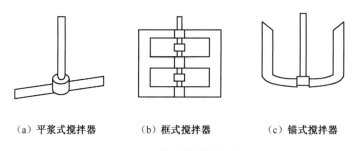

（a）平桨式搅拌器　　　　（b）框式搅拌器　　　　（c）锚式搅拌器

图 4-21　桨式搅拌器的形式

桨叶形式有整体式桨叶和可拆式桨叶两种形式。桨式的通用尺寸为:宽径比 = 0.10～0.25,加强肋的长度可以是桨叶的全长或 1/2 桨长,为了提高桨叶的强度,也可采用加强肋的桨叶。锚式、框式桨叶的通用尺寸为:高径比 = 0.10～0.50,宽径比 b/d = 0.07～0.10。

桨式搅拌器的主要特点是混合效率较低、剪切效应有限、不易发生乳化作用、易于制造及更换、适宜于对桨叶材质有特殊要求的液料。桨式搅拌器适用于处理低黏度或中等黏度的物料。

(二) 涡轮式搅拌器

涡轮式搅拌器(见图 4-22)与桨式相比,桨叶数量多而短,通常为 4~6 片,叶片形式多样,有平直的、弯曲的、垂直的和倾斜等几种形式,可以制成开式、半封闭式或外周套扩散环式等。常用的涡轮式搅拌器的桨叶直接焊于轮毂上,但折叶涡轮的桨叶则先在轮毂上开槽,桨叶嵌入后焊接。

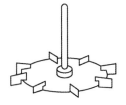

图 4-22　涡轮式搅拌器

涡轮式搅拌器属于高速回转径向流动式搅拌器。液体经涡轮叶片沿驱动轴吸入,主要产生径向液流,液体以高速向涡轮四周抛出,使液体撞击容器壁而产生折射时,各种方向的流动充满整个圆周,速度在 8 m/s 以内。涡轮桨叶的通用尺寸是宽径比 $h/d = 0.15 \sim 0.3$。涡轮式搅拌器的叶轮直径一般为容器直径的 1/5~1/2。

涡轮式搅拌器的主要特点:适于搅拌多种物料,尤其对中等黏度液体特别有效;混合生产能力较高,能量消耗少,搅拌效率较高,有较高的局部剪切效应;容易清洗,但造价较高。涡轮式搅拌混合效率高,常用于制备低黏度的乳浊液、悬浮液和固体溶液及溶液的热交换等。

(三) 旋桨式搅拌器

旋桨式搅拌器(见图 4-23)桨叶形状与常用的推进式螺旋桨相似,旋桨安装在转轴末端,可以是一个或两个,每个旋桨由 2~3 片桨叶组成。桨叶的高速转动造成轴向和切向速度的液体流动,致使液体作螺旋形旋转运动,并使液体受到强烈的切割和剪切作用,同时也会使气泡卷入液体中。为了克服这一缺点旋桨轴多偏离中心线安置,或斜置成一定角度。这种搅拌器叶轮直径较小,通常为容器直径的

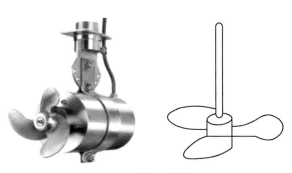

图 4-23　旋桨式搅拌器

1/5~1/2(以 1/3 居多),转速高,一般转速为 100~500 r/min,小型为 1 000 r/min;大型旋桨的叶片直径约为容器直径 1/4~1/3,转速为 400~800 r/min,叶轮线速度在 3~5 m/s 之间。

旋桨式搅拌器的主要特点:生产能力较高,但是在混合互不溶液体,如生产细液滴乳化液时,而且液滴直径范围不大的情况下,生产能力受限制;结构简单,维护方便;常常会卷入空气形成气泡和离心涡旋;适用于低黏度和中等黏度液体的搅拌,对制备悬浮液和乳浊液等较为理想;多用于液体黏度在 2 Pa·s 以下的固液混合,对纯液相物料,其黏度限制在 3 Pa·s 以下。

（四）流型

尽管某种合适的流动状态与搅拌容器的结构及其附件有一定关系，但是，搅拌器桨叶的结构形状与运转情况仍是决定容器内液体流动状态最重要的因素。

①轴向流型。液体从轴向进入叶片，从轴向流出，称为轴向流型［图4-24（a）］。如旋桨式叶片，当桨叶旋转时，产生的流动状态不但有水平环流、径向流，而且也有轴向流动，其中以轴向流量最大。

②径向流型。流体从轴向进入叶轮，从径向流出，称为径向流型［图4-24（b）］。如平直叶的桨叶式、涡轮式叶片，所产生的液流方向主要为垂直于罐壁的径向流动。由于直叶排出的径向流动强烈，常用径向流型制备低黏度乳浊液、悬乳液和固体与液体的混合液体。

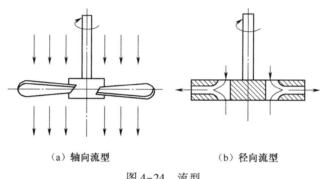

（a）轴向流型 　　　　　　（b）径向流型

图4-24　流型

三、搅拌器安装形式与性能

搅拌器不同的安装形式会产生不同的流场，使搅拌的效果有明显的差别。通常搅拌器安装的形式分为以下几种。

（一）立式中心安装

将搅拌器配置在搅拌罐的中心线上，呈对称布局（图4-25）。这种安装形式的搅拌设备可以将桨叶组合成多种结构形式以适应多种用途。为了加强轴向混合，减小因切向速度所产生的表面漩涡，通常在容器中加装挡板。

（二）偏心式安装

将搅拌器安装在立式容器的偏心位置［图4-26（a）］。这种安装形式能防止液体在搅拌器附近产生涡流回转区域，其效果与安装挡板相近似。由于搅拌轴的中心线偏离容器轴线，会使液流在各点处压力分布不同，加强了液层间的相对运动，从而增强了液层间的湍动，使搅拌效果得到明显的改善。但是，易引起搅拌器的振动，一般此类安装形式只用于小型设备上。

图4-25　搅拌机结构

(三)倾斜式安装

将搅拌器直接安装在罐体上部边缘处,搅拌轴斜插入容器内进行搅拌[图4-26(b)]。对搅拌容器比较简单的圆筒形结构或方形敞开立式搅拌设备,可用夹板或卡盘与筒体边缘夹持固定。这种安装形式的搅拌器机动灵活,使用维修方便,结构简单、轻便,一般用于小型设备上,可以防止产生涡流。

(四)底部安装

搅拌器安装在容器的底部[图4-26(c)]。它具有轴短而细发特点,无须用中间轴承,可用机械密封结构,有使用维修方便、寿命长等优点。此外,搅拌器安装在下封头处,有利于上部封头处附件的排列与安装,特别是在上封头带夹套、冷却构件及接管等附件的情况下,有利于整体合理布局。由于底部出料口能得到充分的搅动,使输料管路畅通无阻,有利于排出物料。此类搅拌器的缺点是,桨叶叶轮下部至轴封处常有固体物料粘积,容易变成小团物料混入产品中影响产品质量。

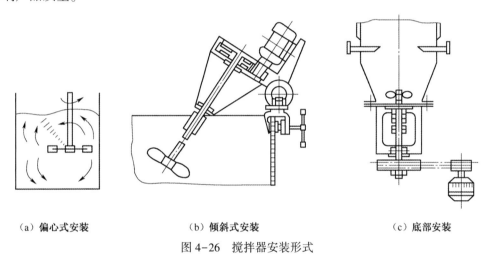

(a)偏心式安装　　　　(b)倾斜式安装　　　　(c)底部安装

图4-26　搅拌器安装形式

(五)旁入式安装

旁入式搅拌设备是将搅拌器安装在容器罐体的侧壁上。在消耗同等功率的情况下,能得到最好的搅拌效果。设备主要缺点是轴封比较困难。旁入式搅拌安装形式如图4-27所示。

四、搅拌器的选型

各种搅拌器的通用性较强,同一种搅拌器可用于几种不同的搅拌过程。但是进行搅拌器选择时,要根据物料性质和混合目的,选择恰当的搅拌器形式,以最经济的设备费用和最小的动力消耗达到搅拌的目的。目前搅拌器的选择与设计通常采用经验类比的方法,在相近的工作条件下进行类比选型。一般选择搅拌器主要应从介质的黏度高低、容器的大小、转速范围、动力消耗以及结构特点等几方面因素综合考虑,尽可能选择结构简单、安全可靠、搅拌效率高的搅拌器。

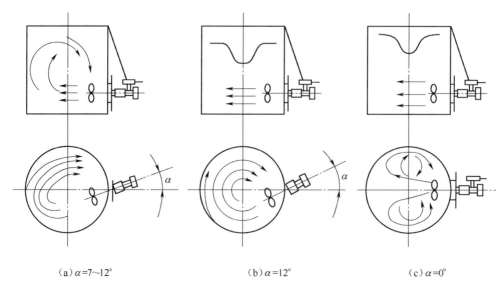

（a）α＝7～12°　　　　　　（b）α＝12°　　　　　　（c）α＝0°

图 4-27　旁入式搅拌安装形式

（一）根据介质黏度的高低选型

根据搅拌介质黏度大小来选型（图 4-28）是搅拌选择基本方法。物料的黏度对搅拌状态有很大的影响，按照物料黏度由低到高的排列，各种搅拌器选用的顺序依次为旋桨式、涡轮式、桨式、锚式和螺带式等。旋桨式在搅拌大容量液体时用低转速，搅拌小容量液体时用高转速。桨式搅拌器由于其结构简单，用挡板后可改善流型，所以，在低黏度时也应用得较普遍。而涡轮式由于其对流循环能力、湍流扩散和剪切都较强，应用最广泛。

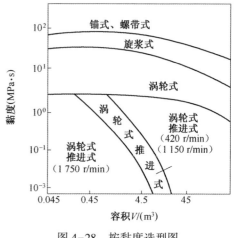

图 4-28　按黏度选型图

（二）根据搅拌过程和目的选型

这种方法是通过搅拌过程和目的，对照搅拌器造成流动状态做出判断来进行选择。由于低黏度均相液-液混合搅拌难度小，因此最适合选用循环能力强、动力消耗少的旋桨式搅拌器。平桨式结构简单，成本低，适宜小容量液相混合。涡轮式动力消耗大，会增加费用。

对分散操作过程，最适合选用具有高剪切力和较大循环能力的涡轮式搅拌器。其中平直叶涡轮剪切作用大于折叶或和后弯叶的剪切作用，因此应优先选用。为了加强剪切效果，容器内可设置挡板。

对于固体悬浮液操作，涡轮式使用范围最大，其中以弯叶开启涡轮式最好。它无中间圆盘，上下液体流动畅通，排出性能好，桨叶不易磨损。而桨式速度低，只用于固体粒度小、固液相对密度差小、固相浓度较高、沉降速度低的悬浮液。旋桨式使用范围窄,只适用于固液相对密度差小或固液比在5%以下的悬浮液。对于有轴向流的搅拌器,可不加挡板。因固体颗粒会沉积在挡板死角内,所以只在固液比很低的情况下才使用挡板。

固体溶解过程要求搅拌器的剪切作用和循环能力,所以优先选择涡轮式搅拌器。旋桨式循环能力大而剪切作用小,只用于小容量溶解过程。平桨式须借助挡板提高循环能力,一般只使用在容易悬浮起来的溶解操作中。

在搅拌过程中有气体吸收的搅拌操作,则用圆盘式涡轮最合适。它剪切力强,圆盘下可存住一些气体,使气体的分散更平衡。这种情况不适用于开启式涡轮。平桨式及旋桨式只在容易吸收的气体要求分散度不高的场合中使用。

对结晶过程的搅拌操作,小直径的快速搅拌如涡轮式,适用于微粒结晶;而大直径的慢速搅拌如桨式,则用于大晶体的结晶。

第四节　混合机械与设备

一、粉体混合机理与技术要求

(一)混合机理

在食品加工中,固体物料混合操作常用于原料的配制、产品的制造,及在粉状食品中添加辅料和添加剂等。

固体物料主要靠机械外力产生流动引起混合。固体颗粒的流动性较差,主要与颗粒的大小、形状、相对密度和附着力有关。混合的形式有对流混合、扩散混合和剪切混合。

1. 对流混合

对流混合又称体积混合或移动混合,是指物料在混合容器和搅拌装置的运动作用下,各组分物料以团块的形式从一处移向另一处而产生的混合现象。这种混合作用通常发生在混合的初始阶段,对流混合的混合速度较快,但是混合的均匀程度较差。对流混合在固定容器式混合机中表现得非常明显。

2. 剪切混合

剪切混合又称面混合或切变混合,是指物料受剪切作用使组分内部粒子之间产生相对滑动,物料组分被拉成越来越薄的料层,使组分之间接触界面越来越大,从而引起的混合现象。剪切混合现象在液体与固体的捏和机和高黏度液体的搅拌机中表现得特别明显。

3. 扩散混合

扩散混合又称点混合,是指物料由于单个粒子以分子扩散形式向四周作无规律运动而产生的混合现象。这种混合作用通常发生在混合操作的中后期,扩散混合的混合速度较慢,但是最终达到的混合均匀程度较高,扩散混合在旋转容器式混合机中表现得特别明显。

在各种混合设备的工作过程中,对流、剪切和扩散混合三种形式同时存在,只是在不同的机型、物料性质和不同的混合阶段所表现的主导混合形式有所不同。在固体混合时,由于固体粒子具有自动分级的特性,混合的同时常常伴随着离析现象。

(二)混合均匀度的表示方法

混合物的混合均匀程度是衡量混合机性能好坏的主要技术指标之一。通常用混合物中定量统计组分含量的变异系数 CV 来衡量。变异系数是指混合物样品中定量统计组分含量偏离均值的总体程度。经过充分混合后,混合物为无秩序的、不规则排列的随机完全混合状态。这时,在混合物内任意处的随机取样中,同一种组分的摩尔分数应该接近一致。从混合机中取 n 个样品,每个样品中定量统计组分的摩尔分数分别为:$x_1, x_2, \cdots, x_n$,当测定次数为有限次数 n 时,定量统计组分摩尔分数的算术平均值为:

$$\bar{x} = \frac{x_1 + x_2 + \cdots + x_n}{n} \tag{4-2}$$

标准偏差为

$$S = \sqrt{\frac{\sum_{i=1}^{n} (x_i - \bar{x})^2}{n - 1}} \tag{4-3}$$

则变异系数为

$$CV = \frac{s}{\bar{x}} \times 100\% \tag{4-4}$$

混合物的变异系数愈大,则混合均匀程度愈差。

(三)混合质量的影响因素

在混合操作过程中,受混合机的作用,形成物料的流动,粉料颗粒的自动分级特性会引起性质不同颗粒间的离析。因此在任何混合操作中,粉料的混合与离析同时进行,一旦达到平衡状态,继续操作,则混合效果不再有明显变化。混合过程中混合物的混合均匀度与混合时间的关系曲线称为混合特性曲线(图 4-29)。由混合特性曲线可以看出,混合过程分为三个阶段,初始阶段是混合刚开始的一段时间,变异系数在短时间内迅速下降,这一阶段以对流混合为主,离析作用不明显。接着进入混合均匀阶段,变异系数下降缓慢,在这一阶段对流混合和扩散混合共同作用,同时物料有离析现象发生。当变异系数达到一定数值时,混合进入动态平衡阶段,这一阶段混合物的混

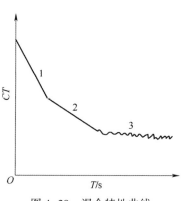

图 4-29 混合特性曲线

合与离析达到动态平衡,变异系数在一定的范围内上下波动。由此可见,混合时间是影响混合质量的一个重要因素,足够的混合时间是获得高混合均匀度的基本保证,同时,无限地延长混合时间,并无助于混合均匀度的提高。

粉料的特性包括粉料颗粒的大小、形状、密度、表面粗糙程度、流动性、含水量和结块倾向等,对于混合效果也有重要影响。实验表明,大小均匀的颗粒混合时,密度大的趋向器底;密度近似的颗粒混合时,最小的和形状近圆球形的趋向器底;颗粒的黏度越大,温度越高,越容易结

块或结团,越不易均匀分散。

影响粉料混合效果的另一个主要因素是混合机的混合作用方式。以对流混合作用为主的混合机,混合速度快,但最终达到的混合均匀度相对较差,而以剪切或扩散混合作用为主的混合机,所获得的混合均匀度较高。

(四)粉体混合机械的应用特点

合理选择固体混合机必须考虑混合操作的目的,处理物料的性质和处理量,混合要求的最终混合均匀度和各种附属设备等因素。

通常在选型时从混合操作目的以及混合要求达到的最终混合均匀度的角度考虑。最终混合均匀度要求高的场合,选择以剪切及扩散混合作用为主的设备,如选择容器回转式混合机和行星螺旋式混合机。从混合物料性质的角度考虑,混合物料流动性差、附着性强、凝聚性高、易结块时,选择强制物料流动的固定容器式混合机,如卧式螺带混合机和行星螺旋式混合机。从混合操作的角度考虑,产品品种规格经常变动、批量操作之间需要清理时,选择容器回转式混合机。大批量、连续化生产时,选择容器固定式混合机,优先选择卧式螺带混合机。在混合过程中需要对物料进行加热或冷却时,选择容器固定式混合机。如卧式媒带混合机和行星绞龙式混合机在混合机筒上安装夹套,即可在操作过程中对物料进行加热或冷却。

混合机的选择还必须考虑设备的操作可靠性以及设备使用的经济性。

二、固定容器式混合机

固定容器式混合机的容器结构是固定的,物料依靠装于容器内部的旋转搅拌器的机械作用产生流动,在流动过程中发生混合。

(一)卧式螺带混合机

卧式螺带混合机由转子、混合室、传动机构等组成,如图4-30所示。

作为搅拌构件,转子由主轴及经支杆与之连接带状螺旋叶片构成,安装于混合室内。在不同半径上布置的若干条(一般为1~3条)旋向不同的带状螺旋叶片,正向带状螺旋叶片使物料向一侧移动,而反向带状螺旋叶片则使物料向相反一侧移动,由此通过混合物料不断地相对流动,从而完成混合。

混合室按横截面形状有U形和O形及W形。一般大型混合机采用U形混合室,小型混合机采用O形混合室,双轴混合机采用W形混合室。

卧式螺带混合机的螺带长径比常为2~4,主轴转速在20~60 r/min之间。混合机的装填量一般是容器容积的60%。混合周期为5~20 min。

卧式螺带混合机属于以对流混合作用为主的混合设备。混合速度较快,但最终达到的混合均匀度相对较差。卧式螺带式混合机安装高度低,物料残留少,适用于混合易离析的物料,对稀浆体和流动性较差的粉体也有较好的混合效果。卧式螺带混合机易造成物料被破碎的现象,所以不适用于易破碎物料的混合。

(二)双轴桨叶式混合机

双轴式桨叶式混合机主要由混合室、转子及传动系统等组成。

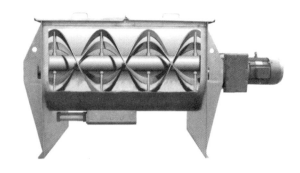

（a）卧式螺带混合机外形

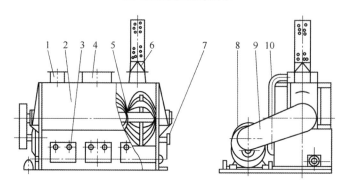

（b）卧式螺带混合机结构示意图

图 4-30　卧式螺带混合机

1—添加剂进口;2—机体;3—盖板门;4—主料进口;5—转子;
6—出气口和布袋过滤器;7—排料控制机构;8—减速机;9—链轮外罩;10—风管

　　双轴桨叶式混合机的混合室为 W 形,转子由主轴、支杆、桨叶构成,两转子采用向外反向转动,桨叶运动的圆周轨迹相互啮合,传动系统由电动机通过减速器减速后,使两个转子形成反向转动。

　　双轴桨叶式混合机的转子(图 4-31)上焊有多个不同角度的桨叶,两个转子的旋转方向相反,转子转动时,桨叶带动物料沿机槽内壁作逆时针旋转的同时,带动物料沿轴向作左右翻动。在两转子的桨叶交叉重叠处,形成一个大失重区,在失重区内,无论物料的形状、大小、密度如何,在桨叶的作用下物料都会上浮,处于瞬间失重状态,从而使物料在混合室内形成全方位地连续循环翻动,颗粒间相互交错剪切,快速达到良好的混合均匀度。

（a）双轴桨叶式混合机

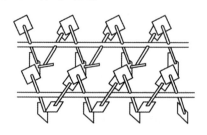

（b）双轴桨叶式混合机

图 4-31　双轴桨叶式混合机的转子

双轴式桨叶混合机具有混合周期短、混合速度快、混合均匀度高的特点。混合不受物料性质的影响,排料迅速,机内物料残留少,混合产量弹性大,混合量在额定产量的 40% ~ 140% 范围内均可获得理想的混合效果,该混合机结构简单紧凑,占地面积及空间均小于其他类型混合机。

(三)立式螺旋混合机

立式螺旋混合机通常称为立式混合机,其结构如图 4-32 所示,主要由混合室和螺旋机构组成。

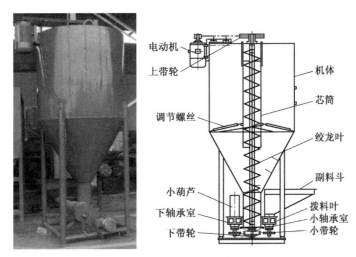

图 4-32　立式螺旋混合机

混合室上部为圆柱体,下部为圆锥体。在混合室中间垂直安装有螺旋机构。螺旋机构高速旋转连续地将易流动的物料从混合室底部提升到混合室上部,再向四周泼洒下落,形成循环混合。

立式螺旋混合机属于对流混合、扩散混合兼有的混合设备。与卧式螺带混合机相比,具有投资费用低、功率消耗小、占地面积小等优点。但立式螺旋式混合机混合时间长,产量低,物料混合不很均匀,物料残留多,不适合处理潮湿粉料。

(四)行星螺旋混合机

行星螺旋混合机又称锥形混合机和行星混合机,其结构如图 4-33(b)所示,主要由混合室和行星螺旋及传动系统等组成。行星螺旋混合机的混合室呈圆锥形,有利于物料下滑。混合室内螺旋的轴线平行于混合室壁面,上端通过转臂与旋转驱动轴连续。当驱动轴转动时,螺旋除自转外,还被转臂带着公转。其自转速度在 60~90 r/min 范围内,公转速度为 2~3 r/min。

行星螺旋混合机转臂传动装置的结构如图 4-33(c)所示。电动机通过 V 形带将动力传至水平传动轴 1,再由此分成两路传动,一路经一对圆柱齿轮 2 和 3 及蜗杆 4 和蜗轮 5 减速,带动与蜗轮连成一体的转臂 6 旋转,使得装在转臂上的螺旋 15 随着沿容器内壁公转。另一路是经过三对圆锥齿轮 8、9、11、12、13 和 14 变换两次方向及减速,使螺旋绕本身的轴自转。

行星螺旋混合机工作时,螺旋的行星运动使物料既能产生垂直方向的流动,又能产生水平方向的位移,而且还能消除靠近容器内壁附近的滞流层。因此这种混合机的混合速度快、混合效果好。它适用于高流动性粉料及黏滞性粉料的混合,但不适用于易破碎物料的混合操作。

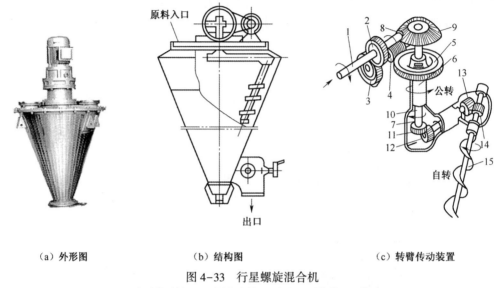

（a）外形图　　　　　　　　（b）结构图　　　　　　　（c）转臂传动装置

图 4-33　行星螺旋混合机

1—水平传动轴;2,3—圆柱齿轮;4—蜗杆;5—蜗轮;6—转臂;
7—转轴;8、9、11、12、13、14—圆锥齿轮;10—转轴;15—螺旋叶片

行星螺旋混合机的特点是混合均匀度高,配用动力小,占地面积少,混合时间长,机内物料残留量较多。行星蛟龙式混合机在食品工业中广泛应用于混合操作中。

三、回转容器式混合机

回转容器式混合机的混合容器在混合作业过程中处于旋转状态,容器内没有搅拌工作部件,物料随着容器旋转依靠自身的重力形成垂直方向运动,物料在器壁或容器内的固定抄板作用下形成折流,造成上下翻滚及侧向运动,达到混合的目的。

回转容器式混合机由旋转容器及驱动转轴、机架、传动机构等组成,其中最重要的构件是容器,它的形状决定了混合操作的效果。容器内表面要求光滑平整,以减少粉料对器壁的黏附与摩擦。旋转容器内可安装固定抄板,促进粉料的翻腾混合,缩短混合时间。

回转容器式混合机的装料量一般为容器体积的 30% ~ 50%。如果装料量过大,则自由空间减少,不利于物料的充分运动,混合效果较差。混合时间与被混合粉料的性质及混合机型有关,一般在 10 min 左右。回转容器式混合机常用于流动性良好、物性差异小的粉状食品的混合。

回转容器式混合机按容器的结构形式可分为圆筒形混合机、对锥形混合机、V 形混合机、正方体形混合机。

(一)圆筒形混合机

圆筒形混合机按其回转轴线位置可分为水平型和倾斜型两种,其结构如图 4-34 所示。

水平圆筒形混合机[图 4-34(a)]的圆筒轴线与回转线重合。操作时,物料的流型简单。由于粉粒没有沿水平轴线的横向速度,容器内两端位置存在混合死角,并且卸料不方便,因此

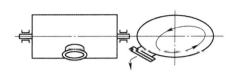

（a）水平圆筒形混合机

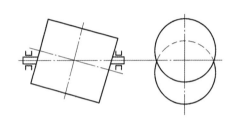

（b）倾斜圆筒形混合机

图 4-34　圆筒形混合机

混合效果不理想,混合时间长,一般较少采用。

倾斜圆筒形混合机[图 4-34(b)]的圆筒轴线与回转轴线之间有一定的角度。混合时,粉料有三个方向的运动速度,物料的流型复杂化,避免了混合死角,混合能力增加。其工作转速一般为 30~60 r/min。

(二)对锥形混合机

对锥形混合机的结构如图 4-35 所示,容器是由两个锥筒和一短段柱筒焊接而成,其锥角有 60°和 90°两种结构。混合过程中,物料在容器内翻滚强烈,流动断面不断变化,产生良好的横流效应。对流动性好的粉料混合速度较快,功率消耗低。混合机的转速一般为 5 ~ 20 r/min,混合时间约为 5~20 min/次,装料量约为容器体积的 50%~60%。

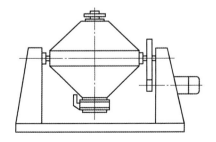

图 4-35　对锥形混合机

（三）V形混合机

V形混合机如图4-36所示，回转容器是由两段圆筒呈一定角度的V形连接，两圆筒轴线夹角为60°或90°两筒连接处剖面与回转轴垂直，容器与回转轴非对称布置。由于V形容器的不对称性，使得粉料在旋转容器内时聚时散，在短时间内使粉料得到充分混合。与对锥形混合机相比，V形混合机混合速度快，混合效果好。V形混合机的工作速度一般在6~25 r/min之间。混合时间约4 min/次，装料量约为容器体积的10%~30%。

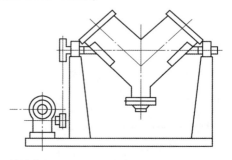

图4-36　V形混合机

（四）正方体形混合机

正方体形混合机如图4-37所示，回转容器为正方体，旋转轴与正方体对角线相连。混合机工作时，物料在容器内的流动更为强烈，没有混合死角，因而混合速度快。与V形混合机、对锥形混合机相比，正方体形混合机混合性能更好，但生产能力较小。

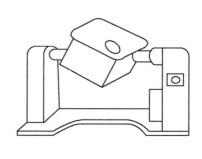

图4-37　正方体形混合机

第五节　胶体磨与均质机

一、均质原理

均质机是食品的精加工机械，其作用是对液态食品进行细化、混合、均质的处理。

均质操作是通过机械作用或流体力学效应来实现的,具体表现为冲击、剪切、空穴作用。

（1）冲击

液滴或胶体颗粒随液流高速撞向固定构件表面时,因拉应力发生碎裂,细小液滴因自身速度而向外围连续相中分散。

（2）剪切

因液流涡动或机械剪切作用使得液体和胶体颗粒内部形成巨大的速度梯度,沿剪切面滑移产生破坏。继而在液流涡动的作用下完成分散。

（3）空穴

液滴因内部的汽化膨胀使得液膜产生拉应力破坏而破碎并分散。

根据所采用的主要均质原理不同,常见的均质机有高压均质机、高剪切均质机和胶体磨。

二、高压均质机

高压均质机是以物料在高压作用下通过非常狭窄的间隙（一般<0.1 mm）,造成高流速（150~200 m/s）,使液料受到强大的剪切力,同时,由于液料流中的脂肪或微粒同机件发生高速撞击以及高速液料流在通过均质阀时产生的旋涡作用,使脂肪球或微粒碎裂,从而达到均质的目的,如图4-38所示。

高压均质机的结构如图4-39所示,主要由泵体、均质头及传动机构、壳体等组成。

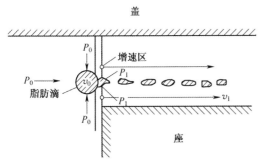

图4-38 高压均质阀内粉碎脂肪

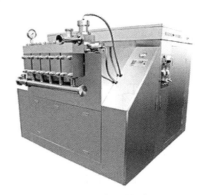

图4-39 高压均质机

（一）泵体

均质机泵体如图4-40所示,柱塞泵如图4-41所示。泵体为一长方形,用不锈钢锻造,其中有三个柱塞孔,配有柱塞和吸入及排出阀门。柱塞用不锈钢制造,是根据液体不可压缩的原理而设计的,目的是防止空气进入均质阀。每个泵腔配有两只单向阀门,在液体压力作用下自动开启或关闭,完成吸、压料动作。对于单泵工作,流量有起伏,呈半幅正弦曲线变化。为了克服上述供料不均匀的特点,采用三柱塞泵。

为了防止液体泄漏及空气渗入,采用填料密封,其材料可用皮革、石棉绳或聚四氟乙烯等。

（二）均质阀

图4-42所示为双级均质阀的结构。均质阀工作时的情况如图4-43(a)所示。均质阀及

阀座是用钨、铬、钻等耐磨合金钢制造,如图4-43(b)所示。一般在均质操作中设有两级均质阀。第一级的作用是使脂肪球破碎,要求流体压力为 20~25 MPa;第二级流体压力约为 5 MPa,作用是使脂肪球分散,均质阀的流体压力调整是以调节螺旋弹簧对阀芯的压力实现的。

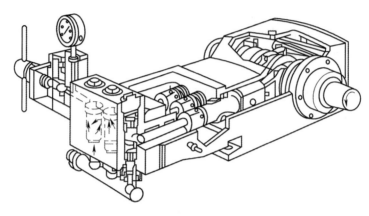

图4-40 均质机泵体

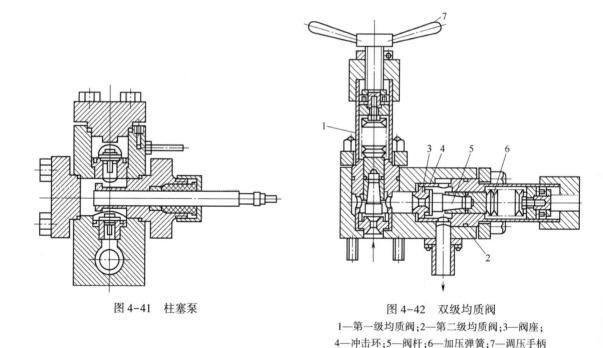

图4-41 柱塞泵

图4-42 双级均质阀

1—第一级均质阀;2—第二级均质阀;3—阀座;
4—冲击环;5—阀杆;6—加压弹簧;7—调压手柄

高压均质机适用于处理黏度较低的物料,一般处理黏度低于 $0.2\ \text{Pa}\cdot\text{s}^{-1}$ 的液体。

常见均质阀的结构类型如图4-44所示。其中,前四种为平面型均质阀,阀座和阀杆工作端面均为平面结构,形状简单,加工、修复方便,使用最为普遍。图4-44(a)所示为整体阀杆,结构简单,一般用于中小流量均质;图4-44(b)所示为阀杆带有插入阀座内孔内的导向杆,作业时方向稳定性好,适用于大流量均质;图4-44(c)所示为组合阀杆,其中前端采用碳化钨硬质合金制造,磨损后只需更换前端,适用于磨蚀性强的料液;图4-44(d)所示覆料阀杆的阀杆、阀座工作端面覆盖有高耐磨合金板材的多孔罩,可强化均质效果,且多孔罩可分别套在阀杆和阀座上各使用一次后报废,但对其材料要求较高,使用较少;图4-44(e)所示为非平面型均质阀,阀座及阀杆工作端面开有多管同心圆齿形沟槽,工作时互相嵌合,形成的纵断面锯齿形间隙构成多个均质区,均质效果好,操作压力要求低,但制造困难,磨损较快,使用较少。

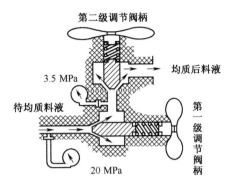

（a）双级均质阀工作示意

三、高剪切均质机

高剪切均质机的均质方式以剪切作用为特征。物料在旋转构件的直接驱动下在微小间隙内高速运动,形成强烈的液力剪切和湍流,物料在同时产生的离心、挤压、碰撞等综合作用力的协调作用下,得到充分的分散、乳化、破碎,达到要求的效果。

涡轮型乳化器作为一种间歇式高剪切均质机,涡轮型乳化器的主要工作部件使用时置于液槽内。工业中常用的涡轮型乳化器根据物料

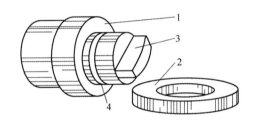

（b）均质阀主要零件

图4-43 均质阀及阀座
1—阀座;2—冲击环;3—阀芯;4—间隙

在容器内的流动方向可分为轴流式和径流式(图4-45)。研究表明径流式的效果优于轴流式。目前,欧美研制开发出多种径流式结构的齿盘型乳化器。

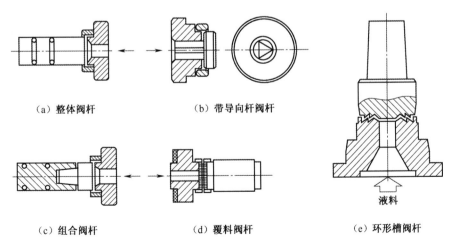

（a）整体阀杆　　　（b）带导向杆阀杆

（c）组合阀杆　　　（d）覆料阀杆　　　（e）环形槽阀杆

图4-44 均质阀类型

图 4-46 所示为涡轮型乳化器的定子与转子组合,定转子相互配合的结构是剪切式均质机的关键结构。定子和转子之间的间隙非常小,常见的有 0.1 mm、0.2 mm 或 0.4 mm,转子的转速可达到 3 000~6 000 r/min。必须根据所处理物料的特性及工作条件选取相应的定、转子结构,以求达到要求的均质效果。图 4-47 所示为涡轮型乳化器定子结构形式。图 4-46(a)为 L 型,适合于高黏度物料的循环分散乳化;图 4-46(b)为网孔型,适用于低黏度精细乳液的制备及微小颗粒在液体中的迅速分散、细化;图 4-46(c)为开槽式长方孔型,适用于中高黏度物料的迅速分散、乳化;图 4-46(d)为长孔型,适用于中等或偏高黏度的物料混合分散;图 4-46(e)为倾斜长孔型,适用于含固形物料液的均质,还可以根据黏度的大小改变长孔的倾斜角度。

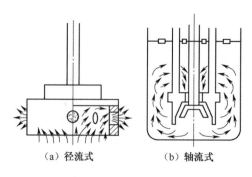

(a) 径流式　　(b) 轴流式

图 4-45　涡轮型乳化器的流型

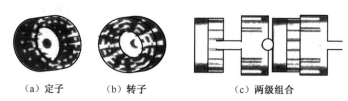

(a) 定子　　(b) 转子　　(c) 两级组合

图 4-46　涡轮型乳化器的定子与转子组合

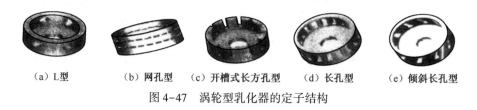

(a) L型　　(b) 网孔型　　(c) 开槽式长方孔型　　(d) 长孔型　　(e) 倾斜长孔型

图 4-47　涡轮型乳化器的定子结构

图 4-48 所示为涡轮型乳化器转子结构形式。图 4-48(a)所示为三叶桨式,适用于各种黏度的物料,可根据不同物料选取;图 4-48(b)所示为梳状,适用于各种黏度的物料,可根据物料黏度的大小调节梳状条之间距离;图 4-48(c)为涡轮式,适用于各种黏度的物料,可以根据物料黏度的不同设计满足不同黏度要求的涡轮式转子。

(a) 三叶桨式　　(b) 梳状式　　(c) 涡轮式

图 4-48　涡轮型乳化器的转子结构

在这种剪切式均质机上,可配有多种不同的定子-转子均质头,而且有单层与多层和单级与多级定子-转子之分。定子、转子间的间隙的大小是保证这一空间的速度场和剪切力场的关键因素。这些结构和主要参数需要通过实验具体选取。

四、胶体磨

胶体磨是一种磨制胶体或近似胶体物料的超微粉碎、均质机械。胶体磨由一固定并开有沟槽的表面(定盘)和一旋转并开有沟槽的表面(动盘)所组成。两表面间有可调节的微小间隙,物料就在此间隙中通过。物料通过间隙时,由于转动件高速旋转,附于旋转面上的物料速度最大,而附于固定面上的物料速度为零。其间产生急剧的速度梯度,从而物料受到强烈的剪力摩擦和湍动搅动,使物料乳化、均质。

胶体磨有卧式和立式两种结构形式。

(1)卧式胶体磨

主轴呈水平配置,如图4-49所示。其结构如图4-50所示,定盘和动盘之间的间隙一般为50~150 mm,依靠动盘的水平位移来调节。动盘的转速为3 000~15 000 r/min。卧式适用于黏度较低的物料,而对黏度较高的物料则要使用立式。

图4-49 卧式胶体磨

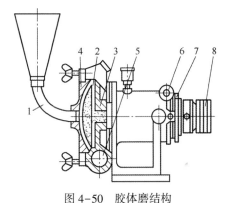

图4-50 胶体磨结构

1—进料口;2—转动件;3—固定件;4—工作面;
5—卸料口;6—锁紧装置;7—调整环;8—带轮

(2)立式胶体磨

主轴呈竖直配置,如图4-51所示。其转速为3 000~10 000 r/min。

常用的胶体磨主要有以下几部分:进料斗、外壳、定盘(定齿)、动盘(转齿)、电动机、调节装置和底座等。

定盘、动盘是一对工作部件。工作时,物料通过定盘与动盘之间的环形间隙,在动盘的高速转动下,物料受其剪切力、摩擦力、撞击力和高频振动等复合力的作用而被粉碎、分散、研磨、细化和均质。

定盘、动盘均为不锈钢件,热处理后的硬度要求达到HRC70。动盘的外形和定盘的内腔均为截锥体,锥度为1:2.5左右。工作表面有齿,齿纹按物料流动方向由疏到密排列,并有一定的倾角。这样,由齿纹的倾角、齿宽、齿间间隙以及物料在空隙中的停留时间等因素决定物料的细化程度。

调节装置胶体磨均质机根据物料的性质、需要细化的程度和出料等因素进行调节。调节时,可以通过转动调节手柄由调整环带动定盘轴向位移而使空隙改变。若需要大的粒度比,调整定盘往下移;定盘向上移则为粒度比小。一般调节范围在 0.005~1.5 mm 之间。为避免无限度地调节而引起定盘、动盘相碰,在调整环下设有限位螺钉,当调节环顶到螺钉时便不能再进行调节。

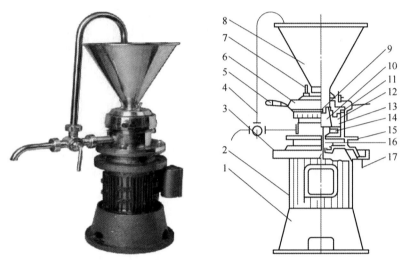

图 4-51　立式胶体磨

1—底座;2—电动机;3—端盖;4—循环管;5—手柄;6—调节环;7—接头;8—进料斗;
9—旋刀;10—动磨片;11—静磨片;12—静磨片座;;13—O 形圈;14—机械密封;
15—壳体;16—组合密封;17—排漏管接头

由于胶体磨转速很高,为达到理想的均质效果,物料一般要磨几次,这就需要回流装置。胶体磨的回流装置利用进料管改成回料管,在管上安装一碟阀,在碟阀的稍前一段管上另接一条管通向入料口。当需要多次循环研磨时,关闭碟阀,物料则会反复回流。当达到要求时,打开碟阀则可排料。

对于热敏性物料或黏稠物料的均质、研磨,往往需要把研磨中产生的热量及时排走,以控制其温升。这可以在定盘周围开设的冷却液孔中通水冷却。

第五章 粉碎和成型机械与设备

第一节 粉碎机械的分类及选择

粉碎是指一个过程,在不同的领域其内涵不同。广义上讲,粉碎就是利用外力对物料(固体、胶体等)的作用使其几何尺寸减小的过程,而用于粉碎的设备称为粉碎机械。狭义上讲,粉碎或粉碎机械仅针对固体物料。

一、粉碎机械的分类

粉碎机械可以从用途、粉碎方式、结构特征、结构形式等几个不同角度来进行分类,具体分类过程如下。

(1)按用途分:有矿山、冶金、化工、建筑、医药、食品和农产品加工用粉碎机械等。

(2)按粉碎方式分:有挤压、弯曲、劈裂、研磨、剪断和冲击式粉碎机械等。

(3)按结构主要特征分:有辊式、盘式、爪式、锤(片)式和剪式等。

(4)按结构形式分:有卧式、立式。

(5)按物料粉碎程度分:有破碎机、粉磨机、超微粉碎机。

(6)按粉碎时物料受力源分:有机械式和气流式。

以上是对粉碎机械的第一级分类,依次可以细分到具体各种粉碎机。到目前为止,关于粉碎机械的分类没有一个统一标准,通常都是根据不同行业约定俗成的习惯叫法称呼各类粉碎机械。习惯上我们所称谓的粉碎机械均是指用于粉碎固体物料的机械,即狭义上的粉碎机械;而用于粉碎胶体物料(使其几何尺寸减小)的机械,则是按用途将其命名,如食品机械中的切片机、打浆机、斩拌机等。本章介绍的粉碎机械主要是按食品物料的性质分类讲述。

二、粉碎机械的选择

任何选择都要从实际出发,考虑需要和可能。粉碎机选择考虑的实际就是被粉碎物料种类、要求粉碎程度和生产效率。粉碎机械的选择应考虑以下几个方面:

(一)被粉碎物料

如前所述,被粉碎物料有两类,即固体和胶体,但固体和胶体的种类很多,而其类型不同,则其物理特性不同,粉碎机的选择也不相同。如同样是固体,粉碎矿石选用挤压型的颗粒式破碎机,粉碎玉米则选用冲击型的锤片式粉碎机。对于胶体物料则普遍采用切割型(绞肉机、斩拌机等)或冲击型(打浆机)。

(二)物料粉碎程度

粉碎程度是指将固体物料变为小块、细粉或粉末(不同粒度)的程度。根据物料粉碎后粒度的大小可以将粉碎分成如下级别:

(1)粗破碎:物料被破碎到 100~200 mm;

(2)中破碎:物料被破碎到 20~70 mm;

(3)细破碎:物料被破碎到 5~10 mm;

(4)粗粉碎:物料被破碎到 0.7~5 mm;

(5)细粉碎:物料被破碎到 0.061~0.074 mm(物料中 90% 以上粉碎到能通过 200 目标准筛网);

(6)微粉碎:物料被破碎到 0.038~0.043 mm(物料中 90% 以上粉碎到能通过 325 目标准筛网);

(7)超微粉碎:物料全部粉碎到粒度为微米级尺寸。

食品工业所用的粉碎主要是细粉碎和微粉碎。对于不同的粉碎粒度要求,须选用不同的粉碎机械实现,如面粉须选用辊式磨粉机,而在食品工厂中用于粉碎物料时,则大多使用爪式粉碎机和锤片式粉碎机。

(三)生产率

不同类型的粉碎机械其生产率不同,同一类型、不同型号的粉碎机其生产率也不相同。因此,应根据生产率的大小确定粉碎机的类型和型号。如爪式粉碎机和锤片式粉碎机均在食品加工厂广泛使用,但锤片式粉碎机应用更为广泛,这主要是因为它的生产率高,且结构简单、适用范围广,可用于各类的粉碎作业。

(四)其他

粉碎机工作的可靠性、操作和维护性能、造价及安全性等也是我们选择粉碎机时应考虑的。

第二节 干制品粉碎机械

干制品的粉碎是食品生产中最常用的加工,通常作为食品的初始加工。常用于干制品粉碎的机器有辊式磨粉机、锤片式粉碎机、爪式粉碎机。

一、辊式磨粉机

辊式磨粉机是食品工业上广泛使用的一种粉碎机械,在其他物料加工中也经常采用。比如在面粉加工中,通常将若干台辊式磨粉机按照皮磨、渣磨和心磨依次分别安装在整个工艺流程中;三种磨的不同组合可以生产出不同用途和品质的面粉。辊式磨粉机的磨辊有两种形式,即齿辊和光辊,两种形式的磨辊在磨粉机中不同的组合可以实现不同的加工工艺要求。

典型的 MY 型辊式磨粉机(液压控制磨粉机)如图 5-1 所示。该磨粉机具有两对磨辊(快辊 31、慢辊 32),呈 45°倾斜配置。中间自上而下被隔板隔开分成两个部分,每个部分各有一对磨辊及各自的喂料机构、轧距调节机构、松合闸机构和传动机构等,形成两个相同的独立系统。物料由上部料筒 22 进入,经喂料机构的上喂料辊 21 和下喂料辊 26 使物料连续均匀进入两磨辊区,研磨粉碎后从下部排料斗 35 排出。

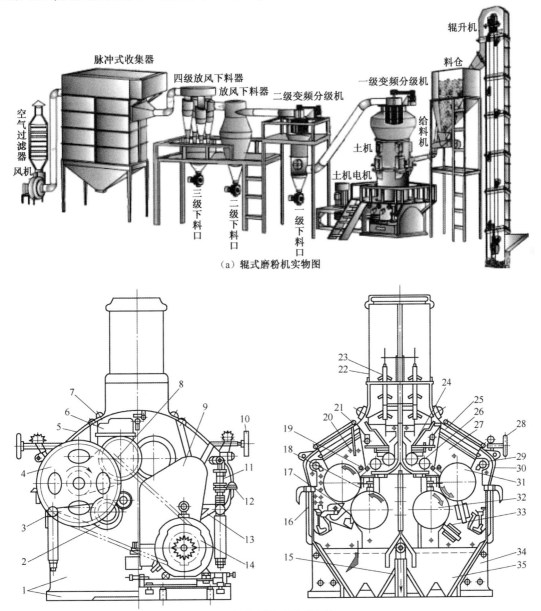

（a）辊式磨粉机实物图

（b）辊式磨粉机结构示意图

图 5-1 MY 型辊式磨粉机

1—机架;2、32—慢辊;3、16—下磨门;4—快辊带轮;5—上磨门;6—喂料自动控制装置;7—指示灯;8—喂料辊传动带轮;
9—链轮箱;10、28—轧距总调手轮;11—轧距调节拉杆;12—辊轮自动控制装置;13—慢辊轴承座臂;14—电机;15—吸风道;
17—光辊清理刮刀;18、27—挡料板 19—栅条护栏;20—料门限位螺钉;21—上喂料辊;22—料筒;23—枝形浮子;
24—扇形喂料门;25—料门调节螺栓;26—下喂料辊;27—挡料板;28—轧距总调手轮;29—偏心轴;
30—上横档;31—快辊;32—慢辊;33—清理毛刷;34—下横档;35—下部排料斗

磨粉机的机架 1 采用大面板拼装式结构，整个机架由 8 块铸铁板组成，包括侧板、磨顶板、上下撑挡板及中间隔挡板，借助螺栓及定位销连接固定。机架内部与研磨后物料接触的部分均使用木质衬板保温，以防止在加工过程中物料温度升高使内腔壁结露而导致粉料结块霉变。拼装式机架制造方便，成本低，但刚性差。

磨粉机空载时，电动机 14 通过传动带一级减速带动快辊旋转，快辊 31 通过链轮箱 9 带动慢辊 32 旋转，负载时，快辊 31 通过物料与慢辊 32 接触，由于两辊的转速不同造成的速度差，使得通过两辊之间的物料实现粉碎。快、慢辊均由可调心滑动轴承支承，而慢辊轴的两端轴承，一端铰支在机架 1 上，另一端支承在轧距调节拉杆 11 上，调节拉杆的位置，可使慢辊轴绕铰支轴旋转，借以调节快慢辊之间的间隙，即轧距的大小。

MY 型磨粉机的喂料机构由上喂料辊 21、下喂料辊 26、料门调节螺栓 25 及喂料自动控制装置 6 等组成。对于不同散落性的物料，采用不同的喂料方式。散落性好的物料易于沿喂料辊长度方向摊开，调节扇形喂料门 24 与上喂料辊 21 之间的间隙，就可以控制入磨的物料量，因此上喂料辊 21 又称定量辊。下喂料辊 26 起导流、加速、均流和将物料送入磨辊粉碎区的作用，因此下喂料辊 26 又称分流辊。散落性差的物料不易于沿喂料辊长度方向摊开，因此上喂料辊 21 结构为左右各半的桨叶式搅龙，将物料沿整个辊长展开，起匀料作用；扇形喂料门 24 位于下喂料辊 26 旁，下喂料辊既调节入磨流量，又对物料进行均流、加速和导流。

扇形喂料门 24 用两个顶尖铰支在墙板上，其中一个顶尖轴有一偏心，用来调节料门与定量辊之间间隙的均匀度，使整个辊长方向喂料量均匀一致，上、下喂料辊同向旋转，中间有一光滑导料板，使物料稳定过渡，不产生冲击，料门调节螺栓 25 用来调节扇形喂料门 24 与定量辊之间的间隙，即喂料量的大小。

磨辊在研磨物料的过程中，辊面总会黏附一些物料，所以每根磨辊下方均设有辊面清理装置。对于齿辊，一般采用硬毛刷清理，齿辊清理毛刷 33 安装在可调的弹簧座上，用弹簧将毛刷压紧在辊面上；对于光辊，一般采用刮刀，光辊清理刮刀 17 安装在铰支的杠杆上，靠配重使刮刀紧贴在辊面上，当磨粉机停车时，用一根金属链将配重拉起，使刮刀离开辊面，以避免接触处的腐蚀。

MY 型磨粉机在工作中产生的粉尘由配置在磨粉机下部的吸风道 15 吸出。通风系工作时，磨膛内始终处于负压状态，空气从上磨门 5 的两条进风缝隙进入磨膛内，绕过磨辊与挡料板 18 之间的间隙，穿过磨下物进入吸风道。通风系起到吸收粉尘、降低粉温和辊温、排除湿气的作用，该装置用于非气力输送物料的磨粉机。

轧距调节机构分单调和总调两个部分。单调是指调节磨辊一端的轧距，通过轧距调节拉杆 11 实现，通过调节使磨辊沿长度方向轧距均匀，磨辊轴两侧分设两套单调机构。总调是指能平行的同时调节磨辊两端的轧距，通过轧距总调机构的轧距总调手轮 10 实现，轧距总调机构通过预压紧弹簧的预压力，使下喂料辊 26 保持平衡，当有较大的异物偶然落入磨粉机的磨辊间时，下喂料辊 26 受力超过弹簧预压力，通过弹簧的压缩，使下喂料辊 26 移动，磨辊间轧距变大，让异物通过，起到保护磨辊的作用。

MY 型磨粉机的进料、合闸及松闸、停料等程序动作是由液压自动控制系统完成的。当磨粉机料筒内无物料或存料很少时，物料的重量不足以使枝形浮子 23 运动，喂料机构处于停止状态；指示灯 7 显示为红色，磨辊处于松闸状态，喂料停止。当料筒 22 内物料量增加时，由于重力作用使枝形浮子 23 运动，完成合闸动作；指示灯 7 显示为绿色，表示磨粉机进入正常工作状态。当料筒 22 内物料量稍有变化时,若物料量增加,则通过调节扇形喂料门 24 与定量辊之间的间隙,相应增加喂料量;若物料量减少,则相反。

二、锤片式粉碎机

锤片式粉碎机是用于粉碎各类物料的机械中应用最广泛的粉碎机械,在食品加工中应用尤为普遍。这种粉碎机不但结构简单,使用、维护方便,且其造价低,生产率高,适用范围广,主要应用于各类干制品的粉碎加工。

典型锤片式粉碎机结构如图 5-2 所示,主要由转子(主轴 7、圆盘 12、锤片 13、圆螺母 6、锤片隔套 5 和锤片销 4)、筛片 8、风机 3 和上下机壳 16、14 组成。

锤片式粉碎机工作时,物料从物料入口 18 进入粉碎室,受到高速旋转的锤片 13 的打击而粉碎;粉碎料以较高的速度飞向上机壳 16(上机壳内装有衬板或齿板),撞击使得物料被进一步粉碎;撞击后,物料又被弹回,再次受到锤片 13 的打击而粉碎。在打击、撞击的同时,物料也受到锤片 13 端部与筛片 8 表面的摩擦、剪切作用而进一步粉碎;在此期间,小于筛孔的颗粒大部分在风机 3 负压作用下,通过风管 1 被排出粉碎室;大于筛孔的颗粒同新入的物料一起,继续进行粉碎。

锤片式粉碎机按进料方式可分为切向进料、径向进料和轴向进料三种结构形式,按粉碎机主轴放置形式可分为卧轴式和立轴式两种。图 5-2 为卧轴式切向进料锤片式粉碎机。各种类型的锤片式粉碎机如图 5-3 所示。

锤片是锤片式粉碎机中最重要的零件,也是易损件。锤片的形状有很多种,图 5-4 是常见的几种锤片的形状,其中最常用的是矩形锤片[图 5-4(a)]。矩形锤片通用性好,形状简单,易制造。矩形锤片两个销孔对称设计,矩形四个角是锤片工作部位,变换锤片两个销孔与锤片销的连接,可以使锤片的不同角参与工作,从而轮换使用锤片的四个角来工作。

粉碎机设计时,一般要求转子(主轴 7、圆盘 12、锤片 13、圆螺母 6、锤片隔套 5 和锤片销 4)部件静平衡。锤片安装时要求对应于每个销轴上的锤片为一组,且每组锤片的重量差不允许超出规定范围。

粉碎机工作时锤片与物料间的打击会使锤片受到很大冲击力,应减少由于这种冲击力对粉碎机锤片销(转子)引入的冲量,减少粉碎机的振动。根据理论力学可知,如果设计的锤片销孔位于撞击中心,则物料对锤片的冲击力对锤片销轴的冲量为零。若能如此,则理论上锤片粉碎机用于粉碎物料的能耗为零;但实际上是不可能的,因为在实际的工作中物料对锤片的冲击是随机量,其大小和方向以及作用点都在变化,而锤片孔的位置不可能随冲量变化作相应变化。

当变换锤片两个销孔与锤片销的连接或更换新锤片时,需要注意每个锤片销上锤片的排列形式(每个锤片的安装位置),重新安装后不可以改变原安装位置。这是因为,在锤片式粉碎机设计时对于锤片的安装位置,是基于保证锤片旋转时产生的惯性力相互平衡角度考虑的,改变安装位置会造成不平衡,因此,机器会产生强烈振动,影响机器寿命和工作环境。

锤片式粉碎机的另一个易损件是筛片,其结构如图 5-5 所示。筛片用冷轧钢板制造,筛片上的孔经冲压加工而成,可选择不同孔径的筛片,用来控制粉碎物料粒度。目前筛片的规格已标准化,有各种筛片(筛号)可供选用。由于筛片是易损件,因此在更换筛片时要注意,筛片的毛边要面向粉碎机转子(锤片)。

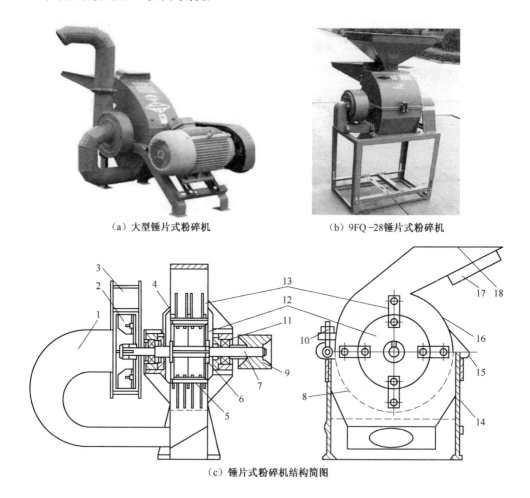

（a）大型锤片式粉碎机　　　　（b）9FQ-28锤片式粉碎机

（c）锤片式粉碎机结构简图

图 5-2　锤片式粉碎机

1—风管；2—风机叶片；3—风机；4—锤片销；5—锤片隔套；6—圆螺母；7—主轴；
8—筛片；9—三角带轮；10—锁紧螺母；11—轴承；12—圆盘；13—锤片

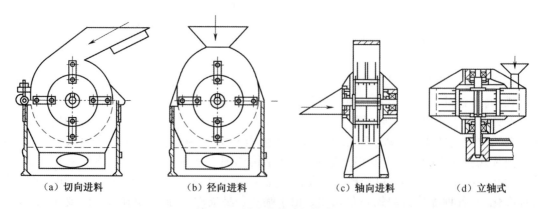

（a）切向进料　　　（b）径向进料　　　（c）轴向进料　　　（d）立轴式

图 5-3　锤片式粉碎机的类型

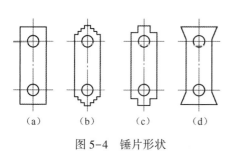

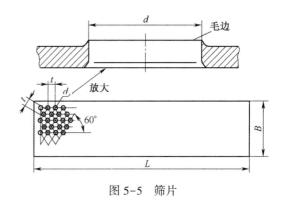

图 5-4 锤片形状

图 5-5 筛片

三、爪式粉碎机

爪式粉碎机较锤片式粉碎机更早应用于各类干物料的粉碎,其结构如图 5-6 所示。爪式粉碎机的主要部件有动齿盘 9、定齿盘 4、环形筛片 5 和主轴 7。定齿盘上有两圈定齿,齿的断面呈扁矩形,动齿盘上有三圈齿,其横截面为圆形或扁矩形,为了提高粉碎效果,通常定齿盘和动齿盘上的齿要交错排列。

（a）爪式粉碎机实物图

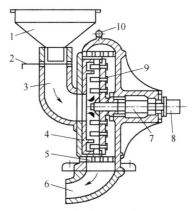

（b）爪式粉碎机结构示意图

图 5-6 爪式粉碎机

1—进料斗;2—流量调节板;3—入料口;4—定齿盘;5—环形筛片;6—出粉管;7—主轴;8—带轮;9—动齿盘;10—起吊环

粉碎机工作时,固连于主轴 7 上的动齿盘 9 高速旋转。物料在重力作用下流入动齿盘 9 的中部,此时物料首先受动齿盘 9 上转齿的冲击,同时在离心力的作用下,物料由中心向外扩散,物料相继受到动齿盘转齿及定齿盘定齿的撞击、剪切、摩擦等作用而被粉碎。随转齿的线速度由内圈向外圈逐步增高,物料在向外圈的运动过程中受到越来越强烈的冲击、剪切、摩擦、碰撞等作用而被粉碎得越来越细。达到一定粒度的粉碎物料透过环形筛片 5 排出机外,从而实现粉碎。

爪式粉碎机的易损零件为定齿盘、动齿盘以及环形筛片,动齿盘在设计时要求实现静平衡,但在实际生产中往往会忽略,因此粉碎机工作时振动和噪声较大。

第三节　肉类粉碎机械

一、绞肉机

绞肉机用于鱼肉的挤压绞碎(切碎),以生产鱼糜、鱼酱等。绞肉机的结构如图5-7所示。这种机器的主要工作部件为螺旋供料器5、十字形切刀1、筛板2和固紧螺母3,由电动机9和带轮7实现传动。

（a）绞肉机实物图

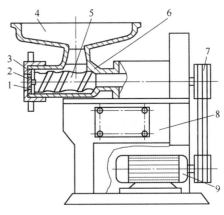

（b）绞肉机结构示意图

图5-7　绞肉机

1—十字形切刀;2—筛板;3—固紧螺母;4—料斗;5—螺旋供料器;6—机壳;7—带轮;8—机架;9—电动机

工作时,先开机后放料。由于原料肉(块状)本身重力作用落到机筒内(螺旋供料器5表面上),在螺旋供料器5的推送作用下,把原料连续地送往十字形切刀1处进行切碎。螺旋供料器5是变螺距、变根径的螺旋,其进料部位的螺距大、根径小;而出料部位的螺距小、根径大。因此,螺旋供料器5在推送原料过程中对原料产生了一定的挤压力,一方面推动原料肉向十字形切刀1处移动,另一方面迫使已切碎的肉糜从筛板2的孔眼中排出。

当生产中需要将不同的原料加工为不同粒度时,如肥肉需要粒度大,称为粗绞;瘦肉需要粒度小,称为细绞;这时可以采用两台绞肉机分别加工。当然也可使用同一台绞肉机,调换不同孔眼的筛板,以达到粗绞和细绞的目的。需要注意的是,采用不同孔眼的筛板应采用不同的电动机(螺旋供料器)转速,细绞时,转速要低;粗绞时,转速要相对高一些。但无论是粗绞还是细绞,转速都不能任意加快;因为筛板上孔眼的总面积一定,即排料量一定,若螺旋供料器太快,原料肉会在十字形切刀附近发生堵塞,致使工作阻力增加,迫使螺旋供料器停转,可能造成电动机因过载而损坏。

绞肉机常用的切刀为十字形,如图5-8所示。十字形切刀有四个刃口,其材料为碳素工具钢。要求刃口锋利,使用一段时间后,刃口变钝,应及时调换新刀或重新磨刀,否则将影响切割质量。

二、斩拌机

斩拌机的作用是将原料(去皮、去骨的肉)切割、剁(斩)碎成肉糜,并同时将剁碎的原料肉与添加的各种辅料相混合,实现斩切、搅拌(故称为斩拌机),使原料成为达到工艺要求的物料。斩拌机分真空斩拌机和非真空斩拌机。真空斩拌机是指斩拌物料在负压条件下工作,它具有卫生条件好、物料温升小等优点,但机器造价高,操作要求较高;而非真空斩拌机不带真空系统,在常压下工作。

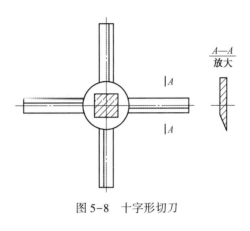

图 5-8　十字形切刀

(一)非真空斩拌机

典型的非真空斩拌机外形如图 5-9 所示,主要由机架 1、出料槽 2、出料盘部件 3、斩拌刀部件 4(由传动系统驱动)和斩肉盘 5 以及电气控制系统等组成。

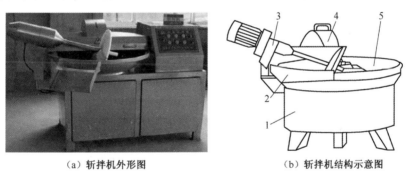

(a)斩拌机外形图　　　　　(b)斩拌机结构示意图

图 5-9　斩拌机外形图

1—机架;2—出料槽;3—出料盘部件;4—斩拌刀部件;5—斩肉盘

(1)传动系统

斩拌机传动系统如图 5-10 所示,由 3 台电动机分别带动斩肉盘 6、斩拌刀部件 1 和出料盘部件 4。电动机以通过带传动驱动斩拌刀部件 1 的刀轴高速旋转,数把斩拌刀按一定顺序安装在刀轴上,以实现对物料的斩拌。电动机 D_2 通过带传动和一对蜗轮蜗杆传动(蜗轮 7、蜗杆 8)并通过棘轮机构 2 使斩肉盘 6 单向回转。整个出料盘部件 4 由电动机 D_3 驱动,电动机 D_3 通过两对齿轮减速后带动出料盘 5 回转。斩拌肉时出料盘部件 4 抬起,出料转盘不转;出料时,将出料盘部件 4 放下,通过定位块使其和斩肉盘之间保持适当的间隙,此时出料盘回转,将已斩拌好的肉料带上、经出料槽装入运料车。

(2)斩拌刀部件及斩拌刀

斩拌刀部件结构如图 5-11 所示。数把斩拌刀 4 按一定顺序安装在刀轴 9 上,由于斩拌刀在刀轴上要占据一定的长度,而刀轴的轴线只能与环形斩肉盘的某一径向平面垂直,因此,各斩拌刀上的顶点与斩肉盘内壁的间隙各异。为了防止斩拌刀与斩肉盘的内壁发生干扰,在安装斩拌刀时要调整其相对刀轴的径向的位置,以保证斩拌刀与斩肉盘内壁之间的间隙。该间隙一般为 5 mm 左右。

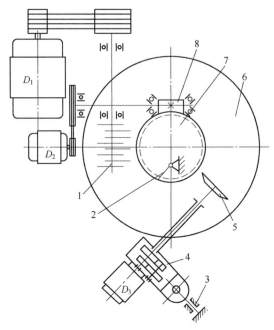

图 5-10 斩拌机传动结构简图
1—斩拌刀部件;2—棘轮机构;3—固定支座;4—出料盘部件;
5—出料盘;6—斩肉盘;7—蜗轮;8—蜗杆

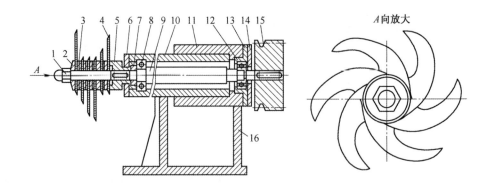

图 5-11 斩拌刀部件结构简图
1—螺母;2—压垫 3—调整垫片 4—斩拌刀 5—挡块 6—前轴承压盖
7—圆螺母 8—双列短滚子轴承 9—刀轴 10—轴套 11—轴套座
12—向心轴承 13—轴承套 14—后轴承压盖 15—带轮 16—支架

　　为了保证安全,斩肉时用刀盖把斩拌刀盖起来,同时也可防止肉糜飞溅。刀盖上装有水银保护开关,当揭开刀盖时,水银开关便将电路切断(电动机不能启动)。

　　(3)出料盘部件斩拌结束后,出料盘部件 4 开始工作,其作用是将斩拌好的肉糜从斩肉盘

6内带出。出料盘部件可绕固定支座3转动(图5-10)。整个装置通过固定支座3搁置在机架外壳上,使之能作上下、左右的空间运动。在工作过程中欲出料时,拉下出料转盘,使出料转盘置于斩肉盘环形挡内。此时,支座上的水银开关导通电路,电动机运转,经减速器驱动出料转盘轴,带动出料转盘回转,将肉糜从斩肉盘6内带出。

(二)真空斩拌机

图5-12为真空斩拌机的外形图。真空斩拌机与非真空斩拌机的区别在于,真空斩拌机可在真空状态下对原料肉进行斩切、搅拌和轧化,可防止原料肉中肌红蛋白、脂肪及其他营养成分被氧化、破坏,从而最大限度地保留原有色、香、味及各种营养成分。真空斩拌机的特点在于,在斩肉盘上部增加一个真空罩,以保证斩拌过程中实现真空;斩拌刀轴转速高,功率大,斩切轧化效果好,处理原料范围广。真空斩拌机不仅可斩切、轧化各种肉类,也可斩切、轧化肉皮、筋腱等粗纤维和富含胶原蛋白的原料。采用自动控制系统,安全可靠,维修方便。

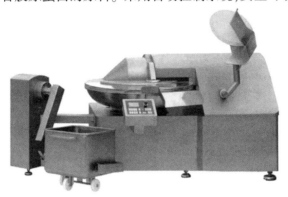

图5-12　真空斩拌机外形图

真空斩拌机以其突出的加工特点,目前已被肉制品厂家所认可,在加工高品质肉制品时,这种机器已逐渐取代非真空斩拌机。

第四节　超微粉碎设备

前面介绍的几种在食品加工中常用的粉碎机械是按粉碎物料的性质不同分类的。由于食品的粉碎受物料性质以及粉碎要求等限制较多,在实际应用中,当要求将物料粉碎到更小尺寸(微米级)时,超微粉碎设备是常见的粉碎机械。超微粉碎生产颗粒的粒度极细,通常有严格的粒度分布、规整的颗粒外形。粉碎的物料多样化,要求颗粒的平均粒径为:$0.074 \sim 0.038$ mm(应90%以上通过200~325目筛),有的仅数微米,甚至在1 μm以下。下面将常用的超微粉碎设备作简单介绍。

一、超微粉碎机组的组成

超微粉碎不同于其他粉碎。由于经其粉碎后的物料粒度很小,一方面,采用前述的粉碎机械很难实现;另一方面,粉碎后成品的收集需采用专门的装置实现。超微粉碎机组通常由多台设备组成,一般由超微粉碎机、气流分级机、收集器、除尘器、引风机、进料和出料装置等七部分组成,如图5-13所示。

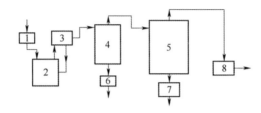

图 5-13 超微粉碎机组组成示意图
1—进料装置;2—超微粉碎机;3—气流分级机;4—收集器;
5—除尘器;6、7—出料装置;8—引风机

超微粉碎机组整体是一个半封闭的系统,其进料和出料将系统与外部封闭,而载运物料的气流则与外部相接。预粉碎的物料由进料装置1送入超微粉碎机2内粉碎;粉碎后的物料经气流分级机3分离,其中达到粉碎要求的物料送入收集器4,未达到粉碎要求的物料被回送到超微粉碎机2内再次粉碎;经收集器4的物料由出料装置6排出;未收集到的物料进入除尘器5,经除尘器5分离的物料由出料装置7排出;洁净气流则经引风机8排出。进料装置通常采用螺旋式结构实现物料的封闭喂入。气流分级机的工作原理是在分级机中形成强大的离心力;进入到分级机中的气、粉混合物在离心力的作用下,大或重的颗粒受离心作用力大被甩至分级机的边壁后,自然下落到粉碎主机内继续粉碎;小或轻的物料则受引风力的作用被带出,从而实现物料的分级。收集器即旋风分离器和除尘器的作用是将粉碎分级后的物料进一步分离;而引风机的作用是通过风力实现物料的流动。出料装置的作用是实现出料操作与外部的封闭,其原理是通过旋转转子的分隔空间装载分离的物料,装载的物料在随转子旋转过程中,一方面实现系统内、外部的封闭,另一方面实现装载物料的排出。出料装置的结构如图5-14所示。

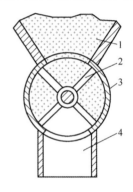

图 5-14 出料装置结构简图
1—物料(内部);2—转子;
3—外壳;4—物料出口

二、超微粉碎机的工作原理

超微粉碎机有两种类型,一为机械冲击式,二为气流粉碎式。下面分别作简单介绍。

(一)冲击式超微粉碎机

图5-15所示为卧式超微粉碎机的结构简图,由于机器主轴为水平放置,又称为卧式超微粉碎机。这是一种卧轴、双室、气流分级式粉碎机,主要依靠冲击粉碎原理工作,在粉碎同时能够进行分级和清除杂质。其工作原理是:物料从喂料斗1由定量喂料系统2随气流带入粉碎腔内,而粉碎腔分为两个粉碎室,沿轴向排列,分别称为第一粉碎室7和第二粉碎室12;主轴5在粉碎腔相对应的位置上装有粉碎部件和分级部件,同时在轴的末端装有风机9。主轴5高

速旋转,风机产生的气流带动物料在高速旋转的转子与装有齿衬的定子(机壳)之间受到冲击和剪切后被粉碎。在两个粉碎室的下面,各设有一个卸料口,并与机身下方的螺旋卸料器8相通。在粉碎过程中,高硬度、大比重的粗粒可以从气流中分离出来,靠离心力甩到粉碎室外围,进入卸料口,通过螺旋卸料器送出机外。微粉产品经出料管11排出后,通过收集器收集,最后由除尘器过滤,符合粒度要求的被排出;较粗粒子返回粉碎机的喂料斗重新粉碎。该机器工作时,喂入的原料应先经过粗碎后成为粒径5 mm以下的物料。

 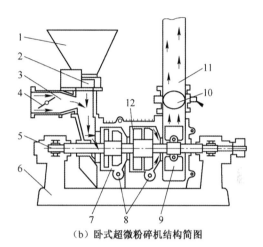

（a）卧式超微粉碎机外形图　　　　　　（b）卧式超微粉碎机结构简图

图5-15　卧式超微粉碎机

1—喂料斗;2—定量喂料系统;3—进风口;4—风量调节阀;
5—主轴;6—机架;7—第一粉碎室;8—螺旋卸料器;
9—风机;10—出料调节阀;11—出料管;12—第二粉碎室

(二) 气流式超微粉碎机

气流式超微粉碎机的工作原理是将经过净化和干燥的压缩空气通过一定形状的特制喷嘴喷出,形成每小时3 600 km速度的气流,通过其巨大的动能带动物料在密闭粉碎腔中互相碰撞以及气流对物料的冲击剪切作用使物料粉碎。粉碎所需微粒的大小可以通过调节气流的速度来进行有效控制。

图5-16所示为流化床气流式超微粉碎机结构。这种粉碎机由喂料口1、流化床系统2、成品出口3和分离转轮4组成。物料喂入部分可控制物料的喂入量,将预粉碎物料送入流化床系统,进入流化床的物料在高速气流的作用下粉碎,粉碎后的物料经分离转轮分离,成品由成品出口排出,未达到粉碎要求的物料继续在流化床内粉碎,直至达到粉碎要求。

图5-17所示为蜗壳室式气流超微粉碎机结构。该机的粉碎室6为蜗壳形,工作时,物料通过喂入气流通道2的高速气流导入粉碎室,粉碎气流由粉碎气流喷嘴5进入粉碎室,在高速气流的作用下,使颗粒间、颗粒与构件间产生相互冲击、碰撞、摩擦而粉碎。粗粒在离心力作用下甩向粉碎室周壁进行循环粉碎,而细粒在气流带动下由成品出口7排出。

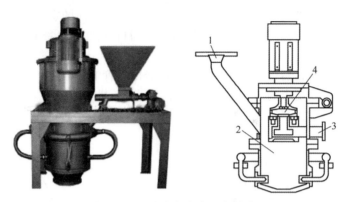

图 5-16　流化床气流式超微粉碎机
1—喂料口(定量喂料)；2—流化床系统；3—成品出口；4—分离转轮

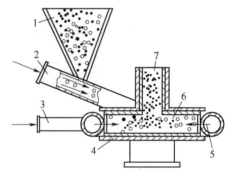

（a）蜗壳室式气流超微粉碎机外形图　　　　（b）蜗壳室式气流超微粉碎机外形图

图 5-17　蜗壳室式气流超微粉碎机
1—喂料斗；2—物料喂入气流通道；3—粉碎气流总通道；
4—粉碎室内衬板；5—粉碎气流喷嘴；6—粉碎室；7—成品(微粉)出口

(三) 高精密湿法超细粉碎机

高精密湿法超细粉碎机(图 5-18)是采
用受控切割技术理念开发的专门针对含水
率高、具有流动性的农副产品(如水产物料
皮渣等韧性物料)的超细粉碎设计的,解决
了传统湿法粉碎设备(如砂轮磨、胶体磨和
高压均质机)无法对纤维类韧性物料进行湿
法微细粉碎的难题。该设备有如下特点:采
用模块化设计,粉碎头可方便更换,满足客
户对粗、中、细三级粉碎细度的要求;物料快
速经过刀头,减少停留时间,发热量明显降
低,防止物料变性;刀头由上百片特制材料
组成,在粉碎中磨损量低,降低生产成本。

图 5-18　高精密湿法超细粉碎机

第五节　搓圆成型机械与设备

搓圆成型(又称揉制成型)是指通过物料与载体接触并随其运动,在载体揉搓作用下逐步形成一定的外部形状和组织结构的操作。在食品加工中,需要搓圆操作的有很多,常见的如鱼丸、虾丸的搓圆等。本节主要以鱼丸为例分析介绍几种典型的搓圆成型机械。主要有伞形搓圆机、锥形搓圆机、桶形搓圆机、水平式搓圆机及网格式搓圆机。

一、伞形搓圆机

伞形搓圆机是目前我国生产中应用最广泛的揉制机械。

(一)结构与组成

图 5-19 为伞形搓圆机结构简图。该搓圆机主要由搓圆成型机构、撒粉机构、传动系统及机架等组成。

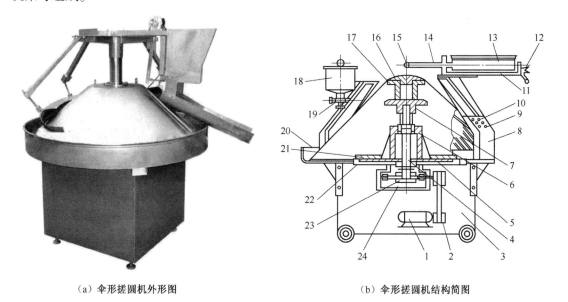

（a）伞形搓圆机外形图　　　　　　　（b）伞形搓圆机结构简图

图 5-19　伞形搓圆机

1—电动机;2—带轮;3—机架;4—主轴;5—轴承座;6—轴承;7—法兰盘;
8—支承架;9—调节螺钉;10—固定螺钉;11—控制板;12—开放式楔形螺栓;
13—撒粉盒;14—轴;15—连杆;16—顶盖;17—转体;18—储液桶;19—放液嘴;
20—托盘;21—螺旋导板;22—主轴支承架;23—蜗轮;24—蜗轮箱

搓圆成型机构由转体 17、主轴 4 和螺旋导板 21、主轴支承架 22 构成。转体 17 随主轴 4 转动,螺旋导板 21 固定在支承架 22 上,转体 17 表面与螺旋导板 21 弧形凹面配合构成面团运动的螺旋导槽。

撒粉机构由连杆 15、撒粉盒 13 和轴 14 等组成。转体顶盖 16 上有一偏心孔，连杆 15 与此偏心孔球铰接，使撒粉盒 13 作径向摆动，实现撒粉操作。

(二)搓圆成型原理

搓圆成型原理如图 5-20 所示。成型机构工作时，原料由伞形转体 4 底部进入螺旋导板 1，在转体带动下沿着圆弧形状的螺旋导板旋转，在三者摩擦力及由于面团旋转而产生的离心力作用下，面块以螺旋形向上运动，同时改变形状，形成球形。

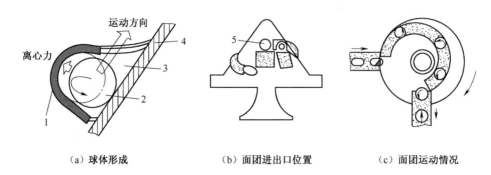

（a）球体形成　　　（b）面团进出口位置　　　（c）面团运动情况

图 5-20　搓圆机工作原理简图

1—螺旋导板；2、5—原料；3—螺旋导槽；4—伞形转体

伞形搓圆机原料的入口设在转体的底部，出口在伞体的上部。由于转体上下直径不同，使得原料从底部进入导槽首先受到最为强烈的揉搓，而出口速度低，有利于成型。但随着物料运动速度逐渐降低，前后物料距离减小，有时会出现"双生"的现象。为了避免这一现象，在正常出口上部装有一横挡，阻隔并使之由大口排出进入回收箱。揉圆完毕的球形原料坯由伞形转体的顶部离开机体，由输送带送至后续工序。

二、锥形搓圆机

锥形搓圆机，又称碗形搓圆机，其结构与伞形搓圆机类似，只是其回转载体为锥体形，螺旋导板 2 与回转锥体 1 构成的螺旋导槽在锥体内侧，且下小上大，如图 5-21 所示。搓圆机工作时，原料落入锥体底部，在离心力及摩擦力的作用下，沿螺旋导槽自下而上滚动；经揉搓感应形成球状生坯后，由锥体顶部卸出。锥形搓圆机在操作过程中，原料滚动速度由慢渐快，所以不易出现双生现象，但成型质量不如伞形机型，一般用于小型鱼丸的生产。该机型目前在国内生产上使用较少。

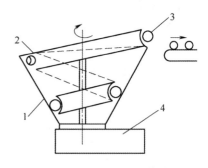

图 5-21　锥形搓圆机工作简图

1—回转锥体；2—螺旋导板；3—原料；4—机架

三、输送带式搓圆机

输送带式搓圆机，又称水平搓圆机，其结构与伞形、锥形搓圆机不同，没有转体，也没有螺旋形导槽，主要由帆布输送带、长直导板构成（图 5-22）。长直导板 2 固定在水平帆布输送带 3 上方，从而构成三面封闭的斜直线搓圆导槽，导槽倾角可

调。工作时,输送带水平移动,切块机 1 输出的定量物料落于输送带 3 上并随之前进;当遇到导板 2 凹弧面后,物料侧面受压变形,同时由于输送带对物料底面的剪切力与导板对其侧面的摩擦力所组成的力矩作用,导槽内的物料沿导槽斜向滚动,从而逐渐被揉搓成球状生坯,并由输送带输送至后续工序 4。其中长直导板的长度、凹弧面的几何尺寸会对搓圆的质量产生很大的影响。

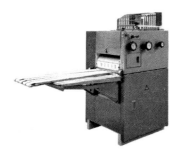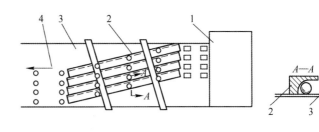

图 5-22 输送带式搓圆机
1—切块机;2—长直导板;3—输送带;4—后续工序

该搓圆机具有输送生坯和搓圆操作双重作用,并可与数台切块机组合,同时搓制多个物料,故生产能力较高。但因受结构限制,搓圆效果及生坯表面致密程度稍差,此外占地面积较大,适合于小型生产线使用。

四、网格式搓圆机

网格式搓圆机是一次完成切块搓圆操作的小型间歇式成型机械,因此也被称为网格式成型机。

(一)主要结构

网格式搓圆机的结构主要包括压头、工作台、模板及传动系统等(图 5-23)。

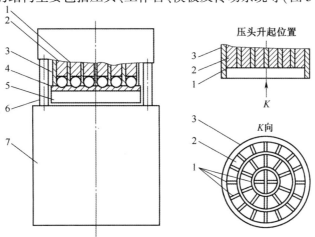

图 5-23 网格式搓圆机结构示意图
1—切刀;2—压块;3—围墙;4—模板;5—工作台;6—导柱;7—机座

压头包括压块2、切刀1、围墙3及导柱6等四组构件。在围墙3围起的内部空间安装有切刀1,并在其分隔下形成网格,在每个网格内均安置有压块2,而围墙3、切刀1、压块2均可沿导柱6作上下运动,以方便压块2进行压制操作,并可顺利实现切刀1对胚料进行切割的操作。

工作台主要由工作台板、锁紧架、曲柄组及模板等组成。模板放置在工作台板上,由软质材料制造,如无毒耐油橡胶或工程塑料。曲柄组主要由安装在工作台中心处的传动偏心轴与设置在边缘处的辅助偏心轴组成。两轴偏心距相等,其目的在于实现工作台的平面运动。

网格式搓圆机的传动装置主要包括电动机、离合器与模板、压头的驱动机构。为减缓工作台平动时因交变载荷作用而引起的振动冲击现象,通常可选用锥盘式摩擦离合器。由于该离合器锥盘接触点处的法线方向与偏心轴动载荷方向垂直,故可以将振动能量与传动系统隔离,从而减小冲击,使搓圆机的运动趋于平稳。网格式搓圆机模板的驱动机构通常采用曲柄滑块机构。压头下降的动作则有两种驱动方式:一种是在机架上安装一根杠杆,一端置于压头之上,压头下压操作可通过手动或机动拉下杠杆另一端来实现。另一种是在机体内部安装一套曲柄滑块机构,压头的动作通过驱动回转曲柄来实现。

(二) 成型原理

如图 5-24 所示,网格式搓圆机的成型原理可简化为 8 个工步来实现:①将一定量的物料摊放在工作台的模板上;②围墙下降落在模板上,将摊放在其上的物料包围起来;③压块与切刀同时下降,将摊放在模板上的物料压成厚度均匀一致的片状结构;④切刀继续下行直至与模板接触,此刻即可将整体物料切割成若干等份的小块;同时压块上升约 3 mm 的距离,留出切

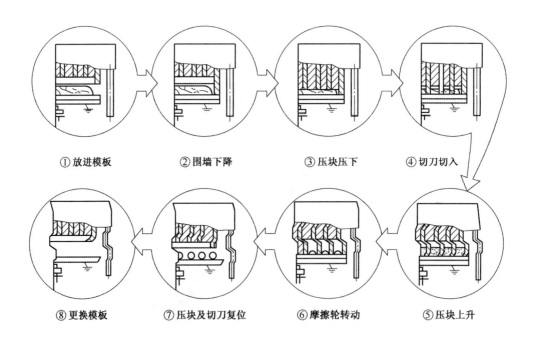

① 放进模板　　② 围墙下降　　③ 压块压下　　④ 切刀切入

⑧ 更换模板　　⑦ 压块及切刀复位　　⑥ 摩擦轮转动　　⑤ 压块上升

图 5-24　网格式面包成型机成型工艺示意图

刀切入物料时而产生的膨胀量;⑤压块继续上升一段距离,围墙与切刀稍微抬起约 1 mm 的距离,留出揉搓物料所需要的空间;⑥摩擦离合器结合,回转曲柄组带动工作台上的模板运动,由于压头不动,切刀腔内的物料在模板与其之间产生的摩擦力及切刀腔四壁对其产生的阻力作用下产生滚动,并被不断地揉搓,从而形成球形生坯;⑦摩擦离合器断开,工作台及模板停止运动,围墙、压块及切刀等复位;⑧更换模板,网格式搓圆机的一次工作循环结束。

第六章　浓缩和分离机械与设备

第一节　食品浓缩的目的和分类

浓缩是从溶液中除去部分溶剂(通常是水)的操作过程,也是溶质和溶剂均匀混合溶液的部分分离过程。按浓缩的原理,可分为平衡浓缩和非平衡浓缩两种物理方法。平衡浓缩是利用两相在分配上的某种差异而获得溶质浓缩液和溶剂的浓缩(分离)方法,如蒸发浓缩和冷冻浓缩。溶液的蒸发是利用水汽化而达到分离的目的,加热介质一般为水蒸气。冷冻浓缩是利用稀溶液与固态冰在凝固点以下的平衡关系,部分水分因放热而结冰,而后用机械方法将浓缩液与冰晶分离。非平衡浓缩是利用半透膜等来分离溶质与溶剂的过程。两相由膜隔开,分离不是靠两相的接触。半透膜不仅可用于分离溶质和溶剂,也可用于分离各种不同分子大小的溶质,故又称膜分离,它是膜技术的主要应用领域。就操作过程而论,食品浓缩与分离是紧密联系在一起的。

浓缩在食品工业有广泛的应用,主要用于以下场合:

(1)减少重量和体积。浓缩去除食品中大量的水分,可减少食品包装、储藏和运输费用。

(2)浓缩可提高制品的浓度,增大渗透压、降低水分活性、延长制品的保质期。浓缩使溶液中的可溶性物质浓度增大,尤其对高浓度的糖和盐有较大的渗透压。当渗透压足够从微生物细胞中渗出水分,或能防止正常的水分扩散到微生物细胞中,就能抑制微生物的生长,起到防腐、保藏作用。

(3)浓缩是结晶操作的预处理过程及结晶控制的一种手段。

(4)降低食品脱水过程的能耗。真空浓缩尤其是多效真空浓缩,常常是食品干燥的前处理过程。真空浓缩去除水分要比干燥脱水耗能低得多。

(5)改善产品质量。浓缩过程尤其是真空浓缩,物料在浓缩过程处于激烈的湍动状态,可促使物料各组分混合均匀,有利于去除料液中的挥发性成分和不良风味。真空浓缩过程还具有脱气作用,可改善浓缩液的质构特征。但物料在浓缩过程中会丧失某些风味,需引起注意。

第二节　蒸发浓缩

蒸发是食品工业上应用最为广泛的浓缩方法。不少食品物料是水溶液,因此蒸发指的是水溶液的蒸发。

按照分子运动学观点,溶液受热时溶剂分子获得了动能,当某些溶剂分子的能量足以克服分子及引力时,溶剂分子就会逸出液面进入上部空间,成为蒸汽分子,这就是汽化。如果不设法除去这些蒸汽分子,则汽相和液相之间水分的化学势能将渐趋平衡,汽化过程也相应减弱以至于停止进行。因此进行蒸发的必要条件是不断供给热能和不断排除二次蒸汽。

为了强化蒸发过程,工业上采用的蒸发设备都是在沸腾状态下汽化,此时给热系数高,传热速度快。饱和蒸汽(称加热蒸汽)是常用的热源。加热蒸汽与料液进行热交换(常用间接加热)而冷凝,放出的冷凝热为料液蒸发需要的潜热(称为汽化潜热或蒸发潜热)。蒸发过程汽化的二次蒸汽直接冷凝不再利用的称为单效蒸发。如将二次蒸汽(或经压缩后)引入另一蒸发器作为热源的蒸发操作,称为多效蒸发。二次蒸汽通常用冷却水冷凝的方法来排除,因此冷凝器是蒸发设备不可分割的组成部分。

蒸发可以在常压、真空或加压下进行。在食品工业中,多采用真空蒸发,常压蒸发采用开放式设备;而真空或加压蒸发采用密闭设备。

真空蒸发的主要特点是:

(1)在真空条件下,液体的沸点低,有利于增大加热蒸汽与液体之间的温差,增大传热效率,减少蒸发器所需的传热面积。

(2)物料在较低温度下蒸发,减少对热敏性食品成分的破坏。

(3)便于采用低压蒸汽或废蒸汽作为加热源,有利于多效蒸发,降低能耗。

(4)真空蒸发需要配套的真空系统,会增大设备投资及动力损耗。

(5)由于蒸发潜热随沸点降低而增大,故热量消耗较大。

蒸发操作的方式有间歇式、连续式和循环式3种。

(一)蒸发浓缩过程食品物料的变化

料液在蒸发浓缩过程中发生的变化对浓缩液品质有很大的影响。在选择和设计蒸发器时要充分认识物料的这种特征。

1. 食品成分的变化

食品物料多由蛋白质、脂肪、糖类、维生素以及其他成分所组成。这些物质在高温或长时间受热时会受到破坏或发生变性、氧化等作用,如蒸发时要充分考虑加热温度和时间的影响。从保证食品品质来说,力求"低温短时",但从经济角度,为提高生产力,也可选用"高温短时"蒸发。真空浓缩是解决食品物料热损害常用的有效方法。

2. 黏稠性

溶液的黏稠性对蒸发过程的传热影响很大,尤其是一些蛋白质胶体溶液。随着浓度增高及受热变性,其黏度显著增大,流动性下降,大大妨碍加热面的热传导。蒸发过程随着料液浓度的升高,物料的导热系数和总传热系数都会降低。对黏性物料,则需选择强制循环或刮板式蒸发器,使经浓缩的黏稠物料迅速离开加热表面。

3. 结垢性

蛋白质、糖、盐类和果胶等受热过度会产生变性、结块、焦化现象。这种现象在传热面附近最易发生。结垢随着时间增长而变得更为严重,不仅影响传热,甚至会带来安全性问题。因此对于容易形成结垢的物料应采取有效的防垢措施;如采用管内流速很大的升膜式蒸发器或其他强制循环的蒸发器,用高流速来防止积垢的形成;或采用电磁防垢、化学防垢等措施;也可采用 CIP 清洗系统与蒸发器配套使用,加强设备的清洗,防止积垢的形成。

4. 泡沫性

溶液的组成不同,发泡性也不同。含蛋白质胶体较多的食品物料有比较大的表面张力,蒸发沸腾时泡沫较多,且较稳定,这会使大量的料液随二次蒸汽导入冷凝器,造成料液的流失。发泡性料液的蒸发,需降低蒸发器内二次蒸汽的流速,以防止跑料,或采用管内流速很大的升膜式或强制循环式蒸发器,也可用高流速的气体来吹破泡沫或用其他的物理、化学措施消泡。

5. 结晶性

某些物料在浓缩过程中,当其浓度超过饱和浓度时,会出现溶质的结晶。结晶形成不仅造成料液流动状态的改变,大量结晶的沉积,更会妨碍加热面的热传递。有结晶产生的溶液蒸发,需选择强制循环、外加热式及带有搅拌的蒸发设备,用外力使晶体保持悬浮状态。

6. 风味形成与挥发

料液在高温下较长时间加热蒸发,会产生烧煮味和颜色变褐(黑),但对于多数物料的蒸发过程,常需防止这些反应的发生,因此采用真空蒸发。可是真空蒸发仍会造成食品物料中芳香风味成分挥发,影响浓缩制品的品质。低温蒸发可减少香味成分的损失,但更完善的方法是采取香味回收措施,从二次蒸汽冷凝液中回收风味成分,再掺入浓缩制品中。

7. 腐蚀性

酸性食品物料在设计或选择蒸发器时应根据料液的化学性质、蒸发温度,选取既耐腐蚀又有良好的导热性的材料及适宜的形式。食品生产过程与物料接触的金属设备都需选用耐腐蚀的不锈钢制造或其他符合食品卫生的防腐材料。并在结构设计上采用方便更换的形式,使易腐蚀部件可定期更换。

(二) 蒸发器的类型

蒸发器主要是由加热室(器)和分离室(器)两部分组成。加热室的作用是利用水蒸气为热源来加热被浓缩的物料。加热室的形式随着技术的发展而不断改进。最初采用的是夹层式和蛇(盘)管式,其后有各种管式、板式等换热器形式。为了强化传热,采用强制循环替代自然循环,也有采用带叶片的刮板薄膜蒸发器和离心薄膜蒸发器等。蒸发器分离室的作用是将二次蒸汽中夹带的雾沫分离出来。为了使雾沫中的液体回落到料液中,分离室须具有足够大的直径和高度以降低蒸汽流速,并有充分的机会使其返回液体中。早期的分离室位于加热室之上,并与加热器合为一体。由于出现了外加热型加热室(加热器),分离室也能独立成为分离器。

1. 循环型蒸发器

循环型蒸发器的特点是溶液在蒸发器中循环流动,以提高传热效率。根据引起溶液循环运动的原因不同可分为自然循环和强制循环。自然循环是由于液体受热程度不同产生密度差引起的,强制循环是由外加机械力迫使液体沿一定方向流动。

(1) 中央循环管式蒸发器

中央循环管式蒸发器又称标准式蒸发器。主要由下部加热室和上部蒸发室两部分构成,如图6-1所示。加热室由沸腾加热管、中央循环管和上下管板组成的竖式加热管束构成。中央循环管的截面积为总加热管束截面积的40%~100%,沸腾加热管径25~75 mm,管长与管径之比为20~40。真空浓缩时,料液在管内流动,而加热蒸汽在管束之间流动。由于中央循环管的截面积远远大于加热管束的截面积,料液受热后温升慢,相对密度大,所以料液由中央循环管下降,而由沸腾加热管上升呈自然循环。汽化后形成的二次蒸汽夹带的部分料液在蒸发室分离,而剩余少量料液被蒸发室顶部捕集器截获。

中央循环管式蒸发器具有结构简单,操作方便,但清洗困难,料液在蒸发器中停留时间长,黏度高时循环效果差等特点。

（2）外循环管式蒸发器

外循环管式蒸发器的加热室在蒸发器的外面,因此便于检修和清洗。并可调节循环速度,改善分离器中的雾沫现象。循环管内的物料是不直接受热的,故可适用于热敏性物料的浓缩。图 6-2 是自然循环与强制循环的外循环管式蒸发器的示意图。

2. 膜式蒸发器

根据料液成膜作用力及加热特点,膜式蒸发器有:升(降)膜式蒸发器,刮板式和离心式薄膜蒸发器、板式薄膜蒸发器。

升(降)膜式蒸发器是典型的膜式蒸发器,是一种外加热式蒸发器。溶液通过加热室一次即达到所需的浓度,且溶液沿加热管壁呈膜状流动进行传热和蒸发,故其传热效率高,蒸发速度快,溶液在蒸发器内停留时间短,特别适用于热敏性溶液的蒸发。

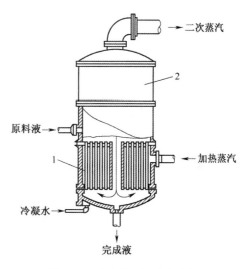

图 6-1　中央循环管式蒸发器
1—加热室;2—分离室(蒸发室)

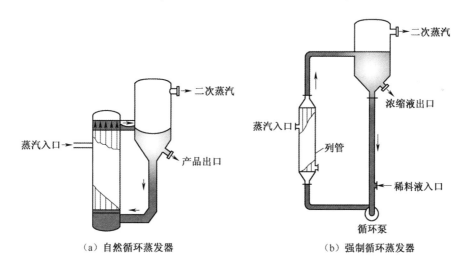

（a）自然循环蒸发器　　（b）强制循环蒸发器

图 6-2　典型外循环管式蒸发器

根据蒸发器内物料的流动方向及成膜原因可分为以下几种类型。

（1）升膜式蒸发器

升膜式蒸发器如图 6-3 所示。加热室由列管式换热器构成,常用管长 6~12 m,管长径之比为 100~150。料液(常经预热至接近沸点)从加热室的底部进入。在底部由于液柱的静压作用,一般不发生沸腾,只起加热作用,随着温度升高,在中部开始沸腾产生蒸汽,到了上部,蒸汽体积急剧增大,产生高速上升蒸汽使溶液在管壁上抹成一层薄膜,使传热效果大大改善。最后,溶液混合物进入分离室分离,浓缩液由分离室底部排出。

升膜式蒸发器适用于蒸发量大、热敏性及易生成泡沫的溶液浓缩,一次通过浓缩比可达4,但不适于高黏度、易结晶或结垢物料的浓缩。

(2)降膜式蒸发器

降膜式蒸发器如图6-4所示。与升膜式蒸发器不同的是,料液由加热室的顶部进入,在重力作用下沿管壁内呈膜状下降,浓缩液从下部进入分离器。为了防止液膜分布不均匀,出现局部过热和焦壁现象,在加热列管的上部设置有各种不同结构的料液分配器装置,并保持一定的液柱高度。

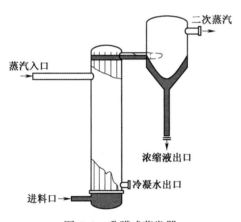

图6-3 升膜式蒸发器

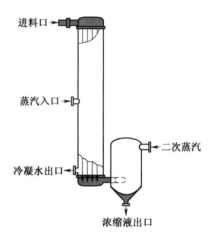

图6-4 降膜式蒸发器

降膜式蒸发器因不存在静液层效应,物料沸点均匀,传热系数高,停留时间短。但液膜的形成仅依靠重力及液体对管壁的亲润力,故蒸发量较小,一次蒸汽浓缩比一般小于7。

(3)升-降膜蒸发器

升-降膜蒸发器是将加热器分成两程,一程做稀溶液的升膜蒸发,另一程为浓稠液的降膜蒸发,如图6-5所示。这种蒸发器集中了升、降膜蒸发器的优点。

(4)刮板式薄膜蒸发器

如图6-6所示,刮板式薄膜蒸发器有立式和卧式两种。加热室壳体外部装有加热蒸汽夹套,内部装有可旋转的搅拌叶片,原料液受刮板离心力、重力以及叶片的刮带作用,以极薄液膜与加热表面接触,迅速完成蒸发。

刮板式蒸发器有多种不同结构。按刮板的装置方式有固定式刮板和离心式刮板之分;按蒸发器的放置形式有立式、卧式和卧式倾斜放置之分;按刮板和传热面的性状不同有圆柱形和圆锥形两种。刮板式薄膜蒸发器可用于易结晶、易结垢、高黏度或热敏

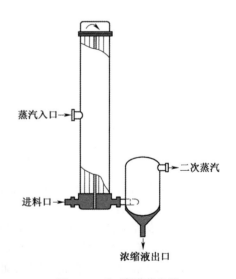

图6-5 升-降膜蒸发器

性的料液浓缩。但该结构较复杂,动力消耗大,处理量较小,浓缩比一般小于3。

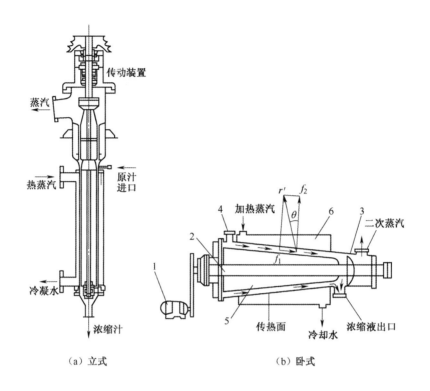

图6-6　刮板式薄膜蒸发器
1—电动机;2—转轴;3—分离器;4—分配盘;5—刮板;6—夹套加热室

(5)离心式薄膜蒸发器

图6-7是离心式薄膜蒸发器的结构图。料液从高速旋转(约700 r/min)的锥形转子内面上注入,并在离心力(>200 g)作用下形成极薄(0.05~0.1 mm)的薄膜流,在加热面的停留时间短(<1 s),而且不发生流速慢的流层及局部加热。离心力还可抑制料液发泡,加热边的凝缩蒸汽由离心力飞散,并以滴状凝缩液进行传热,冷凝液以及蒸汽中空气和不凝气体不断被排出,故传热系数高。浓缩液则从锥体外周部集合排出(靠离心力),残留液量少,因此适于黏度高、混杂结晶的液体浓缩,一般浓缩比可达7。但其单位加热面积成本很高。

(6)板式蒸发器

板式蒸发器是由板式换热器与分离器组合而成的一种蒸发器,如图6-8所示。通常由两个加热室和两个蒸发室(4片加热板)构成一浓缩单元,加热室与蒸发室交替排列。实际上料液在热交换器中的流动如升降膜形式,也是一种膜式蒸发器(传热面不是管壁而是平板)。数台板式热交换器也可串联使用,以节约能耗与水耗;通过改变加热系数,可任意调整蒸发量。由于板间液流速度高,传热快,停留时间短,也很适于物料的浓缩。板式蒸发器的另一显著特点是占地少,易于安装和清洗,也是一种新型蒸发器。其主要缺点是制造过程复杂,造价较高,周边密封橡胶圈易老化。

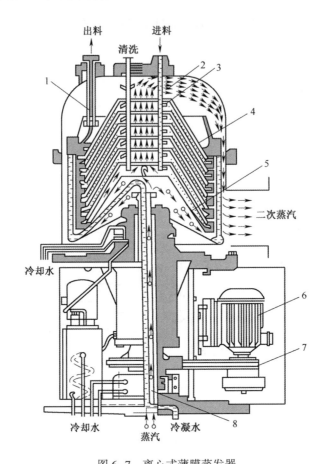

图 6-7　离心式薄膜蒸发器

1—吸料管;2—进料分配管;3—喷嘴;4—离心盘;5—间隔盘;6—电动机;7—三角传动带;8—空心转轴

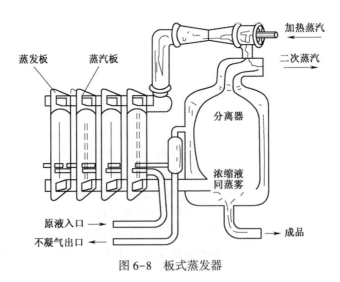

图 6-8　板式蒸发器

第三节 冷冻浓缩

　　冷冻浓缩是利用冰和水溶液之间的固液相平衡原理的一种浓缩方法。由于过程不涉及加热,所以这种方法适用于热敏性食品物料的浓缩,可避免芳香物质因加热造成的挥发损失。冷冻浓缩制品的品质比蒸发浓缩和反渗透浓缩法高,目前应用非常广泛。

　　冷冻浓缩的主要缺点是:①浓缩过程微生物和酶的活性得不到抑制,制品还需要进行热处理或冷冻储藏;②冷冻浓缩的溶质浓度有一定限制,且取决于冰晶与浓缩液的分离程度。一般来说,溶液黏度越高,分离就会越困难;(3)有溶质损失;(4)成本高。

　　对于不同的原料,冷冻浓缩系统及操作条件也不相同,一般可分为两类,一是单级冷冻浓缩;二是多级冷冻浓缩。后者在制品品质及回收率方面优于前者。

(一)单级冷冻浓缩装置系统

　　图6-9为采用洗涤塔分离方式的单级冷冻浓缩装置系统示意图。它主要由刮板式结晶器、混合罐、洗涤塔、熔冰装置、储罐、泵等组成。操作时,料液由泵7进入旋转刮板式结晶器,冷却至冰晶出现并达到要求后进入带搅拌器的混合罐2,在混合罐中,冰晶可继续成长,然后大部分浓缩液作为成品从成品罐6中排出,部分与来自储罐5的料液混合后再进入结晶器1进行再循环,混合的目的是使进入结晶器的料液浓度均匀一致。从混合罐2中出来的冰晶(夹带部分浓缩液),经洗涤塔3洗涤,洗下来的一定浓度的洗液进入储罐5,与原料混合后再进入结晶器,如此循环。洗涤塔的洗涤水是利用融冰装置(通常在洗涤塔顶部)将冰晶融化后再使用,多余的水排走。

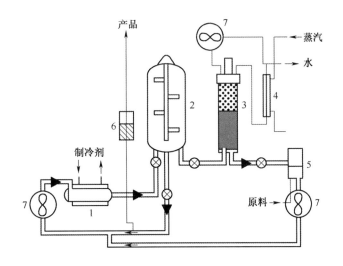

图6-9　单级冷冻浓缩装置系统示意图

1—旋转刮板式结晶器;2—混合罐;3—洗涤塔;4—融冰装置;5—储罐;6—成品罐;7—泵

(二) 多级冷冻浓缩装置

所谓多级冷冻浓缩是指将上一级浓缩得到的浓缩液作为下一级浓缩的原料液进行再次浓缩的一种冷冻浓缩装置。图6-10为二级冷冻浓缩装置流程,料液(浓度为260 g/L)由进料管6进入储料罐1,被泵送至一级结晶器8,然后冰晶和一次浓缩液的混合液进入一级分离机9离心分离,浓缩液(浓度<300 g/L)由管进入储罐7,再由泵12送入二级结晶器2,经二级结晶后的冰晶和浓缩液的混合液进入二级分离机3离心分离,浓缩液(浓度>370 g/L)作为产品从管中排出。为了减少冰晶夹带浓缩液的损失,离心分离机3、9内的冰晶需洗涤,若采用融冰水(沿管进入)洗涤,洗涤下来的稀咖啡液分别进入料槽,所以储料罐1中的料液浓度实际上低于最初进料浓度(<240 g/L)。为了控制冰晶量,结晶器8中的进料浓度需维持一定值(高于来自管15的),这可利用浓缩液的分支管16,并通过阀13控制流量进行调节,也可以通过管17和泵10来调节。但通过管17与管16的调节应该是平衡控制的,以使结晶器8中的冰晶含量在20%~30%(质量分数)之间。实践表明,当冰晶占26%~30%(质量分数)时,分离后的料液损失小于1%(质量分数)。

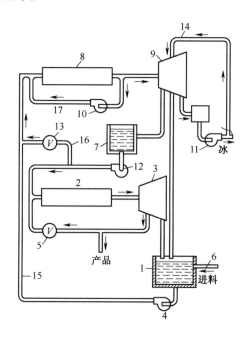

图6-10 二级冷冻浓缩装置流程示意

1、7—储料罐;2、8—结晶器;3、9—分离机;4、10、11、12—泵;5、13—调节阀;
6—进料管;14—融冰水进入管;15、17—管;16—浓缩液分支管

第四节 分离机械与设备

分离过程的分类方法有很多,目前最为普遍的分离方法是将分离过程分为扩散式分离和非扩散式分离或传质分离和机械分离。这种分类方法主要是根据分离过程中物质扩散过程的强弱来分的。传质分离是以物质的扩散传递为主的分离过程,而机械分离过程是不以扩散为主的分离过程。传质分离过程涉及物质从进料流向产品流的扩散传递,而传质分离则主要是完成相的分离。有时机械分离过程中含传质分离,而传质分离如膜分离可看作过滤(一种机械分离)的延伸。此外,一般认为,传质分离过程处理的是均相混合物,机械分离过程处理的是非均相混合物。但是,有时非均相混合物要用传质分离过程来处理,如固体物料的干燥。

传质分离主要有:蒸发、蒸馏、干燥等(根据挥发度或气化点的不同);结晶(根据凝固点的不同);吸收、萃取等(根据溶解度的不同);沉淀(根据化学反应生成沉淀物的选择性);吸附(根据吸附势的差别);离子交换(用离子交换树脂);等电位聚焦(根据等电位 pH 的差别);气体扩散、热扩散、渗析、超滤、反渗透等。

机械分离方法主要有:过滤、压榨(根据截留性或流动性);沉降(根据密度差或粒度差),包括电力沉降和离心沉降;磁分离(根据磁性差);静电除尘、静电聚积(根据电特性);超声波分离(根据对波的反映特性)。

(一) 压榨机

根据不同压榨方法,可采用不同的压榨机。压榨机的种类较多,其分类方法主要根据结构形式和操作方式的不同来划分。按结构形式:通常分为水压式,辊式和螺旋式三类。按操作方式:通常分为分批式压榨机和连续式压榨机两类。经过几个世纪的使用,分批式水力压榨机基本上没有实质性的改进,由于是间歇式操作,效率低且要有附属加压系统,目前正逐步被取代,但是在小规模或传统的生产中,由于其结构简单,安装费用较低以及易于掌握,因此仍在广泛使用。

连续压榨,为提高压榨效率,可采用连续螺旋压榨机加以压榨,其内部具有抗剪切力的物料易于脱水,而其他物质则可能不受影响地滑过螺旋。为使这类物料在螺旋压榨机内脱水,将其转速限制在一极限值下是必要的。

本节将以带式压榨机和离心压榨机为例进行介绍。

1. 带式压榨机

带式压榨机是将悬浮液或渣浆封装于两条无端的运动带之间,借助榨辊的压力挤压出其中的液体。带式压榨机可分为三个区域:重力渗滤或粗滤区,可用于除去自由水分;低压榨区,可用于压榨固体颗粒表面和颗粒之间孔隙水分;高压榨区,除保持低压区的作用,还能引起多孔体内部水或结合水的分离。图 6-11 所示为带式压榨机简图。

实践证明,含固量 2%~8% 的进料经脱水后含固量可达 12%~40%,对那些进料中只含很少量多孔体内部水的颗粒,脱水效果更佳。流入榨出液中的固体一般可控制在 2% 以内。用聚电解质对物料进行预处理有利于压榨脱水。

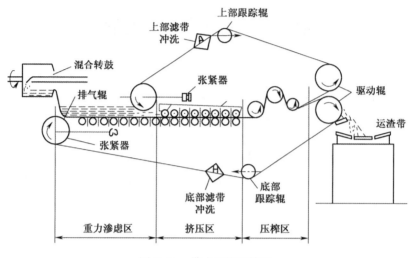

图 6-11　带式压榨机简图

2. 离心压榨机

离心压榨机是利用离心力对物料进行连续高效压榨的机器,如图 6-12 所示。

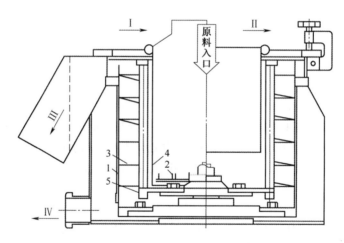

图 6-12　离心压榨机

I—离心压榨机;II—连续脱水机;III—固体物出口;IV—出液口

1、4—过滤机;2—破碎用刀局;3—螺旋;5—筐

离心压榨机主要由高速旋转筐、推料螺旋和机壳等组成。旋转筐内部装有刀具和过滤网等。物料通过料斗连续加入旋转筐内,被刀具破碎或切成薄片,物料在高速旋转的筐内受离心力作用被甩向筐的周壁而受到挤压,汁液则通过滤网孔隙甩离旋转筐,由下部的出液口引出机器,被截留在转筐内的固体物,进一步受离心力压榨而继续榨汁,残渣则被推料螺旋缓慢向上推送至转筐上口而甩离转筐,经排渣管卸出机器。推料螺旋与转筐之间,通过差速器保持一定的微小转速差,使推料螺旋对转筐作缓慢的相对运动,从而把榨渣卸出转筐。

(二) 打浆机

如图 6-13 所示,转轴由两个轴承支承在机架上。固定在转轴上的螺旋推进器与安装在机架上的浆叶配合对原料破碎。筛筒是用不锈钢板钻孔后卷成圆筒而成。一对打浆刮板由两个夹持器通过螺栓安装在转轴两侧,转轴在传动系统带动下回转时,带动刮板在筛筒内旋转对物料打浆。两个夹持器绕轴相对偏转,可使刮板与轴的轴线保持一定夹角。这个夹角称为导程角,用 α 表示。

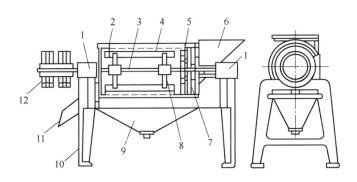

图 6-13 打浆机
1—轴承;2—刮板;3—转轴;4—筛筒;5—破碎浆叶;6—进料斗;7—螺旋推进器
8—夹持器;9—收集料斗;10—机器;11—出渣口;12—传动系统

工作时,启动打浆机,刮板和推进器在轴带动下在筛筒内旋转。物料经料斗加入,推进器将其推向破碎浆叶,破碎后推入筛筒的最右端。随后由于刮板的旋转和导程角的作用,使物料既受到离心力的作用,又受到轴向推力的作用,沿筛筒从右向左朝出渣口端移动,这个复合运动的结果,使物料移动的轨迹是一条螺旋线。刮板旋转时使物料获得离心力而抛向筛筒内壁,物料在刮板与筛筒产生相对运动的过程中因受到离心力以及揉搓作用而被擦碎。汁液和已成浆状的肉汁经筛孔流入收集料斗进入下一工序,杂质从出渣口排出,达到分离的目的。

(三) 离心机

利用离心力来达到液态非均相混合物分离的方法统称为离心分离,实现离心分离操作的机械称为离心机。由于离心机可产生很大的离心力,故用来分离一般方法难于分离的悬浮液或乳浊液。

离心机与其他分离机械相比,不仅能得到含湿量低的固相和高纯度的液相,而且还能节省劳动力、减轻劳动强度、改善劳动条件,并具有连续运转、自动遥控、操作安全可靠和占地面积小等优点。近一百多年来已获得很大的发展,各种类型的离心机品种繁多,各有特色,正在向优化技术参数,系列化、自动化方向发展,且组合转鼓结构增多,专用机种越来越多。

离心机特别适用于食品工业中晶体(或颗粒)悬浮液和乳浊液的分离,如淀粉与蛋白质分离,鱼肉制品等的分离处理,以及食用动物油等食品的制造。它与过滤、沉降相比具有生产能力大,分离效果好,制品纯度高的特点。如今,离心机已成为各个生产企业广泛应用的一种通用机械。

离心机基本上属于后处理设备,主要用于脱水、浓缩、分离、澄清、净化及固体颗粒分级等工艺过程,它是随着各工业部门的发展而相应发展起来的。离心机的结构、品种及其应用等方面发展很快,但理论研究落后于实践是个长期存在的问题,随着现代科学技术的发展,固液分离技术越来越受到重视,离心分离理论研究相对落后的局面也逐渐扭转。

1. 离心机种类

离心机品种规格繁多,离心机的分类方法很多,可按分离原理、操作目的、操作方法、结构形式、分离因数、卸料方式等分类。

(1)按离心分离因数大小:

①常速离心机:$\alpha < 3\,500$,主要用于分离颗粒不大的悬浮液和物料的脱水。

②高速离心机:$3\,500 < \alpha < 5\,000$,主要用于分离乳状和细粒悬浮液。

③超高速离心机:$\alpha > 5\,000$,主要用于分离极不易分离的超微细粒的悬浮系统和高分子的胶体悬浮液。

(2)按操作原理:

①过滤式离心机:转鼓壁上有孔,借助离心力实现过滤分离的离心机。主要类型有三足式离心机、上悬式离心机、卧式刮刀离心机、活塞推料离心机等,由于转速一般在 $1\,000 \sim 1\,500$ r/min 范围内,分离因数不大,只适用于易过滤的晶体悬浮液和较大颗粒悬浮液的分离以及物料的脱水。

②沉降式离心机:鼓壁上有孔,借离心力实现沉降分离的离心机。有螺旋卸料沉降式离心机、机械卸料沉降离心机、水力旋流卸料沉降离心机,用以分离不易过滤的悬浮液。

③分离式离心机:鼓壁上无孔,具有极大转速,一般 $4\,000$ r/min 以上,分离因数在 $3\,000$ 以上,主要用于乳浊液的分离和悬浮液的增浓或澄清。

(3)按操作方式:

①间歇式离心机:卸料时,必须停车或减速,然后采用人工或机械方法卸出物料。如三足式、上悬式离心机等。其特点是:可根据需要延长或缩短过滤时间,满足物料最终湿度的要求。

②连续式离心机:整个操作工序均连续进行。如螺旋卸料沉降离心机、活塞推料离心机、离心卸料离心机等。

(4)按转鼓主轴位置可分为卧式离心机和立式离心机。

(5)按卸料方式可分为人工卸料离心机;重力卸料离心机;刮刀卸料离心机;活塞推料离心机;螺旋卸料离心机;离心卸料离心机;振动卸料离心机;进动卸料离心机。

本节主要对较典型的活塞推料式和上悬式两种离心机进行简要介绍。

2. 活塞推料离心机(连续式)

图 6-14 所示为卧式活塞推料离心机,它是一种过滤式离心机。在全速运转的情况下,各道工序中除卸料为脉动外,加料、分离、洗涤等操作都是连续的,滤渣由一个往复运动的活塞推送器脉动地报送出来。其特点是:操作自动连续进行,固体颗粒破碎较少,功率消耗均匀。

活塞推料离心机主要由转鼓、推料机构、机壳、机座等部分组成。悬浮液不断由加料管送入,沿与转鼓一起转动的锥形布料斗的内壁均匀地撒到转鼓周壁,液体穿过滤饼层、筛网、转鼓周壁上的许多小孔甩离转鼓汇入机壳,经排液管流走。积于筛网上的滤渣形成滤饼后则被往复运动的活塞推送器沿转鼓内壁面推出,落进前机壳,由下口排料。滤饼层厚度可通过更换布料斗大口处直径不同的调节环控制,滤饼被推至出口途中,可用由冲洗管出来的水进行喷洗。

洗水则由另一出口排出。

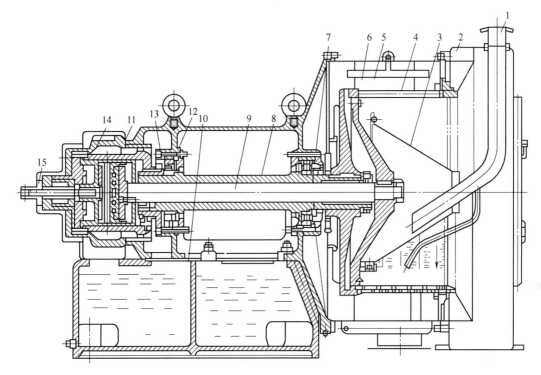

图 6-14 卧式活塞推料离心机

1—加料管;2—前机壳(固体出料口);3—布料斗;4—转鼓;5—条状组合筛网;6—推料盘;
7—轴承箱;8—主轴;9—推杆;10—油缸;11—油缸活塞;12—转鼓轴轴承;
13—推杆支撑钢套;14—三角带轮;15—压力油进口管

这种离心机主要优点是颗粒破碎程度小,控制系统较简单,功率消耗也较均匀,缺点是:

①对悬浮滴的固相浓度相当敏感,适应性较差。当料浆含固量太少时,则转鼓内来不及形成均匀的滤饼,料液则直接流出转鼓,并可冲走先已形成的滤饼;若料浆含固量过多,则流动性差,滤渣不能均匀分布,引起转鼓发生不应有的强烈振动。故悬浮液应事先经过一个预处理装置,调整料液的固相浓度,使离心机能充分发挥性能,提高物料分离的质量和数量。

②条网缝隙较大,固体颗料易被活塞挤出网孔,造成固料漏损和滤液混浊。

③转鼓转速提高受到限制,转速高时物料紧贴筛网,推料的摩擦阻力过大,推不动活塞,或滤饼层拱起不能维持正常的卸料。

此种离心机主要适用于分离和粗颗粒物料,需要洗涤的固相浓度适中,并能很快脱水和失去流动性的悬浮液。不宜用于分离胶状物料,无定形物料,以及具有较高摩擦系数的物料。

活塞推料离心机除单级外,还有双级、四级等形式,其目的可改善工作状况、提高转速及分离较难处理的物料。这种离心机的发展趋势是增设如颈处理器等附属装置,以扩大机器使用范围,发展大直径转鼓和双转鼓,提高生产能力并减少物料的单位动力消耗。

3. 上悬式离心机

上悬式离心机是继三足式离心机以后出现的一种间歇式离心机。有过滤式和沉降式两种,其中过滤式应用较广。图6-15为其结构图。上悬式离心机的结构特点是其转鼓固定在较长的柔性轴下端,而轴的上端则借助轴承而悬挂在铰接支承中。铰接支承内装有弹性材料制成的缓冲环,用于限制主轴的径向位移,以减弱转子不平衡时轴承承受的动载荷。这种支承方式使支承点远高于转子的质量中心,从而保证运行时的稳定性,并能使转子自动调心。这样支承与传动装置也不致被滤液或滤渣所污染。

上悬式离心机每一工作循环包括加料、分离、洗涤、再分离、卸料、滤网再生等工序。根据其结构特点,加料及卸料均在低回转速度下进行。故离心机运行时,转鼓回转速度连续作周期性变化,即低速加料后,加速至全速进行分离;分离结束后利用电力再生制动和机械制动,至低速下进行卸料,如此周期性地循环工作。上悬式离心机采用下部卸料,卸料方式有重力卸料和机械卸料两种。目前多采用机械刮刀卸料。为了减轻劳动强度、提高生产能力、改善生产现场卫生条件,近年来均采用多速电动机或直流电动机驱动和时间自动控制的全自动或半自动上悬式离心机。

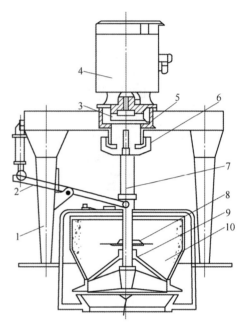

图6-15 上悬式离心机结构图
1—机架;2—喇叭罩提升装置;3—联轴器;
4—电动机;5—轴承室;6—刹车轮;7—主轴;
8—布料盘;9—喇叭罩;10—转鼓

(四)萃取机械

根据不同物质在同一溶剂中溶解度的差别,使混合物中各组分得到部分的或全部分离的分离过程,称为萃取。在混合物中被萃取的物质称为溶质,其余部分则为萃取物,而加入的第三组分称为溶剂或萃取剂(可以是某一种溶剂,也可以由某些溶剂混合而成)。

1. 萃取工艺分类

工业上采用的萃取工艺有多种,最常用的方法有四种:错流萃取法、逆流萃取法、双溶剂萃取法和回流萃取法。

(1)错流萃取法。把溶剂加入到被萃取的混合液中,然后使被萃取物在萃取相和萃余相之间达到溶解平衡,并且使两相分层澄清后,把形成的萃取相分出。萃余相再次用溶剂处理,重复多次。每次以溶剂处理的一个步骤称为一个萃取级。工业上和实验室均常采用这种方法,这种方法操作容易、设备简单,但只能从二元混合物中分离一种纯粹的组分,分得的物质的纯度要求越高,得率越低,所用的溶剂量越大。

(2)逆流萃取法。溶剂与被萃取的混合液具有一定的密度差,重相从萃取塔的顶部进入塔内,轻相从萃取塔的底部压入塔内,两相在塔内由于密度的差异,在重力的影响下形成两种流动方向相反的料液流和溶剂流,两相在萃取塔内接触,轻液相从塔顶流出,重液相从塔底流出,从而达到两相间传质萃取的目的。该法萃取效率高,溶剂用量少,但设备结构复杂,一次性投资大,不易操作。

（3）双溶剂萃取法。这是一种采用两种互溶度很小的溶剂（在实际生产中常选用极性相差很大的两种溶剂）作为萃取剂,一次性从被萃取液中萃取分离出两种（或两组）物质的萃取方法。在萃取过程中,两种溶剂通常分别从塔的顶部和底部进入塔内,以逆流的方式通过整个萃取系统。

（4）回流萃取法。为除去萃取相中的组分 B,用另一股含 A 较多而含 B 较少的萃取相液流与其作逆流萃取。在一般的多级逆流萃取过程中,虽可使最终萃余相中的被分离组分 A 的浓度降至很低,但最终萃取相中仍含有一定量的组分 B。为了实现 A、B 两组分的高纯度分离,可采用精馏中所用的回流技术。

2. 液–液萃取设备

液–液萃取属于分离均相液体混合物的一种单元操作,在食品工业上主要用于提取与大量其他物质混杂在一起的少量挥发性较小的物质。因液–液萃取可在低温下进行,故特别适用于热敏性物料的提取,如维生素、生物碱或色素的提取,油脂的精炼等。

离心萃机是一种典型的液–液萃取设备,属于连续式逆流萃取设备。溶剂和混合料液在转鼓内多次接触和分离,其整体结构与离心分离机相同。图 6-16 所示为主要工作部件——室式转鼓的结构示意图。转鼓由多个不同直径的同心圆筒构成,为使得溶剂和混合料液充分接触,各筒仅在一端开设孔道,而且相邻两筒的孔道交错配置,圆筒外壁设置有螺旋导流板,使得流道更长。溶剂和混合液料根据密度的高低,从主轴处分别送入转鼓,其中密度较高的重液直接进入转鼓腔靠近轴线处,而轻液则经专用通道从转鼓远离轴线处进入。由于离心力的作用,两者在转鼓内部形成逆向流动,轻液向靠近轴线的方向流动的过程中,连续地完成接触、混合和分离过程,最终完成萃取的两液流分别从转鼓顶部排出。

3. 固液萃取设备

固液萃取通常称为浸出。食品工业的原料多为动植物原料,固体物质是其主要组成部分。为了分离出其中的纯物质,或者除去其中不需要的物质,多采用浸提操作。因此,在食品工业上,浸取是常见的单元操作,其应用范围超过液–液萃取。随着近年来食品工业的发

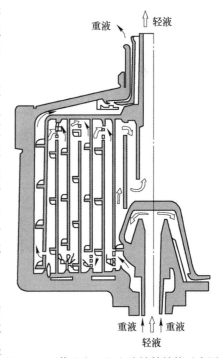

图 6-16　萃取离心机室式转鼓结构示意图

展,除油脂工业的大型浸提工程外,制造植物蛋白、鱼油、肉汁等,都应用到浸提操作。

为了提高浸提速度,常需要对原料作预处理。预处理的目的主要有减小物料的几何尺寸,以减小扩散距离,增大其表面积,破坏会阻碍组分扩散的细胞壁膜。机械处理和加热是最常用的两种预处理方法。

固体的浸提过程一般包括三个步骤：

①溶剂浸润进入固体内,溶质溶解。

②溶解的溶质从固体内部流体中扩散达到固体表面。

③溶质继续从固体表面通过液膜扩散而到达外部溶剂的主体中。

在通常的浸提条件下,①、③两步骤不是传质的控制因素,可以忽略不计,浸提速率主要决定于步骤②,即浸提操作实际上是内部扩散控制的传质操作。

影响浸提速度的因素包括:

①可浸提物质的含量:物料中可浸提物含量高,浸提的推动力就大,从而浸提速率就快。

②原料的形状和大小:物料形状和大小直接影响传质速率,其值应在一定适宜范围内,太大太小都不适宜。

③温度:在较高的温度下进行浸提操作,可以提高溶质的扩散速率从而提高浸提速率,但浸提温度的确定还要考虑物料的特性,避免因温度过高而导致浸提液的品质劣变。

④溶剂:溶剂的影响包括溶剂的溶解度、亲和力、强度、分子大小等各种因素,比较复杂。

在食品工业中,固体浸提物料的粒径多大于 100 目,富含纤维成分。常用的浸提装置为:单级浸提罐、多级固定床浸提器和连续移动床浸提器三大类。

(1)单级浸提罐

单级浸提罐为开口容器,下部安装假底以支持固体物料,溶剂从上面均匀喷淋于物料上,通过床层渗滤而下,穿过假底从下部排出。物料浸提有时需在高温下进行,溶剂多为挥发性的,且卫生要求高,故单级浸提罐常做成密闭式的,如图 6-17 所示。单级浸提罐也常做成如图 6-18 所示的带溶剂循环系统。这种带溶剂循环系统的单级浸提器必须有加热装置,并带有溶剂回收和再循环系统。当物料装填较多时,常会有受压结块的现象发生,致使溶剂流通不畅,故有时在罐内再另加装多孔结构夹层以避免阻塞。

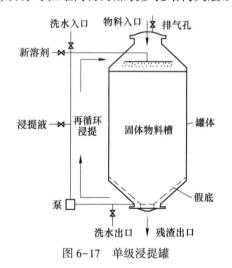

图 6-17　单级浸提罐

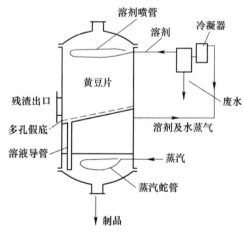

图 6-18　附设溶剂回收装置的单级浸提罐

单级浸提罐常用作中试设备或小规模的生产设备,可以从植物种子等原料中提取油脂等。

(2)多级固定床浸提器

多级固定床浸提器是将数个浸提罐依序排列的浸提系统,如图 6-19 所示。新溶剂由罐顶注入进行浸提,所得浸提液再泵入次一级的浸提罐,并依序连续操作。罐与罐间设置热交换器,以确保浸提液的温度,提高浸提效率。这样,所得浸提液的浓度逐罐提高,当第一罐物料内的溶质残存浓度低于经济极限时,停止浸提操作。新溶剂则改成从第 2 号罐注入。虽然浸提罐内的物料处于静止状态,但这样的操作具有逆流淋滤的效果。

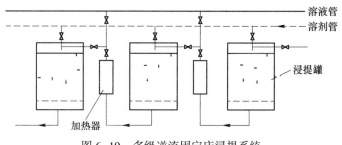

图 6-19　多级逆流固定床浸提系统

在通常设置 14 个浸提罐的浸提系统中,有 3 个分别供作装、卸和清洗设备之用,其他各罐供实施浸提操作。通常每个罐可容纳多达 10 t 的物料。这种类型的浸提系统可用于油脂等浸提操作。

(五)膜分离机械

1. 膜分离基本概念

用天然的或人工合成的高分子薄膜或其他具有类似功能的材料,以外界能量或化学位差为推动力,对双组分或多组分的溶质和溶剂进行分离、分级、提纯和富集的方法,统称为膜分离法。膜分离法可用于液体和气体。

膜大体可按来源、材料、化学组成、物理形态以及制备等多种方法来划分。按膜的来源分为天然膜和合成膜;按膜的材料分树脂膜、陶瓷膜及金属膜;按膜的化学组成可分为纤维素酯类膜、非纤维酯类膜;按膜断面的物理形态或结构可分为对称膜、不对称膜(指膜的断面不对称)、复合膜(通常是用两种不同的膜材料,分别制成表面性层和多孔支撑层);拉膜的形状可分为平板膜、管式膜和中空纤维膜等。目前醋酸纤维素膜和聚酰胺膜应用较为广泛。陶瓷膜和金属膜以其特有的性能和强度,在果蔬汁加工方面成为主导部件。但这些产品价格相对高分子聚合物膜贵得多。

膜分离技术研究的方向在于寻找同时具有高渗透率和高选择性的膜的制造工艺及具有坚固性、温度稳定性、耐化学和微生物侵蚀、低成本的膜材料。

膜分离的技术特性可用以下几个参数进行描述:

①透水速率或透过速度:即单位时间内通过单位面积膜的液体体积或质量,$m^3/(m^2 \cdot h)$

②可透度:在单位时间、单位膜面积与单位推动力作用下通过膜的组分数量与膜厚度的乘积。

③选择性:各种组分可透过度的比值。

④截留率:各组分在截留液中浓度与在原液中浓度的比值。

⑤分划相对分子质量:截留率为 100% 的组分的最低相对分子质量。

与其他分离法相比,膜分离具有以下四个显著特点:

①风味和香味成分不易失散。

②易保持食品某些功效,如蛋白的泡沫稳定性等。

③不存在相变过程,节约能量。

④工艺适应性强,处理规模可大可小,操作维护方便,易于实现自动化控制。

膜分离技术主要包括渗透、反渗透、超滤、透析、电渗析、液膜技术、气体渗透和渗透蒸发等,参见表6-1。

表6-1 主要的膜分离方法

膜分离方法	相态	推动力	透过物
渗透	液/液	浓度差	溶剂
反渗透	液/液	压力差	溶剂
超滤	液/液	压力差	溶剂
透析	液/液	浓度差	溶质
电渗析	液/液	电场	溶质/离子
液膜技术	液/液	浓度差和化学反应	溶质/离子
气体渗透	气/气	压力差	气体分子
渗透蒸发	液/气	浓度差	液体组分

2. 膜分离组件

膜分离装置主要包括膜组件与泵。膜组件是以某种形式将膜组装形成的一个单元,它直接完成分离。对膜组件的基本要求为:装填密度高,膜表面的溶液分布均匀、流速快,膜的清洗、更换方便,造价低,截留率高,渗透速率大。在工业膜分离装置中,可根据需要设置数个至数千个膜组件。

目前,工业上常用的膜组件有平板式、管式、螺旋卷式、中空纤维式、毛细管式和槽条式6种类型,表6-2是前四种膜组件的操作性能的比较。

表6-2 4种膜组件的操作性能

操作特性	平板式	螺旋卷式	管式	中空纤维式
堆积浓度/(m^2/m^3)	200~400	300~900	150~300	9 000~30 000
透水速率/[$m^3/(m^3 \cdot d)$]	0.3~1.0	0.3~1.0	0.3~1.0	0.004~0.08
流动密度/[$m^2/(m^2 \cdot d)$]	60~400	90~900	45~300	36~2 400
进料管口径/mm	5	1.3	13	0.1
更换方法	更换膜	更换组件	更换膜或组件	更换组件
更换时所需劳动强度	大	中	大	中
产品端压强降	中	中	小	大
进料理端压强降	中	中	大	小
浓差极化	大	中	小	小

下面以中空纤维膜组件为例进行介绍。

中空纤维膜组件在结构上与毛细管式膜组件相类似,膜管没有支撑材料,靠本身的强度承受工作压力。管子的耐压性决定于外径与内径之比。当半透膜管径变细时,耐压性得到提高。实际上常见的中空纤维管外径一般为50~100 pm,内径为15~45 pm。也常将几万根中空纤维集束的开口端用环氧树脂粘接,装填在管状壳体内而成,如图6-20所示。尽管中空纤维膜组件存在一些缺点,但由于中空纤维膜的产业化以及技术难点的相继攻克,加上组件膜的高装填密度和高透水速率,因此它与螺旋卷件膜组件都是今后的发展重点。

中空纤维膜组件根据料液的流动方式可分为3种:轴流式、放射流式、纤维卷筒式。轴流式的料液的流动方向与装在筒内的中空纤维方向相平行。放射流式的料液从膜组件中心的多孔配水管流出,沿半径方向从中心向外呈放射状流动,其中中空纤维的排列与轴流式一样。在纤维卷筒式中,中空纤维在中心多孔管上呈绕线团式缠绕。

中空纤维膜组件的主要组成部分是壳体、高压室、渗透室、环氧树脂管板和中空纤维膜等。设备组装的关键是中空纤维膜的装填方式及其开口端的粘接方法,装填方式决定膜面积的装填密度,而粘接方法则保证高压室与渗透室之间的耐高压密封。

中空纤维膜的主要特点:

①小型化,由于不用支撑体,在膜组件内能装几十万到上百万根中空纤维,所以有极高的膜装填密度,一般为 $1.6 \times 10^4 \sim 3 \times 10^4 \text{m}^2/\text{m}^3$。

②透过水侧的压强损失大,透过膜的水是由极细的中空纤维膜组件的中心部位引出,压强损失达数个大气压。

③膜面污染去除较困难,只能采用化学清洗而不能进行机械清洗,要求进料液经过严格的预处理。

④一旦损坏,无法修复。

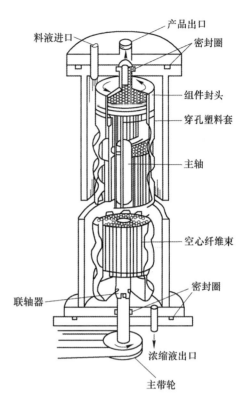

图 6-20　英国 Aere Harwell 公司的反渗透中空纤维膜组件

第七章　干燥机械与设备

干燥在海产品加工中有着重要的地位,属于食品干燥范畴。干燥的目的是脱去水分的同时保证物料成分及产品的生理活性,并减少物料的体积和重量,便于成品的储存和长途运输,且可以防止微生物在成品中繁殖。

海产品干燥过程是传热传质同时进行的过程,通常为热干燥过程,水分从物料中脱去时往往会发生物理状态变化,水分由液态或固态变成气态而发生相变,以气态形式脱除。物料干燥方法有对流干燥、传导干燥、辐射干燥以及冷冻升华干燥等。

热风干燥又称对流干燥,是利用物料与热介质之间相对运动进行传热传质而实现干燥目的。热风干燥一般以干热空气为干燥介质,干热空气是干燥过程的载热载湿体,在相对流动过程中传递湿热,达到干燥的目的。对流干燥设备形式有固定床干燥设备,如箱式、隧道式、回转式等;流化床干燥设备;气流干燥设备以及喷雾干燥装置等。

传导干燥又称接触干燥,采用导热体介质与物料直接接触进行传热实现干燥目的,传导干燥依靠导热体壁面将热量传给与壁面接触的物件,使物料靠传导吸热,蒸发水分,水分由气体带起。传导干燥设备主要有滚筒式。

辐射干燥又称内部干燥,采用加热器向干燥表面发射电磁波,物料吸收电磁波能量转化为干燥热能,使物料水分获热量而蒸发实现干燥目的。辐射干燥设备主要有远红外装置和微波干燥装置。

食品干燥方法及设备选择原则是在满足干燥要求、符合工艺条件的前提下,尽可能采用能耗低、操作方便、经济效果好的设备。

食品干燥有不同的方法,有晒干与风干等自然干燥方法,但更多采用的是人工干燥,如箱式干燥、窑房式干燥、隧道式干燥、输送式干燥、输送带式干燥、滚筒干燥、流化床干燥、喷雾干燥、冷冻干燥等。它们主要是按干燥设备的特征来分类的,按干燥的连续性则可分为间歇(批次)干燥与连续干燥。此外也有常压干燥、真空干燥等,是以干燥时空气的压力来分类的。也有对流干燥、传导干燥、能量场作用下的干燥及综合干燥法,是以干燥过程向物料供能(热)的方法来分类的。

第一节　箱式干燥与带式干燥

一、箱式干燥

箱式干燥是一种比较简单的干燥法,其干燥方式为间歇式干燥,箱式干燥设备单机生产能力较小,工艺条件易控制。按气体流动方式有平行流式、穿流式及真空式。

（一）平行流箱式干燥

图 7-1（a）是平行流箱式干燥设备的结构简图。设备整体为一箱形结构，外壳包裹绝缘层以防止热损失，物料盘放在小车上，小车可以方便地进出，箱内安装有风扇、空气加热器、热风整流板、空气过滤器、进出风口等。经加热排管和滤筛清除灰尘后的热风流经载有食品的料盘，直接和食品接触，并由排气口排出箱外。根据干燥物料的性质，风速在 0.5~3 m/s 间选择，物料在料盘的堆积厚度不宜过大，一般为几厘米厚，可适于各种状态物料的干燥。

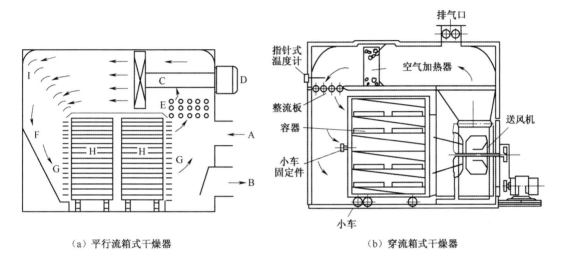

（a）平行流箱式干燥器　　　　　　（b）穿流箱式干燥器

图 7-1　箱式干燥设备结构简图

A—空气进口；B—废气出门及调节阀；C—风扇；D—风扇马达；E—空气加热器；
F—通风道；G—可调控喷嘴；H—料盒及小车；I—整流板

（二）穿流箱式干燥

为了加速热空气与物料的接触，提高干燥速率，可在料盘上穿孔，或将盘底用金属网、多孔板制成，则称为穿流箱式干燥设备，如图 7-1（b）所示。由于物料容器底部具有多孔性，故常用于颗粒状、块片状物料。热风可均匀地穿流物料层，保证热空气和物料充分接触。通过料层的风速一般为 0.6~1.2 m/s，床层压力降取决于物料的形状、堆积厚度和穿流风速，一般为 196~490 Pa。穿流箱式干燥的料层厚度常高于平行流箱式干燥，且前者的干燥速率为后者的 3~10 倍，但前者的动力消耗比后者大，要使气流均匀穿过物料层，设备结构要相对复杂。

（三）真空干燥

真空干燥是指在低气压条件下进行的干燥。真空干燥常在较低温度下进行，因此有利于减少热对热敏性成分的破坏和热物理化学反应的发生，制品有优良品质，但真空干燥成本常较高。真空干燥过程食品物料的温度和干燥速率取决于真空度、物料状态及受热程度。根据真空干燥的连续性不同可分为间歇式真空干燥和连续式真空干燥。

1. 间歇式真空干燥

搁板式真空干燥设备是最常用的间歇式真空干燥设备,又称箱式真空干燥设备。常用于各种制品(如液体、浆状、粉末、散粒、块片等)的干燥,也用于产品的发泡干燥,后者是目前真空干燥生产中使用最广泛的方法。搁板(实际是夹板)在干燥过程中既可支撑料盘,也是加热板(有时还起冷却板作用),搁板的结构及搁板之间的距离要依干燥食品类型认真设计。

2. 连续式真空干燥

实际上,连续式真空干燥是真空条件下的带式干燥。图 7-2 是连续真空干燥设备原理图。为了保证干燥室内的真空度,专门设计有密封性连续进出料装置。在容器内不锈钢输送带由两只空心滚筒支撑着并按逆时针方向转动,位于右边的滚筒为加热滚筒,以蒸汽为热源,并以传导方式将接触滚轮的输送带加热。位于左边的滚筒为冷却滚筒,以水为冷却介质,将输送带及物料冷却。向前移动的上层输送带(外表面)和经回走的下层输送带(内表面)的上部均装有红外线热源,设备为直径 3.7 m、长 17 m 的卧式圆筒体。

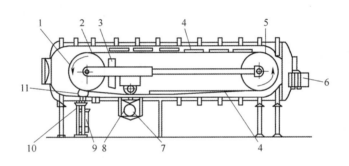

图 7-2　连续式真空干燥设备原理图

1—冷却辊筒;2—输送带;3—脱气器;4—辐射热;5—加热辊筒;6—接真空泵;7—供料辊筒检修门;
8—供料辊筒和供料盘;9—制品收集槽;10—气封装置;11—刮板

二、带式干燥

输送带式干燥装置中载料系统为输送带。带式干燥是将湿物料堆积在钢丝网或多孔板制成的水平循环输送带上,进行的移动通风干燥(又称穿流带式干燥)。干燥过程中物料不受振动或冲击,破碎少,对于膏状物料可在加料部位进行适当成型(如制成粒状或棒状),有利于增加空气与物料的接触面,加速干燥速率。在干燥过程,采用复合式或多层带式可使物料松动或翻转,改善物料通气性能。使用带式干燥可减轻装卸物料的劳动强度并减少费用,操作便于连续化、自动化,适于生产量大的单一产品干燥。

按输送带的层数多少可分为单层带型、复合型、多层带型;按空气通过输送带的方向可分为向下通风型、向上通风型和复合通风型输送带干燥设备。图 7-3 是二段连续输送带式小食品干燥设备简图。第一段为逆流带式干燥,第二段为多层交流带式干燥。干燥设备内各区段的空气温度、相对湿度和流速可各自分别控制,有利于制成品质优良的制品并获得最高产量。

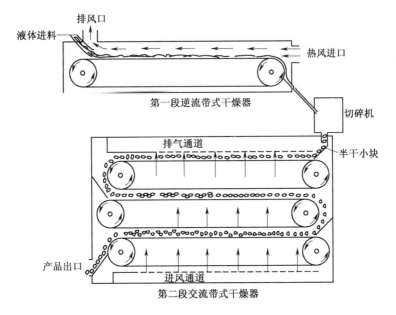

图 7-3　二段连续输送带式小食品干燥设备简图

第二节　滚筒干燥

一、滚筒干燥机类型与特点

滚筒干燥机(又称转鼓干燥器、回转干燥机等)是一种接触式内加热传导型的干燥机械。在干燥过程中,热量由滚筒的内壁传到其外壁,穿过附在滚筒外壁面上被干燥的食品物料,把物料上的水分蒸发,是一种连续式干燥的生产机械。典型滚筒干燥机如图 7-4 所示。

图 7-4　滚筒式干燥机

（一）滚筒干燥机的类型

滚筒干燥机的类型较多,按滚筒的数量分为单滚筒、双滚筒和多滚筒干燥机;按操作压力分为常压式和真空式两种;按布膜形式分为顶部进料式、浸液式、喷溅式滚筒干燥机等。滚筒干燥机的工作过程为:需要干燥处理的料液由高位槽流入滚筒干燥器的受料槽内,由布膜装置使物料薄薄地(膜状)附在滚筒表面,滚筒内通有供热介质,食品工业多采用蒸汽,压力一般在0.2~6 MPa,温度在120~150 ℃,物料在滚筒转动中由筒壁传热使其湿分汽化,滚筒在一个转动周期中完成布膜、汽化、脱水等过程,干燥后的物料由刮刀刮下,经螺旋输送至成品储存槽,最后进行粉碎或直接包装。在传热中蒸发出的水分,视其性质可通过密闭罩,引入到相应的处理装置内进行捕集粉尘或排放。

（二）滚筒干燥机的特点

滚筒干燥机具有以下优点:

①热效率高:由于干燥机为热传导,传热方向在整个传热周期中基本保持一致,所以滚筒内供给的热量大部分用于物料的湿分汽化,热效率达80% ~90%。

②干燥速率大:筒壁上湿料膜的传热和传质过程,由里至外方向一致,温度梯度较大,使料膜表面保持较高的蒸发强度,一般可达30~70 kg/(m^2/h)。

③产品的干燥质量稳定:由于供热方式便于控制,筒内温度和间壁的传热速率能保持相对稳定,使料膜处于传热状态下干燥,产品的质量可保证。

但是,滚筒干燥机也存在一些缺点,如由干滚筒的表面湿度较高,因而对一些制品会因过热而有损风味或呈不正常的颜色。另外,若使用真空干燥器,成本较高,仅适用于热敏性非常高的物料的处理。

二、单滚筒干燥机

单滚筒干燥机是指干燥机由一只滚筒完成干燥操作的机械,如图7-5所示,其组成结构包括下列部分:

①滚筒:含筒体、端盖、端轴及轴承。

②布膜装置:含料槽、喷淋器、搅拌器、膜厚控制器。

③刮料装置:含刮刀支承架、压力调节器。

④传动装置:含电动机、减速装置及传动件。

⑤设备支架及抽气罩或密封装置。

⑥产品输送及最后干燥器。

滚筒直径在0.6~1.6 m范围,长径比(L/D) = 0.8~2。

布料形式可视物料的物性而使用顶部入料或用浸液式、喷溅式上料等方法,附在滚筒上的料膜厚度为0.5~1.5 mm。

加热的介质大部分采用蒸汽,蒸汽的压力为200~600 kPa,滚筒外壁的温度为120~150 ℃。

驱动滚筒运转的传动机构为无级调速机构,滚筒的转速一般在4~10 r/min。

物料被干燥后,由刮料装置将其从滚筒刮下,刮刀的位置视物料的进口位置而定,一般在滚筒断面的Ⅲ、Ⅳ象限,与水平轴线交角30°~45°范围内。滚筒内供热介质的进出口采用聚四氟乙烯密封圈密封,滚筒内的冷凝水采取虹吸管并利用滚筒蒸汽的压力与疏水阀之间的压力差,使之连续地排出筒外。

图 7-5　单滚筒干燥机

三、双滚筒干燥机

双滚筒干燥机(见图 7-6)是指干燥机由两只滚筒同时完成干燥操作的机械,干燥机的两个滚筒由同一套减速传动装置,经相同模数和齿数的一对齿轮啮合,使两组相同直径的滚筒相对转动而操作的。双滚筒干燥机按布料位置的不同,可以分为对滚式和同槽式两类。

图 7-6　双滚筒刮板干燥机

双滚筒干燥机的料液存在两滚筒中部的凹槽区域内,四周设有堰板挡料。通过一对节圆直径与筒体外径一致或相近的啮合齿轮来控制两筒的间隙,一般在 0.5~1 mm 范围内,不允许料液泄漏。滚筒的转动方向可根据料液的实际和装置布置的要求确定。滚筒转动时咬入角位于料液端时,料膜的厚度由两筒之间的空隙控制。咬入角若处于反向时,两筒之间的料膜厚度,由设置在筒体长度方向上的堰板与筒体之间的间隙控制。该形式的干燥器,适用于有沉淀的浆状物料或黏度大物料的干燥。

同槽式双滚筒干燥机的两组滚筒之间的间隙较大,相对啮合的齿轮的节圆直径大于筒体外径。上料时,两筒在同一料槽中浸液布膜,相对转动,互不干扰。适用于溶液、乳浊液等物料干燥。

第三节　流化床干燥

流化床干燥是另一种气流干燥法。流化床干燥设备的简图如图7-7所示,与气流干燥设备最大不同的是流化床干燥物料由多孔板承托。干燥过程物料呈流化状态,即保持缓慢沸腾状,故又称沸腾床干燥。流化促使物料向干燥室另一方向(出口)推移,调节出口挡板高度,保持干燥物料层深度,就可控制颗粒在干燥床内的停留时间。

流化床干燥的主要特征为:

(1)物料颗粒与热空气在湍流喷射状态下进行充分的混合和分散,类似气流干燥,气固相间的传热传质系数及相应的表面积均较大,热效率较高,可达60%~80%。

(2)由于气固相间激烈的混合以及两者间快速地给热,使物料床温度均匀、易控制,颗粒大小均匀。

(3)物料在床层内的停留时间可任意调节,故对难干燥或要求干燥产品含水量低的过程比较适用。

(4)设备设计简单,造价较低,维修方便。

(5)由于干燥过程风速过高,容易形成风道,致使大部分热空气未经充分与物料接触而经风道排出,造成热量浪费;高速气流也容易将细颗粒物料带走,因此在设计上要加以注意。流化床干燥用于干态颗粒食品物料干燥,不适于易黏结或结块的物料。

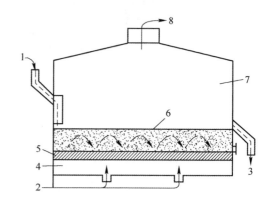

图7-7　流化床干燥设备
1—颗粒进口;2—热空气进口;3—干颗粒进口;4—强制通风室;5—多孔板;6—流化床;7—绝热风罩;8—湿空气出口

沸腾干燥设备的常见形式有卧式和立式流化床;卧式流化床分为单室和多室流化床;立式流化床分为单层和多层流化床。其基本结构有进料机构、气流分布板、床体、介质处理系统、废气处理系统等。

一、单层圆筒形流化床干燥机

单层圆筒形流化床干燥机如图7-8所示。湿物料由胶带输送机送到加料斗,再经抛料机送入干燥机内。空气经过滤器由鼓风机送入空气加热器加热,热空气进入流化床底后由分布板控制流向,对湿物料进行干燥。物料在分布板上方形成流化床。干燥后的物料经溢流口由卸料管排出,夹带细粉的空气经旋风分离器分离后由抽风机排出。

气体分布板是流化床干燥机的主要部件之一,它的作用是支持物料,均匀分配气体,以创造良好的流化条件。由于分布板在操作时处于受热受力的状态,所以要求其能耐热,且受热后不能变形。实用上多采用金属或陶瓷材料制作。各种形式的气体分布板如图 7-9 所示。

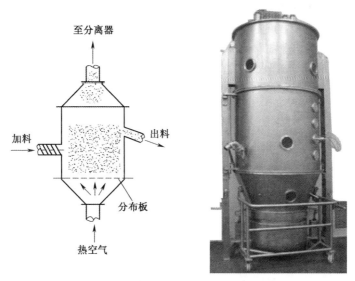

图 7-8　单层圆柱形流化床干燥机

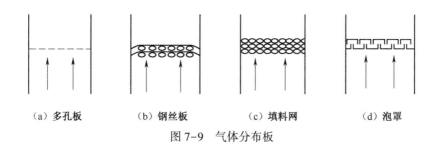

（a）多孔板　　　（b）钢丝板　　　（c）填料网　　　（d）泡罩

图 7-9　气体分布板

为使气流能够较为均匀地到达分布板，并使其可在较低阻力下达到均匀布气的目的，流化床干燥机的下方可设置气流预分布器。图 7-10 所示为两种结构形式的气流预分布器。有些设备为使气流分布均匀，还直接将整个床体分隔成若干个室。

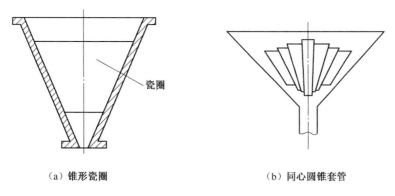

（a）锥形瓷圈　　　　　　　　　（b）同心圆锥套管

图 7-10　气流预分布器

这种干燥机的特点是结构简单。但它有两大不足之处,首先由于颗粒在床中与气流高度混合,自由度很大,为限制颗粒过早从出料口出去,保证物料干燥均匀,必须有较高的流化床层才能使颗粒在床内停留足够的时间,从而造成气流压降增大。其次由于湿物料与已干物料处于同一干燥室内,因此,从排料口出来的物料较难保证水分含量均一。

单层流化床干燥机操作方便,在食品工业上应用广泛,适用于床层颗粒静止高度低(300~400 mm)、容易干燥、处理量较大且对最终含水量要求不高的产品。

二、多层流化床干燥机

对于要求干燥较均匀或干燥时间较长的产品,一般采用多层流化床干燥机(见图7-11)。多层流化床干燥机整体为塔形结构,内设多层孔板,通常物料由干燥塔上部的一层加入,物料通过适当方式自上而下转移,干燥物料最后从底层或塔底排出。因此,湿物料与加热空气在流化床干燥机内总体呈逆流向。多层流化床干燥机中物料从上一层进入下一层的方法有多种,如图7-12所示。总体上,根据物料在层间转移方式不同,多层流化床干燥机可分为溢流式和直流式两种形式。

图7-11　多层流化床干燥机

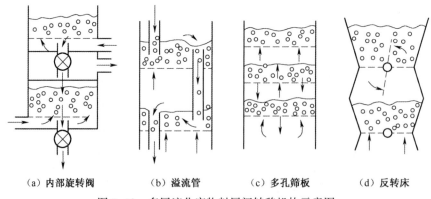

（a）内部旋转阀　　（b）溢流管　　（c）多孔筛板　　（d）反转床

图7-12　多层流化床物料层间转移机构示意图

图7-13(a)所示为溢流式多层流化床干燥机。湿物料颗粒由第一层加入,经初步干燥后

由溢流管进入下一层,最后从最底层出料。由于颗粒在层与层之间没有混合,仅在每一层内流化时互相混合,且停留时间较长,所以产品能达到很低的含水量且较为均匀,热量利用率也显著提高。

穿流板式流化床干燥机如图7-13(b)所示。干燥时,物料直接从筛板孔自上而下分散流动,气体则通过筛孔自下而上流动,在每块板上形成流化床,故结构简单,生产能力强,但控制操作要求较高。适用物料颗粒的直径一般在0.8~5 mm。为使物料能通过筛板孔流下,筛板孔径应为物料粒径的5~30倍,筛板开孔率30%~40%。物料的流动主要依靠自重作用,气流还能阻止其下落速度过快,故所需气流速度较低。大多数情况下,气体的空塔气速与流化速度之比为1.2~2。

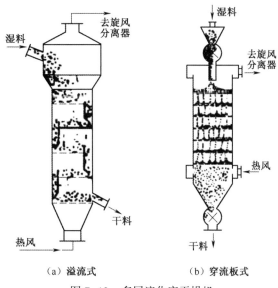

（a）溢流式 （b）穿流板式

图7-13 多层流化床干燥机

三、卧式多室流化床干燥机

为了降低压强降,保证产品均匀干燥,降低床层高度,还可采用卧式多室流化床干燥机,如图7-14所示。这种干燥机的横截面为长方形,用垂直挡板分隔成多室,挡板下端与多孔板之间留有间隙,使物料能从一室进入另一室。物料由第一室进入,从最后一室排出,在每一室与热空气接触,气、固两相总体上呈错流流动。不同小室中的热空气流量可以分别控制,其中前段物料湿度大,可以通入较多的热空气,而最后一室,必要时可通入冷空气对产品进行冷却。

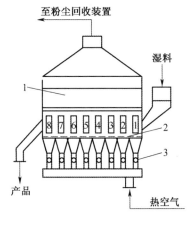

（a）卧式多室流化床结构简图

（b）卧式多室流化床外形图

图7-14 卧式多室流化床干燥
1—干燥室;2—多孔板;3—进气直管(带风阀)

这种形式的流化床干燥机结构简单、制造方便、容易操作、干燥速度快。适用于各种难以干燥的颗粒状、片状和热敏性物料。但热效率较低,对于多品种小产量物料的适应性较差。

第四节　喷雾干燥设备

喷雾干燥属于对流干燥,所谓喷雾干燥是指液态物料经喷雾成细微液滴呈分散状态进入热的干燥介质中转化为干粉料的过程。喷雾干燥适应的原料是液态物料,包括真溶液、胶体溶液、悬浮液、乳浊液、浆状物、可流动膏体等,食品工业喷雾干燥一般选用干热空气作为介质,喷雾干燥产品的形式有粉状、粒状、聚结成团块状等。

喷雾干燥设备经过喷雾机械作用,将液态的物料分散成很细的像雾一样的微粒,微细液滴与热介质接触,在一瞬间将大部分水分除去,从而使物料中固体物质干燥成粉末。体积为 1 m^3 的溶液经雾化分散成直径为 10 μm 的球型小液滴,表面积可增加 1 290 倍,雾化大大增加水分蒸发面积、加速了干燥过程,物料受热时间短、受热强度低,产品品质得到可靠保证。

喷雾干燥的主要优点是:

①干燥速度快。

②产品质量好。所得产品是松脆的空心颗粒,具有良好的流动性、分散性和溶解性,并能很好地保持食品原有的色、香、味。

③营养损失少。由于干燥速度快,大大减少了营养物质的损失,如牛乳粉加工中热敏性维生素 C 只损失 50% 左右。因此,特别适合于易分解、变性的热敏性食品加工。

④产品纯度高。由于喷雾干燥是在封闭的干燥室中进行,干燥室具有一定负压,既保证卫生条件,又避免了粉尘飞扬,从而提高了产品纯度。

⑤工艺较简单。料液经喷雾干燥后,可直接获得粉末状或微细的颗粒状产品。

⑥生产率高。便于实现机械化、自动化生产,操作控制方便,适于连续化大规模生产,且操作人员少,劳动强度低。

喷雾干燥的主要缺点是:

①投资大。由于一般干燥室的水分蒸发强度仅能达到 2.5~4 kg/(m^3/h),故设备体积庞大,且雾化器、粉尘回收以及清洗装置等较复杂。

②能耗大,热效率不高。一般情况下,热效率为 30%~40%。另外,因废气中湿含量较高,为降低产品中的水分含量,需耗用较多的空气量,从而增加了鼓风机的电消耗与粉尘回收装置的负担。

根据喷雾干燥的定义,喷雾干燥过程分为雾化、接触、干燥、分离四个过程。喷雾干燥的类型按不同分类角度有多种形式。根据雾化方法不同分为压力式喷雾干燥、离心式喷雾干燥、气流式喷雾干燥;根据物料与干燥介质接触方法不同分为并流式喷雾干燥、逆流式喷雾干燥、混流式喷雾干燥;根据干燥室结构形式不同分为箱式(又称卧式)喷雾干燥和塔式(又称立式)喷雾干燥。高黏度物料可用气流喷雾法,气流喷雾法在化工生产中使用较多,干燥介质大多为惰性气体。

一、压力式喷雾干燥

1. 压力式喷雾干燥原理

压力式喷雾干燥的原理如图7-15(a)所示,外形图如图7-15(b)所示。干燥过程中,具有高压的液体进入喷嘴旋转室中,获得旋转运动,根据旋转动量守恒定律旋度与旋涡半径成反比,越靠近轴心,旋转速度越大,其静压力越小,在喷嘴中央形成空气旋流,液体形成绕空气旋转的环形薄膜。液体静压液膜与介质产生摩擦,打破原有表面张力的抑制,分裂成小液滴。

压力式喷雾干燥要求喷嘴具有使流体产生湍流的结构,单体喷嘴小孔不能形成空心锥状膜状雾化;喷雾压力一般在2~20 MPa。

2. 压力式喷雾干燥特点

压力式喷雾干燥设备要求进料具有足够的压力,需要采用高压泵;雾化器结构简单但易磨损;干燥室可为立式或卧式,立式塔径小、塔高度高;物料与干燥介质接触方法既可顺流又可逆流。

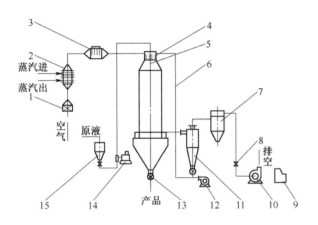

（a）压力式喷雾干燥原理图　　　　　　　　　　（b）压力式喷雾干燥机外形图

图7-15　压力式喷雾干燥机

1—空气过滤器;2—蒸汽加热器;3—电加热器;4—热风分配器;5—雾化器;6—返粉管道;7—除尘器;8—调风煤阀;
9—电控柜;10—风机;11—旋转分离器;12—返粉风机;13—下料器;14—高压泵;15—液料桶

压力式喷雾干燥设备操作要求进料中干物质浓度不大于40%,否则易堵塞喷孔;进料流量要求稳定,进料量波动影响雾化效果;干燥过程需要注意进出口温度,同时还需注意喷嘴的磨损情况和高压泵工作压力;干燥结束以后管道中有物料残留、清洗工作量大。

压力式喷雾干燥产品颗粒较细分布范围小、难调节;产品颗粒密度大、含空气少、易储藏但溶解度小、冲调性差。

压力式喷雾干燥设备制造容易但干燥能耗较大。国内喷雾干燥设备中压力式喷雾干燥设备占76%,美国、日本、丹麦等国家(及地区)喷雾干燥设备中以压力式喷雾干燥设备居多。

二、离心式喷雾干燥

(一)离心式喷雾干燥原理

离心式喷雾干燥原理如图7-16(a)所示,离心式喷雾干燥机外形图如图7-16(b)所示。

在干燥过程中,水平方向旋转圆盘给予料液以离心力,高速甩出圆盘形成薄膜细丝或液滴,受介质摩擦作用而雾化。

离心式喷雾干燥喷雾离心盘边缘线速度为90~160 m/s,液滴脱离喷雾离心盘时具有足够的线速度才能形成良好的膜状雾化。雾化效果受转速、进料速率、物料特性(黏度、表面张力)等因素影响。

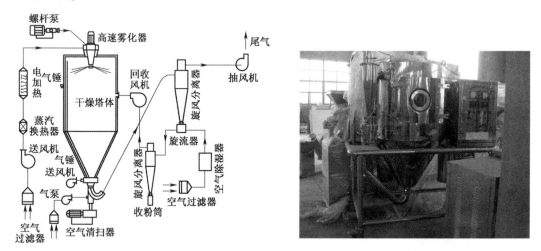

图7-16 离心式喷雾干燥机

(二)离心式喷雾干燥特点

离心式喷雾干燥设备进料无压力要求,采用结构简单、造价低的离心泵供料;雾化器雾化效果好但制造精度高、结构复杂、造价高;干燥室均为立式且塔径大、塔高低;物料与干燥介质接触方法均为顺流,不可逆流。

离心式喷雾干燥设备进料浓度干物质可高达50%,无堵塞之忧;进料流量在±25%范围内波动均可获得良好雾化效果,干燥过程中控制进口温度,进料浓度,即可控制产品粒度;干燥结束以后无残留,清洗工作量小。

离心式喷雾干燥产品颗粒较粗,分布范围大,且易调节;产品颗粒密度小、含空气多、难储藏但溶解度大、冲调性好。

离心式喷雾干燥设备能耗低而制造精度要求高。欧洲普遍采用离心式喷雾干燥设备。

三、物料与干燥介质接触方法

物料与干燥介质接触过程的相对运动有并流运动、逆流运动和混流运动。喷雾干燥设备中一般采用并流运动较多。物料与干燥介质接触方法如图7-17所示。

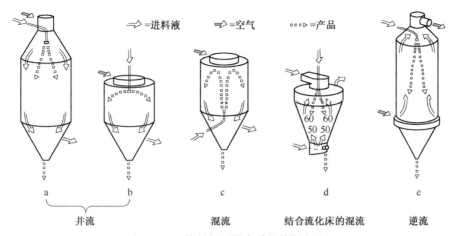

图 7-17 物料与干燥介质的接触方法

1. 并流运动

并流运动是指介质与物料在干燥塔内按相同方向运动。其特点是可采用较高进风温度，不影响产品质量、无焦粉；干燥至最后产品温度取决于排风温度；适用于热敏性物料。并流运动形式有水平并流、垂直上升并流及垂直下降并流运动等。水平并流一般适用于箱式、卧式、压力式喷雾干燥设备；垂直上升并流运动在压力式喷雾干燥设备中使用较多；垂直下降并流运动应用最为广泛，普遍适用于压力式和离心式喷雾干燥设备中。

2. 逆流运动

逆流运动是指介质与物料在干燥塔内按相反方向运动。其特点是热效率高、传热传质的推动力大；物料在干燥室内停留时间长；逆流运动适用于非热敏性物料的喷雾干燥。逆流运动的形式为物料由上向下而气流由下向上形成垂直逆流运动，逆流运动形式在压力式和离心式喷雾干燥设备中均有运用。

3. 混流运动

混流运动是指物料与介质先逆流后再经并流运动。其特点是先逆流加快水分去除，后顺流保证产品温度不至于过高，影响产品质量。混流运动形式按照逆流路线长短不同可分为两种：

（1）底部进料向上喷雾，顶部进介质，底部排产品、废气。该形式逆流路线长、干燥强度大、适用于耐热性物料。

（2）中上部进料向上喷雾，顶部进介质底部排产品、废气。该形式逆流路线短，前期干燥强度大，后期干燥物料受热强度低，适用于热敏性物料。

四、干燥室形式

干燥室是喷雾干燥的工作空间，雾化后的液滴在干燥室内与干燥介质相互接触进行传热传质而达到干制品的水分要求。其内部装有雾化器、热风分配器及出料装置等，并开有进、排气口，出料口及入孔、视孔、灯孔等。为了节能和防止（带有雾滴和粉末的）热湿空气在器壁结露，喷雾干燥室壁均由双层结构夹保温层构成，并且内层一般为不锈钢板制成。另外，为了尽量避免粉末黏附于器壁，一般干燥室的壳体上还安装有使黏粉抖落的振动装置或扫粉装置。

喷雾干燥室分为箱式和塔式两大类,干燥室由于处理物料、受热温度、热风进入和出料方式等的不同,结构形式又有多种。

1. 箱式干燥室

箱式干燥室又称卧式干燥室,用于水平方向的压力喷雾干燥。这种干燥室有平底和斜底两种形式。前者在处理量不大时,可在干燥结束后由人工打开干燥室侧门对器底进行清扫排粉,规模较大的也可安装扫粉器。后者底部安装有一个供出粉用的螺旋输送器。

箱式干燥室用于食品干燥时应内衬不锈钢板,室底一般采用瓷砖或不锈钢板。干燥室的室底应有良好的保温层,以免干粉积露回潮。干燥室壳壁也必须用绝热材料来保温。通常厢式干燥室的后段有净化尾气用的布袋过滤器,并将引风机安装在袋滤器的上方。

由于气流方向与重力方向垂直,雾滴在干燥室内行程较短,接触时间也短,且不均一,所以产品的水分含量不均匀。此外,从卧式干燥室底部卸料也较困难,所以新型喷雾干燥设备几乎都采用塔式结构。

2. 塔式干燥室

塔式干燥室常称为干燥塔,新型喷雾干燥设备几乎都用塔式结构。干燥塔的底部有锥形底、平底和斜底三种,食品工业中常采用锥形底。对于吸湿性较强且有热塑性的物料,往往会造成干粉黏壁成团的现象,且不易回收,必须具有塔壁冷却措施。常用塔壁冷却方法有 3 种:

①由塔的圆柱体下部切线方向进入冷空气扫过塔壁。
②设冷却用夹套。冷空气由圆柱体上部夹套进入,并由锥底夹套排出。
③沿塔内壁安装旋转空气清扫器,通冷空气进行冷却。

食品工业最常用的喷雾干燥设备为压力式喷雾干燥装置和离心式喷雾干燥装置并以并流式喷雾干燥塔居多。气流喷雾干燥设备适用于高黏度物料的喷雾干燥,气流喷雾法在食品工业中应用较少而在化工生产中使用较多,干燥介质大多采用惰性气体。低湿常温空气应用于喷雾干燥。

第五节 冷冻干燥设备

冷冻干燥又称升华干燥,是将含水物料冷冻到冰点以下,使水冻结为冰,然后在较高真空下将冰升华为蒸汽而除去的干燥方法。物料可先在冷冻装置内冷冻,再进行升华干燥;也可直接在干燥室内经迅速抽成真空而冷冻。升华生成的水蒸气借冷凝器除去。升华过程中所需的汽化热量,一般用传导加热或辐射加热供给,而无法采用对流加热。其中辐射加热的优点在于干燥后的物料保持原来的化学组成和物理性质,同时热量消耗比其他干燥方法少。

冷冻干燥设备按操作方式可分为间歇式、半连续式和连续式设备;按物料是否在干燥室内进行冻结分为预冻式冷冻干燥和直接冷冻干燥设备等。

一、冷冻干燥系统

冷冻干燥系统一般由预冻系统、制冷系统、供热系统及真空系统组成,其设备构成如图7-18 所示。这些系统一般以冷冻干燥室为核心联系在一起,一般情况下,冷冻干燥室既是制冷系统蒸发器亦是真空系统的真空室也是供热系统的加热器。预冻过程独立于冷冻干燥机,冷冻干燥箱内不设冷冻板。

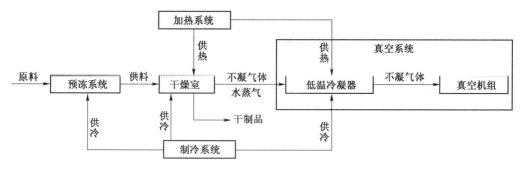

图 7-18 冷冻干燥设备组成示意图

（一）预冷冻系统

一般来说,冻结方法都可以成为冷冻干燥的预冻手段,但应用最多的为鼓风式和接触式冻结法。鼓风式冻结一般在冷冻干燥主机外的速冻装置中完成,以提高主机的工作效率,而接触式冻结常在冷冻干燥室的物料搁板上进行。

对于液态物料,可用真空喷雾冻结法进行预冻。该方法是将液体物料从喷嘴中呈雾状喷到冻结室内,当室内为真空时,由于大部分水的蒸发使得其余部分的物料降温而得到冻结。这种预冻方法可使料液在真空室内连续预冻,因此,可以使喷雾预冻室与升华干燥室相连,构成完全连续式的冷冻干燥机。

（二）制冷系统

制冷系统是为物料水分冻结、真空系统水蒸气冷凝器提供制冷的设备,一般采用压缩式制冷系统。其系统设备包括制冷压缩机、冷凝器、节流降压装置及蒸发器等。

（三）供热系统

在冷冻干燥过程中,为了使冻结物料中的水分不断地从冰晶中升华出来,就必须由供热系统提供升华所需的热量。供给升华热时,要保证传热速率既能使冻结层表面达到尽可能高的蒸汽压,又不致使冻结层融化。所以应根据传热速率决定热源温度。此外,供热系统还间歇性地提供低温凝结器融化积霜所需的熔解热。一般对流加热方式难以实现冷冻干燥系统的加热目的,供热系统的加热方式主要有传导加热和辐射加热。传导加热是将物料放在料盘或输送带上接受传导的热量。按热能的提供方式不同,传导加热可分直接加热和间接加热两种。一般采用的热源有电、煤气、石油气、天然气和煤等,所用载热体有水、蒸汽、矿物油、乙二醇、三氯乙烯等。图 7-19 所示为利用压缩机的排气作为搁板加热热源的冻干系统,压缩机在热泵运行方式和制冷运行方式间切换,可节省能耗。

在干燥箱内利用传送钢带进行物料输送的冷冻干燥装置的辐射加热的供热系统,一般采用不与输送带接触的辐射加热器,先对钢带进行加热,再通过受热的钢带对物料进行接触传导加热。另外,理论上,只要两物体有温差,就会发生热量从高温物体向低温物体转移的辐射传热。因此,在多层搁架板式冷冻干燥箱内,作用于一层物料盘底的接触加热器,对下层物料而言,实际上就是一个辐射加热器。

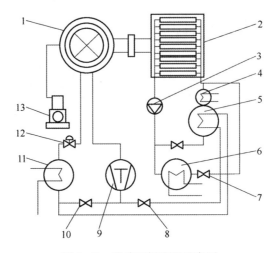

图 7-19　冷冻干燥流程示意图

1—水蒸气凝结器;2—干燥箱;3—循环泵;4—辅助加热器;5—排气加热器;
6—加热器;7、8、10—电磁网;9—制冷压缩机;11—冷凝器;12—膨胀阀;13—真空泵

(四)真空系统

真空系统的作用是保证干燥室的工作压力,及时排除水蒸气及不凝性气体。真空系统的设备标准配置形式为真空泵加干燥室。干燥过程中升华的水分必须连续快速地排除。在 13.3 Pa 的压力下,1 g 冰升华可产生 100 m³ 的蒸汽,需要极大容量的抽气机才能维持所需的真空度,采用水气凝结器在低温条件下将凝结水蒸气作为水分除去,去除水蒸气后不凝气体由真空泵抽出,从而减轻真空泵负荷。常用的真空泵加水蒸气冷凝器的真空系统有 3 种形式,如图 7-20 所示。其中图 7-20(a)所示为标准配置真空系统。图 7-20(b)所示为冷凝器前设增压泵,提高水蒸气及空气混合物的压力和温度,使水蒸气冷凝器可在较高温度下工作,降低对冷却系统的要求。图 7-20(c)采用冷凝器后接增压泵,先行冷凝去除水蒸气,降低增压泵的抽气量,提高系统真空度。

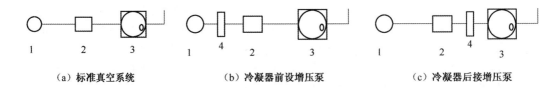

（a）标准真空系统　　　　　（b）冷凝器前设增压泵　　　　　（c）冷凝器后接增压泵

图 7-20　真空系统组成

1—干燥室;2—水蒸气冷凝器;3—真空泵;4—增压泵

真空系统的水蒸气冷凝器(冷阱)还可以直接安装在干燥箱内,这种冷阱称为内置式冷阱。内置式冷阱可避免用管道连接所带来的流导损失。内置式冷阱与传统外置式冷阱相比其区别如表 7-1 所示。

表7-1　水蒸气冷凝器不同安装方式的特点

特点	内置式	外置式
除霜与冰层厚度	只能在干燥周期末进行除霜	干燥箱可与多个冷阱连接,可轮换除霜
物料与冷阱温差	后期变小	如能适当除霜,可保持一定水平
蒸汽流动	阻力小	有一定阻力
设备结构	复杂	简单
生产效率	一般	如及时除霜,可由较大效率

水蒸气冷凝器(冷阱)本质上属于间壁式热交换器,因此,其结构有列管式、螺旋管式、盘管式、板式等。除了如图7-21所示的内置式冷凝器以外,低温冷凝器的外形一般呈圆筒状,具有一大一小两个管口,串联在干燥箱和真空泵之间,图7-22所示为几种低温冷凝器的结构示意图。

水蒸气冷凝器(冷阱)在运行过程中,积聚的霜应及时除去,除霜方式有间歇式和连续式两种。对于较小的冷冻干燥系统,通常在冷冻干燥周期结束后,用一定温度(常温亦可)的水来冲霜,并将其排除,然后进入下一个周期的操作。这种冲水式除霜装置投资成本低,除霜操作简便。在较大的冷冻干燥系统内安装有两组低温冷凝器,一组正常运行时,另一组则在除霜。利用切换装置,实现工作状态的转换。这种连续式除冰装置是全自动控制的,可以将冷凝器的霜层

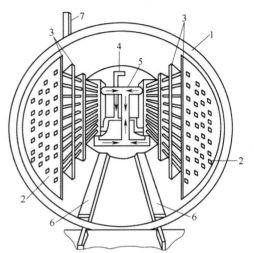

图7-21　内置列管式低温冷凝器
1—干燥箱体;2—冷凝列管;3—支撑板;
4—制冷剂进口端;5—制冷出口端;
6—产品盘架导轨;7—出口管

厚度控制在不超过2~3 mm,从而使霜层表面的温差损失减少,降低了制冷的能耗,同时使冷凝器的能力维持恒定,使单位面积冷冻干燥能力维持最大值。

二、常见冷冻干燥装置

冷冻干燥装置按操作的连续性可分为间歇式、连续式和半连续式3类,在食品工业中应用最多的是间歇式和半连续式装置。

(一)间歇式冷冻干燥机

间歇式冷冻干燥装置有许多适合食品生产的特点,因此绝大多数的食品冷冻干燥装置均采用这类装置。

间歇式冷冻干燥装置中的干燥箱与一般的真空干燥箱相似,属盘架势。干燥箱有各种形状,多数为圆筒形。盘架可以是固定式,也可做成小车出入干燥箱,料盘置于各层加热板上。如采用辐射加热方式,则料盘置于辐射加热板之间,物料可于箱外预冻后装入箱内,或在箱内直接进行预冻。若为直接预冻,干燥箱必须与制冷系统相连接,如图7-23所示。

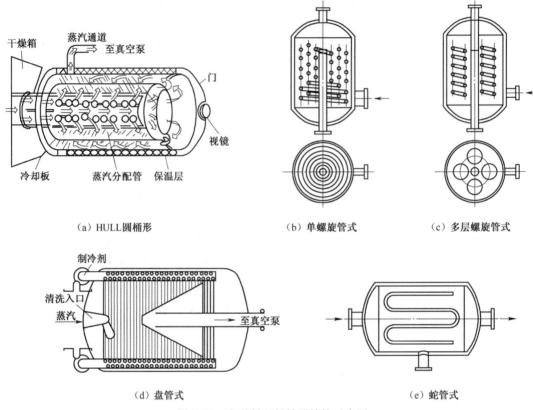

（a）HULL圆桶形   （b）单螺旋管式   （c）多层螺旋管式

（d）盘管式   （e）蛇管式

图 7-22　各种低温凝结器结构示意图

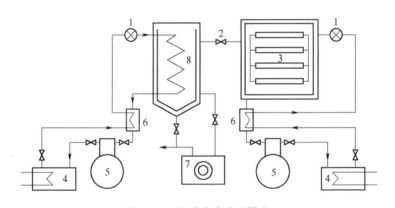

图 7-23　间歇式冷冻干燥室

1—膨胀阀；2—水蒸气冷凝器进口阀；3—干燥箱；4—冷凝器；
5—制冷压缩机；6—热交换器；7—真空泵；8—水蒸气冷凝器

　　间歇式装置的优点在于：适应多品种小批量的生产，特别是季节性强的食品生产；单机操作，一台设备发生故障，不会影响其他设备的正常运行；便于设备的加工制造和维修保养；便于在不同的阶段按照冷冻干燥的工艺要求控制加热温度和真空度。

其缺点是：由于装料、卸料、启动等预备操作占用的时间长，设备利用率低；若要满足一定的产量要求，往往需要多台单机，并要配备相应的附属系统，导致设备的投资费用增加。

(二)半连续式冷冻干燥系统

针对间歇式设备生产能力低，设备利用率不高等缺点，在向连续化过渡的过程中，出现了多箱式及隧道式等半连续式设备。多箱间歇式设备由一组干燥箱构成，每两箱的操作周期互相交错。这样，在同一系统中，各箱的加热板加热、低温冷凝器制冷以及真空抽气均利用同一个集中系统，但每箱可单独控制。另外，这种装置也可用于同时生产不同的品种，提高了设备操作的灵活性。半连续隧道式冷冻干燥机如图7-24所示。升华干燥过程是在大型隧道式真空箱内进行的，料盘以间歇方式通过隧道一端的大型真空密封门进入箱内，以同样的方式从另一端卸出。这样，隧道式干燥机就具有设备利用率高的优点，但不能同时生产不同的品种，且转换生产另一品种的灵活性小。

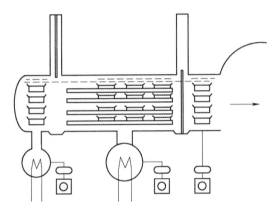

图7-24 隧道式半连续冷冻干燥装置

(三)连续式冷冻干燥系统

连续式冷冻干燥(简称冻平)装置的关键是在不影响干燥室工作环境条件下连续地进出物料，其结构简图如7-25(a)所示，外形图如图7-25(b)所示。根据物料状态不同可有多种实现冻干箱连续进出物料的方式。除了前面所提到的用于液体物料的喷雾连续冻干方式以外，连续式冷冻干燥装置一般均采用室外预冷冻。

在室外单体冻结的小颗粒状物料，可以利用闭风阀，送入冻干室。物料进入冻干室后在输送器传送过程中得到升华干燥，最后干燥产品也通过闭风阀出料。连续式冻干室内的物料输送装置可以是水平向输送的钢带输送机，也可以是上下输送的转盘式输送装置。加热板元件应根据具体的输送装置而设置，以使物料得到均匀的加热。

图7-25所示为使用浅盘输送装置的连续冻干系统。预冻好的原料装在浅盘上，通过空气锁连续地送入冻干室内，冻干好的物料也通过空气锁连续地将料盘送出。干燥过程为，装有适当厚度预冻制品的料盘从预冻间被送至干燥机入口，通过空气锁进入干燥室内的料盘升降器，每进入一盘，料盘就向上提升一层。等进入的料盘填满升降器盘架后，由水平向推送机构将新装入料盘一次性向前移动一个盘位。这些料盘同时又推动加热板间的其他料盘向前移

动,干燥室内另一端的料盘就被推出到出口端升降器。出口端升降器以类似方式逐一将料盘下降,再通过出口空气锁送出室外。室外的料盘也是连续输送的。装有干燥产品的料盘由输送链送至卸料机,卸料后的空盘再通过水平和垂直输送装置送到装料工位。如此周而复始,实现连续生产。

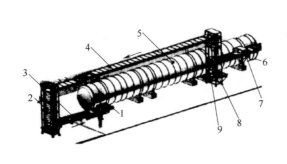

（a）连续式冷冻干燥装置结构简图　　　　　　　　（b）连续式冷冻干燥装置外形图

图7-25　连续式冷冻干燥装置

1—进料口气锁;2—冷室料盘升降机;3—装料点;4—空盘;5—干燥隧道;6—出料空气锁;
7—料盘卸料点;8—出料端料盘升降机;9—更换料盘

连续冻干装置的优点:处理能力强,适合单品种生产;设备利用率高;便于实现生产的自动化;劳动强度低。

它的缺点是:不适合多品种小批量的生产;在干燥的不同阶段,虽可控制不同的温度,但不能控制不同真空度;设备复杂、庞大,制造精度要求高,投资费用大。

第八章

冷藏冷冻机械与设备

冷冻食品、冷却食品、冷食食品等都直接利用冷冻设备生产。冷库及其冷链的各个环节都离不开冷冻设备。冷冻机械在一些重要食品操作中,如真空冷却、冷冻浓缩、冷冻干燥和冷冻粉碎中也是关键设备。其他食品加工条件工艺过程,如车间空调、工艺用水冷却以及需要较低温度冷却的加工操作也需要利用制冷设备。除了专门的商业冷库及速冻食品厂以外,罐头厂、肉联厂、乳品厂、蛋品厂、糖果冷饮厂等食品工厂,几乎都有冷冻机房及冷藏库的设置。冷链已经成为现代食品工业终产品的主要流通途径之一,冷链所涉及的储运和展示设备均需配备制冷机械设备。

随着经济的快速发展、人们生活水平的不断提高,市场对海产品类食品的质量、营养、新鲜度的要求越来越高。通过冷冻冷藏等以降低温度的方式保存海产品,仍然是目前海产品加工过程中使用的最常用和最有效的方式。尤其以鱼虾类易腐败变质的海产品为例,从捕获到加工或销售一般都有一段过程,在这一过程中,特别是高温季节,如不采取必要的保鲜储藏方法,势必会造成极大的损失。

本章包含制冷系统及原理、低温保鲜储藏设备、速冻保鲜储藏设备和超低温储藏设备4部分,主要介绍了制冷系统的组成及原理,以及低温保鲜、速冻保鲜和超低温储藏这三种冷却技术的常用设备和适用范围等。

第一节 制冷系统及原理

一、制冷系统的工作原理

利用外界能量使热量从温度较低的物质(或环境)转移到温度较高的物质(或环境)的系统称为制冷系统。目前食品行业使用最多的是一级和二级机械压缩蒸汽制冷机械。在制冷方法上,又称蒸汽压缩式制冷法,即利用液体的汽化热进行制冷的方法。

在蒸发器内冷介质从被冷却物吸收热量,变成蒸汽,从而产生冷却效果。蒸发形成的蒸汽被压缩机吸入,压缩成为高温高压的过热蒸汽,之后流进冷凝器。在冷凝器中被空气或冷却水冷却,冷凝液化,之后通过节流装置节流,压力降低,然后再次进入蒸发器蒸发,冷却被冷却物,依此循环。其制冷循环原理图如图 8-1 所示。

制冷剂在机械压缩制冷系统中的循环过程包含等熵过程、等压过程、等焓过程和等温过程。从蒸发器出来的低压低温蒸汽重新进入压缩机,如此完成一次制冷循环,这是最为简单的蒸汽压缩制冷循环,该循环可用压焓图 8-2 表示。

制冷剂在机械压缩制冷系统中的循环过程为:经过蒸发器后,其低压低温蒸汽被压缩机吸入,经压缩提高压力以及温度,成为高压高温的过热蒸汽,此为等熵过程,如图 8-2 中 1 至 2 过程所示。过热蒸汽的温度高于环境介质(水或空气)的温度,此时的制冷剂蒸汽能在常温下冷凝成液体状态。因而,当蒸汽被排至冷凝器时,经冷却、冷凝成高压的液态制冷剂,此阶段为等压过程,如图8-2中2至3过程所示。高压液体通过膨胀阀时,因节流作用而降压,制冷剂液因沸腾蒸发吸热,使其本身温度下降,此为等焓过程,如图8-2中3至4过程所示。把这种低压低温的制冷剂引入蒸发器蒸发吸热,使周围空气及物料温度下降,此为等压等温过程,如图8-2中4至1过程所示。

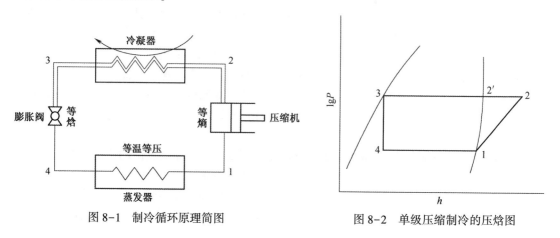

图 8-1 制冷循环原理简图　　　　　　图 8-2 单级压缩制冷的压焓图

二、制冷系统组成

制冷系统由制冷剂和四大机件,即压缩机、冷凝器、节流元件和蒸发器组成。

1. 压缩机

压缩机是制冷循环的动力,它由电动机拖动而不停地旋转,它除了及时抽出蒸发器内的蒸汽,维持低温低压外,还通过压缩作用提高制冷剂蒸汽的压力和温度,创造将制冷剂蒸汽的热量向外界环境介质转移的条件,即将低温低压制冷剂蒸汽压缩至高温高压状态,以便能用常温的空气或水作冷却介质来冷凝制冷剂蒸汽。

活塞式制冷压缩机又称往复式制冷压缩机,其生产和使用的历史较长,应用范围较为广泛。活塞式制冷压缩机利用曲柄连杆机构带动活塞作往复运动进行工作,是制冷装置中的核心设备,通常称为制冷主机。

各种活塞式制冷压缩机的制冷量、外形、制冷剂、用途等不尽相同,但其基本结构和组成的主要零部件都大体相同,即包括机体、曲轴、连杆组件、活塞组件、吸排气组件、气缸套组件等。图8-3即为一台立式两缸活塞曲柄连杆式制冷压缩机的结构简图。

气缸的前、后端分别装有吸、排气管。低压蒸汽从吸气管经滤网进入吸气腔,再经吸气阀进入气缸。压缩后的制冷剂蒸汽通过排气阀片进入排气腔,从气缸盖处排出。吸气腔和排气总管之间设有安全阀,当排气压力因故障超过规定值时,安全阀被顶开,高压蒸汽将流回吸气腔,保证制冷压缩机的安全运行。

2. 冷凝器

冷凝器是一个热交换设备,作用是利用环境冷却介质(空气或水),将来自压缩机的高温高压制冷蒸汽的热量带走,使高温高压制冷剂蒸汽冷却、冷凝成高压常温的制冷剂液体。值得一提的是,冷凝器在把制冷剂蒸汽变为制冷剂液体的过程中,压力是不变的,仍为高压。

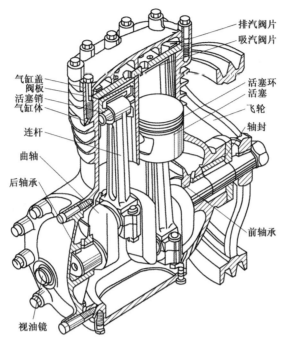

排汽阀片
吸汽阀片
气缸盖
阀板
活塞销
气缸体
连杆
曲轴
后轴承
活塞环
活塞
飞轮
轴封
前轴承
视油镜

图 8-3　立式两缸活塞曲柄连杆式制冷压缩机结构简图

根据冷却介质和冷却方式的不同,冷凝器可分为风冷式冷凝器和水冷式冷凝器。

风冷式冷凝器利用常温空气作为冷却介质,如图 8-4 所示为某风冷式冷凝器结构简图。风冷式冷凝器又分为自然对流式和强迫对流式两种,前者适用于制冷量很小的制冷装置,后者适用于中小型制冷设备。

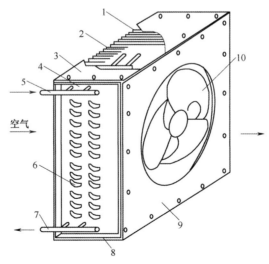

空气

图 8-4　风冷式冷凝器结构简图

1—肋片;2—传热管;3—上封板;4—左端板;5—进气集管;6—弯头;7—出液集管;8—下封板;9—前封板;10—通风机

水冷式冷凝器是一种用水作为冷却介质的热交换器,冷却水一般为循环水,需要配有冷却水塔或冷却水池。图 8-5(a)、(b)分别为某卧式壳管冷凝器结构简图和实物图。其筒形壳体为卧式结构,壳体内部装有无缝钢管制作的换热管束,用扩胀法或焊接法固定在两端的管板上。管板两端装有带分水槽的端盖,端盖与壳体之间用螺栓连接。卧式壳管冷凝器传热系数高,冷却水耗用量较少,反复流动的水路长,进出水温差大(一般为 4~6℃),但制冷剂泄漏时不易发现,清洗冷凝器污垢时需要停止制冷压缩机的运行操作。

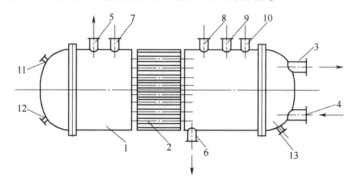

(a)卧式壳管冷凝器结构简图

(b)卧式壳管冷凝器实物图

图 8-5　卧式壳管冷凝器

1—泄水管;2—放空气管;3—进气管;4—均压管;5—传热管;6—安全阀接头;7—压力表接头;8—放气管;
9—冷却水出口;10—冷却水进口;11—放油管;12—出液管;13—放油管

除卧式壳管冷凝器外,水冷式冷凝器还有立式壳管冷凝器和套管式冷凝器。立式冷凝器的冷却水流量大、流速高,制冷剂蒸汽与凝结在换热管上的液体制冷剂流向垂直,能够有效地冲刷钢管外表面,不会在管外表面形成较厚的液膜,传热效率高,因无冻结危害,故可安装在室外;冷却水自上而下直通流动,便于清除铁锈和污垢,对使用的冷却水质要求不高,清洗时不必停止制冷系统的运行。但冷却水用量大,体型较笨重。目前大中型氨制冷系统采用这种冷凝器较多。这种冷凝器传热管的高度在 4~5 m 之间,冷却水温升为 2~4 ℃。套管式冷凝器多用于单机制冷量小型氟利昂制冷机组。套管式冷凝器的外管多采用无缝钢管,管内套有一根或数根紫铜管或肋片铜管,总体呈长圆螺旋形结构,冷却水在内管中流动。这种冷凝器结构紧凑,制作简单,冷凝效果好,但单位传热面积的金属消耗量大,水垢清洗困难,对水质要求高,主要用于小型制冷设备。

3. 节流元件

高压常温的制冷剂液体不能直接送入低温蒸发器,根据饱和压力与饱和温度一一对应原理,应降低制冷剂液体的压力,从而降低制冷剂液体的温度。节流元件将高压常温的制冷剂液体降压,得到低温低压制冷剂,再送入蒸发器内吸热蒸发。常用的节流元件主要有节流阀、膨胀阀。膨胀阀和节流阀本质上所起的作用是一样的,只是膨胀阀有自我调节能力而节流阀没有。在日常生活中的冰箱、空调常用毛细管作为节流元件。

图 8-6 为某内平衡式 F 形热力膨胀阀结构图。膨胀阀由阀体、感温包、平衡管三大部分组成。感温包内充注制冷剂,放置在蒸发器出口管道上,感温包和膜片上部通过毛细管相连,感受蒸发器出口制冷剂温度,膜片下面感受到的是蒸发器入口压力。如果空调负荷增加,液压制冷剂在蒸发器中提前蒸发完毕,则蒸发器出口制冷剂温度将升高,膜片上压力增大,推动阀杆使膨胀阀开度增大,进入到蒸发器中的制冷剂流量增加,制冷量增大;如果空调负荷减小,则蒸发器出口制冷剂温度减小,以同样的作用原理使得阀开度减小,从而控制制冷剂的流量。

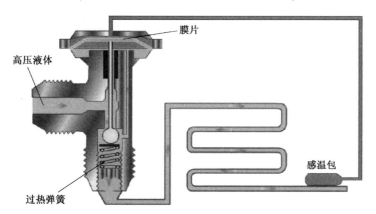

图 8-6　内平衡式 F 形热力膨胀阀结构图

4. 蒸发器

蒸发器也是一个热交换设备。节流后的低温低压制冷剂液体在其内蒸发(沸腾)变为蒸汽,吸收被冷却物质的热量,使物质温度下降,达到冷冻、冷藏食品的目的。在空调器中,冷却周围的空气,达到对空气降温、除湿的作用。蒸发器内制冷剂的蒸发温度越低,被冷却物的温度也越低。在冰箱中一般制冷剂的蒸发温度调整在-26 ℃~-20 ℃,在空调器中调整在 5 ℃~8 ℃。

按被冷却介质类型进行分类,蒸发器可分为冷却液体蒸发器和冷却空气蒸发器两大类。其中,冷却液体蒸发器有立管式、双头螺旋管式和卧式壳管蒸发器等。食品加工及储藏过程中多使用冷却空气蒸发器。

根据制造方法不同,冷却空气蒸发器可分为空气自然对流式蒸发器和强迫空气对流式蒸发器。自然对流式蒸发器有盘管式和立管式两种结构形式。

盘管式蒸发器(图 8-7)多采用无缝钢管制成,横卧蒸发盘管或翅片盘管通过 U 形管卡固定在竖立的角钢支架上,气流通过自然对流进行降温。这种蒸发器结构简单,制作容易,充氨量小,但排管内的制冷气体需要经过冷却排管的全部长度后才能排出,而且空气流量小,制冷效率低。

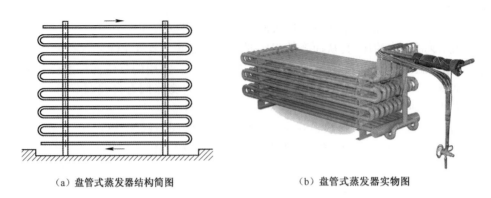

（a）盘管式蒸发器结构简图　　　　　（b）盘管式蒸发器实物图

图 8-7　盘管式蒸发器

立管式蒸发器（图 8-8）常见于氨制冷系统，一般用无缝钢管制造。氨液从下横管的中部进入，均匀地分布到每根蒸发立管。各立管中液面高度相同，汽化后的氨蒸汽由上横管的中部排出。这种立管式蒸发器中的制冷剂汽化后，气体易于排出，从而保证了蒸发器有效传热效果，减少了过热区。但是，当蒸发器较高时，因液柱的静压力作用，下部制冷剂压力较大，蒸发温度高，从而使蒸发温度较低时的制冷效果较差。

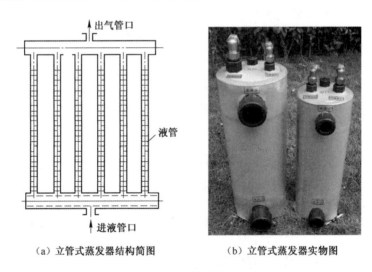

（a）立管式蒸发器结构简图　　　　　（b）立管式蒸发器实物图

图 8-8　立管式蒸发器

强迫对流式蒸发器（图 8-9）又称为直接蒸发式蒸发器，空气在风机的作用下流过蒸发器，与盘管内的制冷剂进行热交换。它由数排盘管组成，一般选用铜管或在铜管外套缠翅片。为使制冷剂液体能均匀分配给各管路进口，常在冷凝器与毛细管接口处装有分液器。氨、氟制冷系统均可采用这种蒸发器。氟制冷系统用强迫对流式蒸发器的结构紧凑而管路细；氨制冷系统用强迫对流式蒸发器，外形大、管路粗。

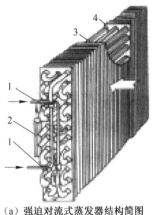 

（a）强迫对流式蒸发器结构简图　　　　　（b）强迫对流式蒸发器实物图

图 8-9　强迫对流式蒸发器

1—液体制冷剂进口；2—制冷剂蒸汽出口；3—冷却管；4—翅片

第二节　低温保鲜储藏设备

在低温下，鱼虾类体内的水分活度小，生物细胞将失去活力，微生物和病菌也难以生长繁殖，因此，鱼虾类得以保鲜储藏而不易腐败变质。在冷库保鲜、冰藏保鲜、冷海水保鲜以及微冻保鲜等方式中，冷风机和碎冰机是两种常用设备。

一、冷风机

在海产品保鲜过程中，冷风机主要用于冷库制冷系统以及冷风式微冻保鲜方法。将鱼、虾类放于专用冷库内，控制温度在-20 ℃下，保鲜储藏时间长而且效果很好。而冷风式微冻主要用于海船上保鲜，具体过程是将鱼类装箱，让冷风吹过鱼箱的周围，使鱼体冷却至-2 ℃，然后在-3 ℃的舱温下进行保藏，保藏 24 天后微冻鱼质量良好。

图 8-10 为直排式冷风机的制冷原理图，图 8-11 为循环式冷风机的制冷原理图。与直排式冷风机相比，循环式冷风机工作中的冷空气是循环使用的。

图 8-12 所示为固定式冷风机，适用于冷库等冷却场合。图 8-13 为可移动式冷风机，适用于冷风式微冻保鲜过程。

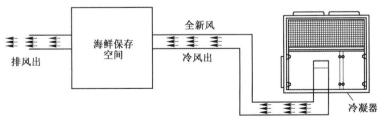

图 8-10　直排式冷风机的制冷原理图

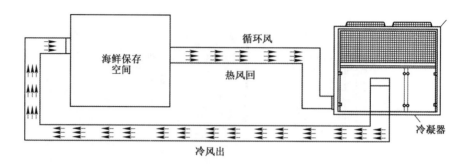

图 8-11　循环式冷风机的制冷原理图

图 8-12　固定式冷风机

图 8-13　可移动式冷风机

二、制冰机

　　冰对于鱼虾类是一种很好的冷却介质。冰藏保鲜是水产品保鲜时储运中使用最早、最普遍的一种保鲜方法,具体过程为将一定比例的冰或冰水混合物与鱼体混合,放入可密封的泡沫箱或船舱,利用冰或冰水降温的一种保鲜方法。将鱼虾类与碎冰或片冰以一层鱼虾一层冰的方式装入容器是海船上较常见的保鲜方法。而采用冰藏保鲜的方式也是海鲜销售市场使用较多的方式。图 8-14 为使用冰藏方式保鲜的海鲜销售冰台。

图 8-14 海鲜销售冰台

制冰机是将水通过蒸发器由制冷系统制冷剂冷却后生成冰的制冷机械设备。根据蒸发器的原理和生产方式的不同,生成的冰块形状也不同,一般按冰形状不同将制冰机分为颗粒冰机、片冰机、板冰机、管冰机、壳冰机等。图 8-15 为制冰机的工作原理图。在制冰过程中,通过进水阀门,水自动进入一个蓄水槽,然后通过水泵抽水到分流管,分流管将水均匀地流到被低温液态制冷剂冷却后的蒸发器上,水被冷却至冰点,这些冷却到冰点的水将会凝固变成冰,而没有被蒸发器冻结的水又流入蓄水槽,通过水泵重新开始循环工作。当冰块达到所要求的厚度时,进入脱冰状态。脱冰时将压缩机排出的高压热气通过换向阀引流到蒸发器上,取代低温液态制冷剂,这样在冰块和蒸发器之间就形成了一层水膜,这层水膜使冰块脱离开蒸发器,冰块靠重力的作用自由地落进下面的储冰槽中。

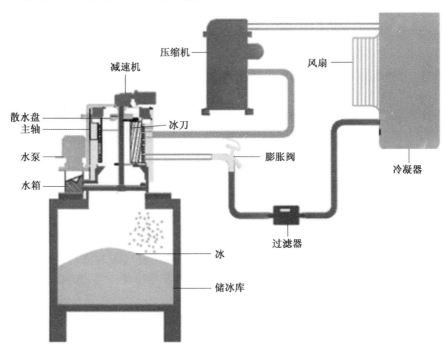

图 8-15 制冰机工作原理图

冰藏保鲜过程中的冰多为鳞片冰,温度为-12~-6 ℃。图8-16为鳞片形风冷制冰机。该制冰机使用旋转滚动冰刀将颗粒冰切制成鳞片状,与固定冰刀相比,具有阻力小、能耗低、无噪声、无冰粉产生等特点。

图8-16　鳞片形风冷制冰机

第三节　速冻保鲜储藏设备

速冻保鲜储藏实现的是快速冻结海鲜产品。速冻海鲜产品可以最大化地保持海鲜产品的品质和风味,为解冻后实现最大化的可逆物理变化提供保障。通常,海鲜速冻冷库的库温设置为-30~-25 ℃,当然金枪鱼的速冻温度也是超低的,通常要达到-60 ℃以下。同时,速冻的意义就在于快速冻结,例如一般的速冻时间常设置为5~8 h。在海鲜的速冻保鲜储藏过程中,所采用的速冻装置主要有隧道式冻结装置、连续式吹风冻结装置、接触式冻结装置和液化气体喷淋冻结装置。

一、隧道式冻结装置

隧道式冻结装置是在隧道式容积内用高速冷空气循环冻结食品的装置。该装置主要由蒸发器和冷风机组成,其中,冷风机安装在冻结室的一侧,盛放海产品的料盘放在料笼上。图8-17为隧道式冻结装置的工作原理图。冻结时,风机开动使空气强制流动,冷空气流经料盘,吸收鱼、虾等在冻结时放出的热量,吸热后由风机吸入蒸发器冷却降温,如此反复不断循环,直至海产品原料(鱼虾类)冻结。

图8-18为某网带式隧道速冻机,传动带采用不锈钢丝网或塑钢网带。根据冻品品种的不同可放在盘内,或直接放在传动带上,通过由上向下或侧吹风快速冻结。这种类型速冻机冻结时间可选范围为12~100 min。

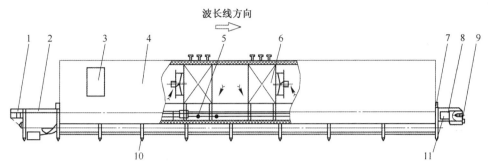

图 8-17　隧道式冻结装置工作原理图

1—进料支架;2—输送网带;3—电控箱;4—库体;5—打链装置;6—冷风机;7—防逃冷板;
8—出料支架;9—出料斗;10—中间支架;11—传动电流

图 8-18　某网带式隧道速冻机

二、连续式吹风冻结装置

根据结构不同,连续式吹风冻结装置可分为螺旋带式连续冻结装置、水平输送连续冻结装置和流态化冻结装置。

1. 螺旋带式连续冻结装置

该装置中的网带沿圆周方向作螺旋式旋转运动,而高速冷空气在网带内循环以实现海产品的冻结。该装置中间有个转筒,传动带的边紧靠在转筒上,依靠摩擦力及传动机构的动力使传送带随转筒一起运动。图 8-19 为螺旋带式连续速冻装置的结构简图,图 8-20 为某螺旋带式连续速冻装置。该装置传送带为不锈钢的网带,海产品放在网带上,工作时传送带由下部进入,上部传出,冷风自上向下吹,构成逆流式传热,实现海产品的冻结。

2. 水平输送连续冻结装置

该装置传送带呈多层重叠,传送带上装有规则的料盘,将盒装的水产品放入盘子内进行冻结。传送带在冻结装置中从上部进入,自上而下水平输送,冷风机吹出的冷风在冻结装置内不断地作横向循环,使原料或产品均匀冻结,图 8-21 为该装置的结构简图。

3. 流态化冻结装置

食品流态化冻结方法主要适用于冻结颗粒状、片状、块状等食品。所谓流态化,即食品颗粒受流体的作用,其运动形式变成类似流体状态。其冻结产品具有冻结速度快、质量好、易包装和食用方便等优点。流态化冻结装置是由一个冻结隧道和一个多孔网带组成。流态化冻结装置结构图如图 8-22 所示。该装置是使颗粒食品在低温和强冷风下的悬浮搅动中进行冻结,当物料从进料口到冻结器网带后,被自下而上的冷风吹起,在冷气流的包围下互不黏结地进行单体快速冻结,然后从装置另一端的出口流出,实现连续化生产。图 8-23 为某海产品加工厂的流态化冻结装置。

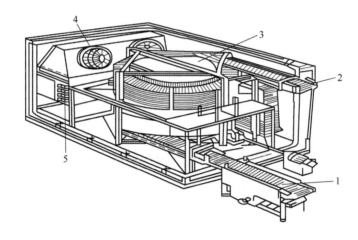

图 8-19　螺旋带式连续冻结装置结构简图
1—进冻;2—出冻;3—转筒;4—风机;5—蒸发管

图 8-20　螺旋带式连续冻结装置

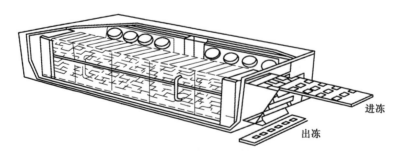

图 8-21　水平输送式连续冻结装置结构简图

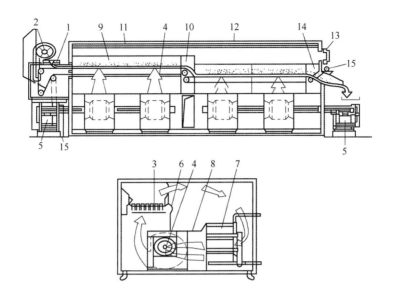

图 8-22　流态化冻结装置结构图

1—带风配器的结料斗;2—洗涤和干燥传送带用自动装置;3—传送带网孔;4—可变风速离心风机;5—电动机;
6—观察传送带窗口;7—可调间距导风板;8—检查风机口;9—原料;10—转换台;11—蒸汽融霜管;
12—隔热层;13—冻结通道窗口;14—出料口;15—齿轮

图 8-23　某流态化冻结装置

三、接触式冻结装置

接触式冻结装置是冻结食品与冷却表面直接接触的冻结装置。该装置又分为卧式平板冻结装置和立式平板冻结装置两种形式。前一种是将平板水平安装,构成一层层的搁架,称为卧式平板装置,结构简图如图 8-24 所示。后一种是将平板以垂直方式安装,形成一系列箱状空格,称为立式平板冻结装置,平板用铝合金制成,它的内部具有管形隔栅的空心板,结构简图如图 8-25 所示。制冷剂在管内流动,平板两面均可传热,平板由液压系统移动,使平板与被冻产品紧密进行冻结,多用于冻结鱼片、对虾和鱼丸等小型水产食品。图 8-26 为某卧式平板冻结装置,图 8-27 为某立式平板冻结装置。

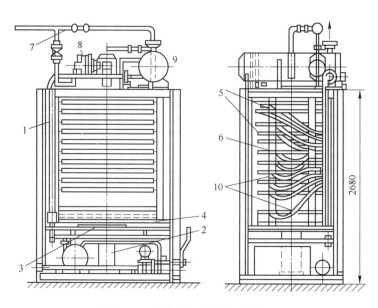

图 8-24　卧式平板冻结装置结构图

1—冻结装置外壳;2—油压机气缸;3—升降台;4—升降架;5—蒸发板;
6—板的导柱;7—调节阀;8—浮球阀;9—氨液分离器;10—橡胶软管

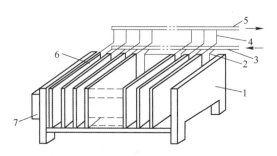

图 8-25　立式平板冻结装置结构图

1—机架;2、4—橡胶软管;3—供液管;5—吸入管;6—冻结平板;7—液压装置

图 8-26　某卧式平板冻结装置

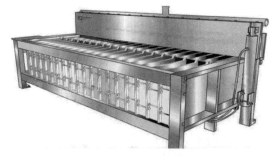

图 8-27　某立式平板冻结装置

四、液化气体喷淋冻结装置

液态化冻结装置和其他形式的冻结设备根本的不同是它本身不需要任何制冷装置。它使用的是在大型深冷液化工厂中已经液化的气体。目前这种冻结设备主要使用氮和二氧化碳这两种深冷液化气体。该装置是将水产品直接与喷淋的液化气体接触而进行冻结。液氮在大气压下的沸点为-195.8 ℃,当其与水产食品接触时、其蒸发显热与升温至-20 ℃吸收的显热相当。此装置外形呈隧道状,中间是不锈钢的网状传送带。产品从入口处送至传选带上,依次经预冷区、冻结区、均温区,由出口处取出,液氮喷嘴安装在隧道中靠近出口的一侧,产品在喷嘴下与沸腾的液氮接触而冻结。蒸发后的氮气在隧道内被强制向入口方向排出,并由鼓风机搅拌,使其与被冻结品进行充分的热交换,让产品达到平衡,然后连续从出口处出料,其结构图如图 8-28 所示。图 8-29 为某型液氮喷淋冻结装置。由于液氮价格较高,这种方法在海产品加工过程中使用并不多。选择使用这种冻结设备的另一个关键是在合理的运输距离范围内设有深冷液化工厂。

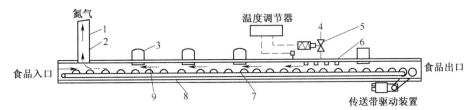

图 8-28　液氮喷淋冻结装置结构图
1—排气管;2—气阀;3—搅拌风机;4—液氮;5—控制阀;6—液氮喷嘴;
7—传送带;8—隔热隧道;9—氨气流动方向

图 8-29　某型液氮喷淋冻结装置

第四节　超低温储藏设备

超低温冰箱又称超低温冰柜、低温保存箱,是 20 世纪后期发展起来的主要用于生物样品或药品的低温保存和储藏的设备,也适用于食品工业、渔业等行业大批量低温冷冻处理。在海洋食品行业中主要适用于深海鱼储藏和远洋渔业公司等。由于其具有独特的超低温保存原理和保存方法,因此是现代生物、临床、医药和工业领域不可缺少的重要仪器设备之一,箱内温度在-86~-40℃可调,常见的有-40℃低温冰箱、-60℃低温冰箱、-80℃低温冰箱。

一、超低温冰箱的制冷系统原理

超低温冰箱制冷系统一般采用复叠式压缩机技术。采用两个复叠式排列的压缩机,一级压缩机的蒸发器与二级压缩机的冷凝器在传热上相关联而构成中间级热交换器,位于冰箱背部壁内,二级压缩机冷凝器的冷却完全依靠中间级热交换器来完成,二级制冷系统的工作状况受中间级热交换器的影响很大。接通电源,当显示温度比设定温度高时,冰箱一级压缩机首先启动,一级制冷系统开始工作;待热交换器内温度降至-40℃左右时,二级压缩机开始启动,二级制冷系统开始工作,超低温冰箱腔体内温度降低;二级制冷系统冷凝器放出的热量全部由中间级热交换器中的一级制冷系统的蒸发器吸收,一级冷凝器放出的热量通过风扇强制风冷散热,当冰箱腔体内温度达到设定温度后,温度传感器将信号传至温控器,温控器控制继电器失电断开,两级制冷系统停止工作;当温度升高后重复以上过程,使冰箱内温度始终保持在设定温度附近。超低温冰箱的制冷系统基本采用复叠式制冷的工作原理,选用两台全封闭压缩机作为高、低温级压缩机使用。图8-30为超低温冰箱的制冷原理图。

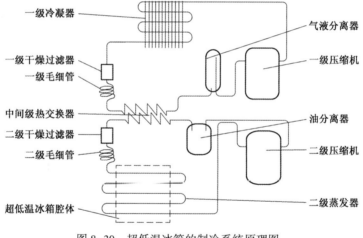

图 8-30　超低温冰箱的制冷系统原理图

在制冷剂方面,两级制冷系统使用的制冷剂是根据不同容积、不同制冷温度等要求而确定的不同沸点的烷烃类按要求混合而成的制冷剂,一级压缩机制冷剂通常为 R404a、R507 或 R12 等,二级压缩机制冷剂通常为 R508b、R290、R404a、R170 等的混合体。常用超低温冰箱一、二级制冷系统制冷剂种类和数量参考表 8-1 所示,一般铭牌标识上会明确标注制冷剂种类和数量。

表 8-1　常用超低温冰箱一、二级制冷系统制冷剂种类和数量表

序号	品牌型号	一级制冷剂种类、数量	二级制冷剂种类、数量	
1	REVCO-ULT1386	R404a—0.439 kg R134a—0.191 kg	R404a—0.031 kg	R508b—0.179 kg

序号	品牌型号	一级制冷剂种类、数量	二级制冷剂种类、数量	
2	FORMA-702	R404a—0.680 kg	R290—0.014 kg	R508b—0.368 kg
3	THERMO-991	R404a—0.680 kg	R290—0.014 kg	R508b—0.354 kg
4	THERMO-933	R404a—0.723 kg	R290—0.026 kg	R508b—0.306 kg
5	THERMO-HKJ486	R507—0.630 kg	R170—0.081 kg	
6	EPPENDORF-U410	R404a—0.220 kg	R290—0.010 kg	R508b—0.250 kg

二、超低温冰箱的控制系统原理

超低温冰箱控制系统主要包括启动运行装置、温度控制装置和保护报警装置等。启动运行装置主要由继电器、启动运行电容等组成。温度控制装置主要根据超低温冰箱的温度设置要求,对一、二级压缩机的开、停进行控制,从而达到控制超低温冰箱温度的目的。目前超低温冰箱的温度控制装置主要采用精密微计算机 LED 数码管显示温度控制系统。温度传感器采用耐低温的金属铂材料制成的热敏电阻,能够在面板上对箱内温度进行精准显示,通过温控器对冰箱腔体内温度进行精确调控。冰箱腔体内温度变化使温度传感器阻值的大小发生变化,从而使面板上显示不同温度的变化。保护报警装置具有故障自我诊断、多种故障报警及多重保护功能,在超温、冷凝器脏、传感器故障、电压高低波动、环境超温、断电等问题出现时将报警和出现错误代码告知。

三、超低温冰箱的构造

超低温冰箱按款式分,可分为立式超低温冰箱和卧式超低温冰箱;按用途分,可分为实验室超低温冰箱、工业超低温冰箱。图 8-31 为超低温冰箱的实物图。卧式超低温冰箱和立式超低温冰箱的区别主要存在于以下几个方面:

（a）立式超低温冰箱　　　　　　　　（b）卧式超低温冰箱

图 8-31　超低温冰箱实物图

①外观不同,开门方向:卧式超低温冰箱是向上开门,像冷冻冰柜一样,立式超低温冰箱的

是向前开门,里面有隔板分开;②承重性能:卧式超低温冰箱比立式超低温冰箱的承重能力强;③样品试剂放进取出操作:立式超低温冰箱适合频繁放进取出操作,卧式超低温冰箱适合长期储存;④立式超低温冰箱比卧式超低温冰箱占地面积小。

四、超低温冰箱的日常保养

超低温冰箱复杂的结构特征和独特的工作原理决定了超低温冰箱在日常使用过程中要建立一套合理有效的操作规程和日常保养方案,这样既能节约电能,又能更好地提高设备的使用寿命,降低设备的故障率,保证超低温冰箱的正常运行。日常保养主要体现在以下几个方面。

(1)清洁保存箱:保存箱应定期清扫;使用干布擦拭掉保存箱外壳和内室及所有附体上的少量灰尘。如果保存箱很脏,则使用浸过中性洗涤剂的清洁布将脏物清掉并用湿布拭去残留的洗涤剂,然后用干布擦拭;不得将水倾倒于保存箱外壳上或保存室内,否则可能因损坏电器绝缘而导致故障发生;压缩机和其他机械零件处于完全密封状态,不需润滑。

(2)清洗冷凝器过滤网:当保存箱显示板上"冷凝器脏"报警灯闪烁时,需要清洗过滤网。即使灯不亮的情况下也该每月清洗一次过滤网。若过滤网堵塞,则会缩短压缩机寿命,降温也慢。请按照以下步骤清洗过滤网:先向外拉出机舱前护罩,拿出过滤网,用清水清洗过滤网,然后把过滤网放回原处并装上机舱前护罩,如果清理过滤网之前"冷凝器脏""报警灯亮",则清理后检查灯是否熄灭。

(3)内壁除霜:结霜一般在箱体上部和内门上,霜可能会使箱体和门封条之间出现缝隙,然后引起制冷效果不良。用设备附带的除霜铲对内门进行除霜。注意:不要用小刀或螺丝刀等尖锐的工具除霜。步骤:取出箱内的物品(若有辅助冷却装置,关闭装置),关闭电源开关,打开外门和内门,让冰箱外门自然敞开一段时间以便化霜,用一块干布把箱体底部的积水擦干,清洁完箱体和内门后,重新启动设备,最后把物品放回箱体内。

(4)电池维护:在低温冰箱持续工作时,每隔15天检测电池电量,当检测电池电量低的时候,请确保电池开关处于打开状态,此时电池被充电,当电池持续充电一周后,请重新测试电池电量,正常情况下,此时电池电量应是充足的,如果依然出现电池电量不足的情况,建议更换充电电池;断电报警电池是消耗品,电池的寿命约为3年。如果电池使用超过3年以上,报警时可能不动作,而且存储的设定可能会受影响。

五、使用超低温冰箱的注意事项

超低温冰箱在使用过程中主要有以下几项注意事项。

(1)工作最理想的温度为18~25 ℃,最高不超过32 ℃。湿度:低于80% RH,如果最大温度在32℃,湿度应该低于57% RH。避免大量灰尘、避免机械摇摆或震动。

(2)冰箱四周应该留出至少30 cm的间隙,便于通风散热;避免阳光直射。

(3)避免一次性放入过多的相对太热的物品,会造成压缩机长时间不停机,从而很容易烧毁压缩机,物品要分批放入,分阶梯温度降温。

(4)超低温冰箱不允许私自断电,每次断电后需保持断电24 h后方可在此接通电源进行使用。

(5)超低温冰箱一般来说不要倾斜超过45 ℃,但如果超过45 ℃了需要慢慢地放下,再慢慢地竖起来。冰箱倾斜后至少要静置24 h才能通电。

（6）对冰箱温度每天24 h进行监控和记录,如发现温度异常,尽快通报管理员进行处理。

（7）取放物品尽量快速,开门时间不宜过长。冰箱内的物品需要配置样品储存编目系统,放置物品区域进行个人划分并进行登记,包括人员、物品种类、数量等。

（8）冰箱内码放的物品之间要留一定空隙,不得盖住温度传感器。

六、超低温冰箱的选择

超低温冰箱在海洋食品工业中主要用于对深海产品(如对金枪鱼、鲳鱼等)的储藏。为更好地保持这些深海鱼类肉质的色泽、形状和口感不变,对于需要长期储藏的深海鱼类应采用冻结储藏。根据储藏的时间,应选用不同温度来进行储藏。

①中短期(3个月以下)选用-40 ℃超低温冰箱;②中长期(3~6个月)选用-60 ℃超低温冰箱 ;③长期(6个月以上)选用-86 ℃超低温冰箱。经科学论证,金枪鱼在-60 ℃以下温度冷冻储存,聚冷保鲜效果最佳。

第九章　发酵机械与设备

利用海产品加工成发酵制品,主要是使用水(海)产品组织经发酵而制成食品或调味料的加工方法。发酵主要是以鱼类、虾类、贝类等为原料,在使用食盐腌渍和抑制微生物腐败分解的条件下,利用鱼肉等水产品体内蛋白酶或某些微生物蛋白酶类的作用使蛋白质分解生成氨基酸和其他具有独特风味的物质。目前在市场上比较常见的有鱼酱油(鱼露)、虾酱、海参发酵产品等。

根据微生物类型,发酵设备又分为嫌气和好气两大类,其中嫌气发酵过程中不需要氧气参与,所用发酵设备为嫌气发酵设备;而好气发酵过程需用通风发酵设备,在发酵过程中需不断通入无菌空气。海产品发酵过程大多以好气发酵过程为主,因此这里主要介绍通风发酵设备。

发酵在不同的领域有不同的含义,对微生物学家而言,发酵是指利用微生物的生理活动获得某种产品的过程,这是发酵广义的含意;而对生物化学家来说,发酵是指在厌氧条件下,对有机化合物进行不彻底分解,从而获得代谢所需中间产物和能量的过程,这是发酵狭义的含意。食品发酵是指利用有益微生物加工制造食品的过程。本章所述主要指的是食品发酵机械与设备。

食品发酵原料按其形态可分为固体物料和液体物料,其所涉及的发酵设备亦有所不同,因本书主要针对的是海产品的发酵,故侧重对固体物料所涉及的设备进行介绍。

固体物料发酵设备按照其工艺流程主要有物料前期处理设备、发酵基质的制备与灭菌设备,空气过滤除菌系统,固体发酵罐等。前期处理设备属于通用设备,在第三章中已有介绍。灭菌设备在第十章中介绍,这里不再重复。

第一节　发酵设备概况

发酵设备的功能是按照发酵过程的要求,保证和控制各种发酵条件,主要是适宜微生物生长和形成产物的条件,促进生物体的新陈代谢,使之在低消耗下(包括原料消耗、能量消耗、人工消耗)获得较高的产量。因此发酵设备必须具备一定的条件,应用良好的传递性能来传递动量、质量、热量;能量消耗低;结构应尽可能简单,操作方便,易于控制;便于灭菌和清洗,能维持不同程度的无菌度;能适应特定要求的各种发酵条件,以保证微生物正常的生长代谢。

根据发酵过程使用的生物体,可把设备分为微生物反应器、酶反应器和细胞反应器,其中的微生物反应器为发酵行业的主流设备,但在工业生产中仅应用少数几种形式。所谓生物反应器,是指生物反应过程中,为活细胞或酶提供适宜的反应环境,以使细胞增殖或形成产品的设备。简言之就是使生物进行反应形成产品的一种设备或容器,一般称为发酵罐。随着发酵产品产量的不断提高,发酵设备逐渐从开放型向严密型发展,体积也日趋大型化。大型发酵罐能简化管理,节省设备投资,降低成本。自动化控制也已广泛地应用于发酵设备中,发酵过程中的温度、压力、设备的清洗都已实现了自动控制。

第二节　通风发酵设备

通风发酵设备是好氧发酵使用的发酵反应器,主要包括酵母发酵罐、单细胞蛋白发酵罐、氨基酸发酵罐、酶制剂发酵罐、抗生素发酵罐等。高效发酵反应器要求设备简单,不易染菌,单位体积的生产能力高,代谢热易排出,操作易控制,易于放大。目前工业化通风发酵罐在容量大型化的同时,还实现了计算机控制管理,发酵过程自动监测控制技术的检测项目主要有 pH 值、进出气体中的 O_2 浓度、CO_2 浓度、RO(溶氧浓度)、还原糖、细胞浓度等。

从结构上来划分,通风发酵设备主要分为机械搅拌发酵罐、自吸式发酵罐、气升式发酵罐三种,其中机械搅拌发酵罐是发酵工业使用最为广泛的通风发酵设备。

塔式发酵罐的高径比较大,占地面积小,装料系数较大;通风比和溶氧系数的值范围较广,几乎可满足所有发酵的要求;液位高,空气的利用率高。但由于塔体较高,塔顶和塔底不易混合均匀,往往采用多点调节和补料。多孔筛板的存在不适宜固体颗粒较多的场合,否则固体颗粒大多沉积在下面导致发酵不均匀。

将海产品下脚料作为发酵底物制作成低值饲料,也是目前海产品加工的另一个新的发展趋势。因为此举既可以减少下脚料的抛弃对环境的破坏,同时又能提高资源的再生利用价值。鉴于此,海产品微生物发酵下脚料也已渐渐实现工业化生产。但是,相比干制、腌制、熏制及鱼糜制作等成熟加工工艺,海产品发酵制品的加工工艺比较复杂,精深加工新技术的应用范围仍然相对较小,目前主要还是大量靠传统工艺。

一、机械搅拌式发酵罐

机械搅拌式发酵罐利用机械搅拌器,使空气和发酵液充分混合,提高发酵液内的溶氧量。机械搅拌式发酵罐既具有机械搅拌功能又有压缩空气分布装置,是目前使用最多的一种发酵罐。其结构简图如图 9-1 所示。通用式发酵罐的主要特点是在罐顶(或罐底)有由电动机带动的搅拌器,以此来增加氧的溶解量,满足氧微生物代谢的需要。

机械搅拌发酵罐属于密封受压设备,主要部件包括罐体、搅拌器、挡板、空气吹泡管(或空气喷射器)、消泡器、冷却装置及管路等。

(一)罐体

发酵罐罐体由圆柱形罐身及椭圆形或碟形封头焊接而成,材料多采用不锈钢,大型发酵罐可用复合不锈钢制成或采用碳钢及内衬不锈钢结构,衬里用不锈钢板,厚度为 2~3 mm。为了满足压力操作的工艺要求,罐体可承受一定压力,如 0.25 MPa 的常规灭菌操作压力。常见的工业生产用发酵罐容积为 20~500 m^3。

小型发酵罐的罐顶和罐身用法兰连接,罐顶设有清洗用手孔;大中型发酵罐则设有快开入孔及清洗用得快开手孔。罐顶的接管有进料管、补料管、排气管、接种管和压力表接管。为避免堵塞,排气管靠近封头的中心轴封位置。罐身上有冷却水进出管、进空气管、温度计管和测控仪表接口。灌顶结构如图 9-2 所示。

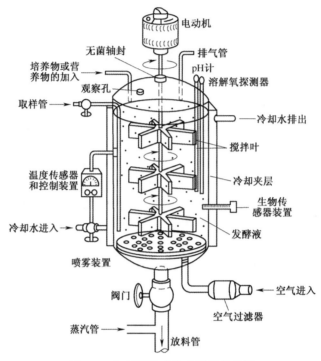

图 9-1　机械搅拌式发酵罐结构简图

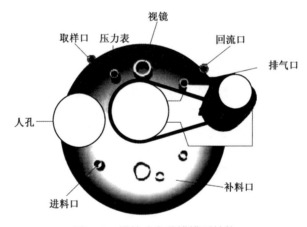

图 9-2　搅拌式发酵罐罐顶结构

（二）搅拌器和挡板

罐内的搅拌器一般采用涡轮式结构，由不锈钢板制成，其主要作用是加速溶氧。搅拌器多为 2 组，也有 3 组或 4 组，其叶片结构有平叶式、弯叶式、箭叶式等多种。为了拆卸方便，大型搅拌器一般做成两半，通过螺栓连成一体。挡板的作用是使液流由径向流型变成轴向流型，防止液面中央产生旋涡，促使液体激烈翻动，提高溶氧量。

(三)消泡器

消泡器用于打碎泡沫,最常见的有锯齿式、梳状式、孔板式以及螺旋桨梳式等。孔板式的孔径为 10~20 mm。消泡器的长度约为罐径的 0.65。图 9-3 为某耙式消泡器。

图 9-3　耙式消泡器

(四)空气分布装置

空气分布装置的作用是引导无菌空气均匀吹入,有单管及环管等结构形式。常用的分布装置为单管式,管口的末端在距罐底一定高度处朝下正对罐底中央位置,空气分散效果较好。空气由分布管喷出上浮时,被搅拌器打碎成小气泡,并与醪液充分混合,加快气液传质。为防止气流直接冲击罐底,罐底中央安装有分散器,以延长罐底的寿命。

(五)冷却装置

冷却装置用于排出发酵热,通常有冷却夹套或排管。

(六)联轴器及轴承

联轴器用于搅拌轴的连接,小型发酵罐可采用法兰连接,大型发酵罐搅拌轴较长,常分为二三段,需采用联轴器连接。联轴器有鼓形及夹壳形两种,为减少因搅拌轴工作时产生的挠性变形所引起的振动,中型发酵罐一般在罐内装有底轴承,而大型发酵罐还装有中间轴承,其水平位置可调。在轴上增加轴套可防止轴颈磨损。

(七)轴封

轴封用于罐顶或罐底与搅拌轴之间的缝隙的密封。为防止泄漏和污染杂菌,发酵罐对于轴封的要求较高,通常采用密封性能良好的填料函和端面轴封。

机械搅拌发酵罐溶氧系数较高,一般体积溶氧系数为 100~1 000/h,适合于各种发酵的溶氧要求,且罐内液体和空气的混合效果较好,不易产生沉淀,可适应有固形物存在的场合,因此又称全混式发酵罐;此外,由于搅拌作用形成的液体流型使氧气的利用率较高,所需要的通风量较小。但是,机械搅拌式发酵罐操作费用高、投资成本较大,并且结构复杂,清洗和维修不便。

二、自吸式发酵罐

自吸式发酵罐是一种在搅拌过程中自行吸入室气的发酵罐,不需要配置空气压缩机或鼓风机,广泛用于医药工业调味料制造工业。自吸式发酵罐种类繁多,根据通气的形式不同,可以分为无定子回转翼片自吸式发酵罐和有定子自吸式发酵罐两种类型。常用的结构形式如下:

(一)无定子回转翼片自吸式发酵罐

无定子自吸式发酵罐式利用高速转动的转子在发酵液中的旋转运动,在离心力的作用下,转子中的发酵液高速向外甩出,使转子空腔形成负压,不断自吸入空气,由于转子的高速转动,使气液充分接触,呈高端湍流状态,当吸入的空气与液体接触时,立即分散为细小的气泡,与发酵液均匀混合,无定子自吸式装置在搅拌的同时完成了充气。其结构简图如图9-4所示。这种罐结构简单、制作容易、操作维修方便,但空气的利用率低、电耗稍大。

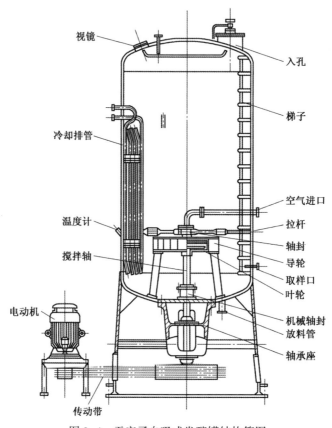

图9-4　无定子自吸式发酵罐结构简图

(二)有定子自吸式发酵罐

图9-5所示为一种具有转子和定子的自吸式发酵罐,主要构件即转子(又称自吸搅拌器)和定子(又称导轮)。转子由主轴带动,当转子转动时空气则由导气管吸入。转子的形式有九叶轮、六叶轮、三叶轮、十字形转子、三叶轮等,图9-6所示为六叶轮转子和十字形转子。

转子在启动前,需要先用液体将其浸没,在电动机驱动其高速旋转时,液体因离心力而被甩向叶轮边缘,并在转子中心处形成负压。在负压作用下,空气自动从转子中心处被吸入,通过导向叶轮内腔甩出,而液体因转子外阔叶片被吸入并均匀甩出,在转子外圆处被剪切成细微的气泡并与循环的发酵液相遇,在湍流状态下混合、翻腾、扩散,在搅拌的同时完成了充气。转子转速越高,所形成的负压也越大,吸气量越大,流体的动能也越大,流体离开转子时由动能变成压力能也越大,从而排出的风量也越大。

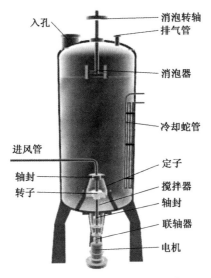

图9-5 有定子自吸式发酵罐

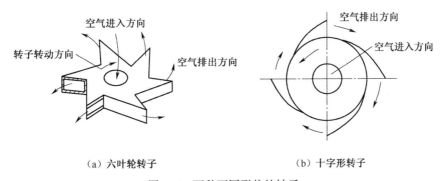

（a）六叶轮转子　　　　　（b）十字形转子

图9-6 两种不同形状的转子

(三)文氏管吸气自吸式发酵罐

文氏管吸气自吸式发酵罐是一种喷射自吸式发酵罐,该发酵罐是用泵使发酵液通过文氏管吸气装置,由于液体在文氏管的收缩段流速增加,形成真空而将空气吸入,并使气泡分散与液体均匀混合,实现溶氧传质。图9-7为文氏管吸气自吸式发酵罐。该发酵罐溶氧速率高、溶氧效率高、能耗较低;同时该发酵罐不必配备空气压缩机及其附属设备,不仅生产效率高,经济效率也高。

自吸式发酵罐这种新型设备目前已广泛应用,其优点包括:空气自吸进入,节省了空气净化系统中的空气压缩机及冷却器、储液罐、油水分离器等辅助设备,投资少,功耗低;气泡小,气液接触均匀,溶氧系数高;便于自动化,连续化操作,劳动强度低;酵母发酵周期短,发酵液中酵母浓度较高等。该设备的局限性在于:吸程低,不适用于无菌要求高的场合;气液流量调整无法兼顾,因此更适合于连续发酵;搅拌器末端线速度相当高,剪切作用强,不适合于丝状菌发酵;罐压较低,装料系数约为40%;结构较复杂,加工精度要求较高。

三、气升式发酵罐

气升式发酵罐是近几十年来发展起来的新型发酵罐。空气由罐底进入后,通过罐内底部装的分散元件(如多孔板)分散成小气泡,在往上移动过程中与培养液混合进行供氧,最后经液面与二氧化碳等一起释出。在因液体密度差异而产生的压力差的推动下,培养液呈湍流状态在罐内循环。

这种发酵罐结构简单,无机械搅拌装置,设备需要空压机或鼓风机来完成气流搅拌,有

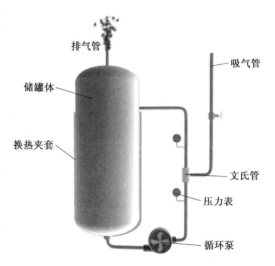

图9-7 文氏管吸气自吸式发酵罐

时还需有循环泵。因无机械搅拌装置,能耗低、减少了杂菌污染的危险,安装维修方便、氧传质效率高。在海产品发酵加工中常用的类型主要是带升式和塔式发酵罐。

(一)带升式发酵罐

图9-8为外循环带升式发酵罐结构简图,其上升管安装于罐外,上升管两端与罐底及罐上部相连接,构成一个循环系统,下部装有空气喷嘴。图9-9为某调味料生产企业的外循环带升式发酵罐。在发酵过程中,空气以250~300 m/s的高速从喷嘴喷入上升管。由于喷嘴的作用空气泡被分割细碎,而与上升管的发酵液密切接触。因气体含量大、密度小,加上压缩空气的高速向上喷流动能,上升管内液体上升。同时,罐内液体下降进入上升管下端,形成反复循环。在循环过程中,发酵液不断地与空气气泡接触,供给发酵所耗的溶解氧,使发酵正常进行。

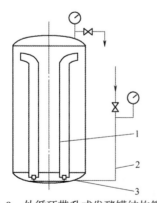

图9-8 外循环带升式发酵罐结构简图
1—上升管;2—空气管;3—空气喷嘴

图9-9 外循环带升式发酵罐

内循环式的循环管可通过采用多层套管结构,延长气液接触时间;并列设置多个上升管,降低罐体高度及所需空气压力。外循环式罐外置的上升管外侧可增加冷却夹套,在循环的同时对发酵液进行冷却。

带升式发酵罐的主体内无空气,只在循环管内循环,装料系数较高,可达80%~90%,故应用广泛。但对于黏度较大的发酵液体积溶氧系数较低,一般小于140 L/h,为了提高体积溶氧系数,可以加大循环管的直径,同时在循环管内增设多孔板;对于外循环设备,可在循环管上增设液泵来增大循环速度,形成机械循环式反应器;还可采用多根循环管来提高循环速度。

(二)塔式发酵罐

塔式发酵罐又称空气搅拌高位发酵罐,如图9-10所示,罐体的高径比较大,罐内安装有多层用于空气分布的水平多孔筛板,下部装有空气分配器。空气从空气分配器进入后,经多孔筛板多次分割,不断形成新的气液界面,使空气泡一直能保持细小,液膜阻力下降,液相氧的传递系数增大,提高了体积溶氧系数。另外,多孔筛板减缓了气泡的上升速度,延长了空气与液体的接触时间,从而提高了空气的利用率。在气升式发酵罐中,塔式发酵罐的溶氧效果最好,适用于多级连续发酵,主要用于微生物的培养及水杨酸的生产。图9-11为某海产品加工厂的塔式发酵罐。

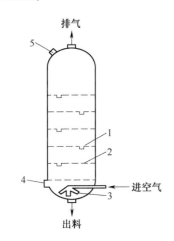

图9-10 塔式发酵罐结构简图
1—导流筒;2—筛板;3—分配器;4、5—人孔

图9-11 塔式发酵罐

第三节 厌氧发酵设备

厌氧发酵罐不需要通入无菌空气,在设备放大、制造和操作时,都比好氧发酵设备简单得多。对这类发酵罐的要求是能封闭、有冷却设备,罐内尽量减少装置,消灭死角,便于清洗灭菌。

一、前发酵槽

常见的前发酵槽采用钢筋混凝土制成,也可用钢板制成,形状以矩形或正方形为主,通常为开口式,置于发酵室内(图9-12)。为了防止物料中有机酸对各种材质的腐蚀,前发酵槽内均涂布一层特殊材料保护层。前发酵槽的底部略有倾斜,以利于洗涤废水和酵母泥等排出。在发酵槽内高出槽底 $10 \sim 15$ cm 处,有物料放出管口。该管为活动接管,平时可拆卸,管口带有塞子,以挡阻沉淀下来的酵母,避免酵母污染放出的物料。当物料放完后,可拆除出口管头,从而使酵母泥由该管口直接流出。为了维持发酵槽内醪液的低温,在槽内装有冷却蛇管或排管,根据经验,在前发酵槽中进行发酵,每立方米发酵液约需 0.22 m^2 的冷却面积。另外,由于前发酵槽是敞口的,所以要注意室内 CO_2 的排放以防止中毒。当然也可以将发酵槽做成密闭式的,以减少通风换气时冷量消耗与杂菌的污染机会。此外,还需在发酵室内配置冷却排管或采用空调装置,维持室内的温度和湿度。

二、后发酵槽

后发酵槽,主要用于物料的继续发酵,并使 CO_2 饱和,促进物料的稳定、澄清和成熟。后发酵槽根据工艺要求,要维持比前发酵槽更低的温度,一般要求 $0 \sim 2$ ℃,特殊情况时要求达 -2 ℃左右,主要依靠室内冷却排管或通入冷循环风来维持。后发酵过程中残糖低,发酵温和,发酵产热较少,其热量可借低温带走,故后发酵槽内一般无须再装置冷却蛇管,但是储酒室的建筑结构和保温要求均不能低于前发酵槽。

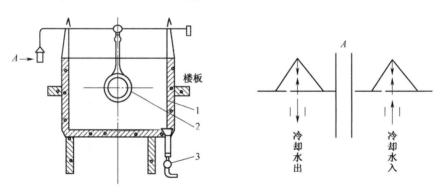

图9-12　前发酵槽结构示意图
1—槽体;2—冷却水管;3—出酒阀

后发酵槽为金属圆筒形密闭容器,有卧式和立式之分(图9-13),卧式居多。后发酵槽槽身装有入孔、取样阀、进出接管、排出 CO_2 接管、压缩空气接管、温度计、压力表和安全阀等附属装置。由于发酵过程中需要饱和 CO_2,所以后发酵槽应制成耐压 $0.1 \sim 0.2$ MPa(表压)的容器。后发酵槽常以碳钢与不锈钢压制的复合钢板制成,这样既可以保证安全、卫生和防腐性,造价又比不锈钢低。

三、固态发酵容器

固态发酵容器的种类很多,按形态与结构分,可分为发酵盘、发酵池、发酵箱、发酵缸和发酵罐等。理想的固态发酵容器应具备以下特征:①用于建造发酵容器的材料必须坚固、耐腐蚀并对发酵微生物无毒、无害。②可以防止发酵过程污染物进入,同时可以控制发酵过程的有害物质或生物释放到环境。由于有些固体发酵容器是敞口或半敞口的,所以有时很难完全有效地控制杂菌的进入,此时主要是通过控制发酵条件使目标微生物成为优势菌群,以有效控制杂菌的影响。而对于发酵过程有害物质(主要是微生物孢子等)对环境的影响,通常可以在空气出口处安装过滤器,对空气进行过滤并达到要求后再排放,这样可以有效地控制它们对环境的影响。③具有有效的通风调节系统,可以有效调控温度、水分活度和氧气浓度等。④能够维持发酵物料内部的均匀性。⑤便于安装和拆卸,也便于与培养基质的制备、灭菌、接种以及发酵产物的提取等设备相衔接。

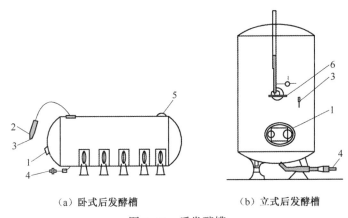

（a）卧式后发酵槽　　　　　（b）立式后发酵槽

图 9-13　后发酵槽

1—入孔;2—连通接头(排 CO_2 等);3—取样阀;4—放出阀;5—压力表和安全阀;6—压力调节装置

固态发酵容器除了以形态与结构特点进行分类外,根据发酵过程中基质的运动状态,可以将固态发酵容器分为静态发酵容器和动态发酵容器。所谓静态发酵容器是指物料在发酵过程中处于静止状态的发酵设备。此类设备具有结构简单、容易放大、操作简便和能耗低等优点,但是,由于物料处于静止状态,传热与传质困难,从而导致基质内部温度、湿度不均匀,菌体生长不均匀,在发酵过程中需要人工间歇翻动物料,劳动强度大。所谓动态发酵容器是指发酵过程中物料处于间歇或连续的运动状态的一类发酵容器。此类设备具有传热和传质好、设备集成度高、自动化水平高等优点,但是,由于设备的机械部件多,结构复杂,灭菌消毒比较困难,物料搅拌的能耗较大,设备放大困难。下面以两种典型固态发酵容器为代表予以介绍。

1. 填充床式发酵容器(静态发酵容器)

填充床式发酵容器由填充床、鼓风机、风道等组成。填充床可以是横卧(图9-14)、垂直或倾斜的圆柱或木箱等,在它们的迎风面有孔道供空气进入。工作时,首先将不锈钢网与麻布依次铺在填充床上,然后将接种混匀的固体物料均匀铺在麻布上,打开鼓风机,气流经下风道由填充床底部穿过物料层向上流动,并经上风道进入鼓风机可实现循环使用。也可以根据需要,打开空气入口补充新鲜空气。由于填充床式发酵容器不带加热器,所以通常置于保温培养室中。

填充床式发酵容器设计简单,工艺控制容易,特别是由于空气可以实现循环利用,所以温度与湿度的损失不大,可以节约能源,所以相对于浅盘式发酵容器而言,它在生产中的应用更加广泛。但是填充床式发酵容器的进出料比较麻烦,传热与传质困难,微生物生长不均匀。

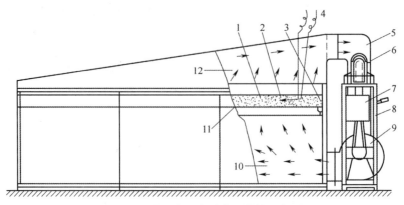

图 9-14　填充床式发酵容器结构示意图

1—培养物料;2—不锈钢网;3—麻布;4—温度传感器;5、12—上风道;
6—电动机;7—变速箱;8—空气入口;9—鼓风机;10—下风道;11—填充床

2. 搅拌式发酵容器(动态发酵容器)

搅拌式发酵容器由圆筒式发酵容器、搅拌器、搅拌桨、夹套、空气进出口等组成。其中,发酵容器与搅拌器是核心部件,发酵容器可以是卧式(图 9-15)的也可以是立式的,相应的搅拌轴在这两种发酵容器中分别为水平的和垂直的,轴上安装有多个搅拌桨,桨叶与轴平行。工作时,搅拌桨随轴旋转使物料搅拌均匀。为减少搅拌剪切力的影响,通常采用间歇搅拌的方式,而且搅拌转速较低。空气由发酵容器底部的空气进口进入,穿过物料,由上部空气开口排除,给物料供氧,同时带走部分热量。通过向发酵容器的夹套中通入热水或冷溶剂来控制发酵物料的温度。

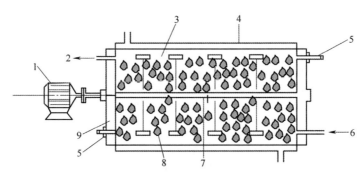

图 9-15　卧式搅拌式发酵容器结构示意图

1—搅拌电动机;2—空气出口;3—搅拌桨;4—水夹套;5—温度探针;
6—空气进口;7—搅拌轴;8—固体培养物料;9—发酵容器

第四节　空气过滤除菌及其他相关设备

空气过滤除菌是目前发酵工业中最常用的空气除菌方法,要实现空气的过滤除菌需要由一系列的设备来支持,这些设备主要包括空气过滤器、空气压缩机、粗过滤器、空气储罐、热交换器、水雾分离器等,这些设备按一定的要求组合在一起就形成了所谓的空气过滤除菌系统或流程。下面将对典型的设备分别进行介绍。

一、空气过滤器

空气过滤器的种类较多,如深层棉炭过滤器、平板式过滤器、管式过滤器、接迭式过滤器、微孔滤膜过滤器等。本节以微孔滤膜过滤器为例进行介绍。

微孔滤膜过滤器是新一代高效、能反复灭菌的绝对过滤介质过滤器。图 9-16 是我国生产的 JPF 过滤器结构示意图。为了方便滤芯(结构见图 9-17)安装和更换,过滤器圆柱状筒身分成上下两部分,由法兰相连接。在实际过程中,可以根据空气通量大小,将多根加工成型的滤芯安装在一个过滤器内,以增加过滤面积。

二、其他相关设备

除了过滤器外,在空气过滤除菌系统(流程)中,还包括其他一系列设备,主要有空气压缩机、吸风塔、粗过滤器、空气储罐、换热器和水雾分离器等。下面将对它们的结构与功能进行叙述。

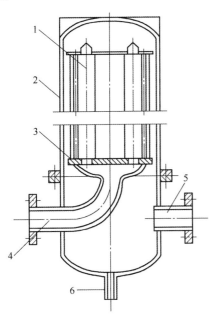

图 9-16　JPF 过滤器结构
1—滤芯;2—外壳;3—滤芯固定;
4—空气进口;5—空气出口;6—污水出口

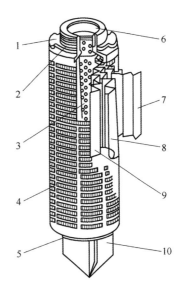

图 9-17　JPF 滤芯结构
1—卡锁;2—密封端盖;3—不锈钢芯柱;
4—外筒;5—端盖;6—不锈钢衬圈;
7—外支撑层;8—微孔滤膜;9—内支撑层;10—翅片

1. 空气压缩机

空气压缩机的种类较多,如往复式空气压缩机、离心式空气压缩机、螺杆式空气压缩机等,本节以离心式空气压缩机为例进行介绍。

离心式空气压缩机一般是由电动机直接带动涡轮高速旋转,产生所谓的"空穴",吸入空气并使其获得较高的离心力,再使部分动能转变为静压而将空气输出的一种压缩机。它可以分为单级和多级离心式空气压缩机。

离心式空气压缩机具有输气量大、输出空气压力稳定、效率高、设备紧凑、占地面积小、无易损部件、获得的空气不带油雾等优点,因此是发酵工业中很理想的供气设备。适用于发酵工业的离心式空气压缩机属于低压涡轮空气压缩机,出口压力一般为 0.25~0.5 MPa,在实际生产中,可选用出口压力较低又能满足工艺要求的压缩机,这样可节省动力消耗。

2. 吸风塔

吸风塔是一个类似烟囱的圆柱形钢结构设备,是空气压缩机的吸气口。为了防止雨水灌入吸风塔,其顶部常设计有防雨罩。为了减少压力的损失,保证空气净度,减少对压缩机气缸的磨损,吸风塔进气管至空气压缩机的管路要求直管连接,避弯管或多弯管;同时吸风塔的吸气口应在离地面 10 m 以上,这样可以减少尘埃颗粒及微生物对空气压缩机气缸的磨损。另外,吸风塔内的空气流速不能太快,不然会产生很大的噪声,一般空气在吸风塔内的截面流速设计在<8 m/s。如果受到四周环境空间的限制,不能单独建吸风塔时,也可以利用车间厂房的高度,在其屋顶上建一个吸风室替代吸风塔。它既不占地方,又能保证吸风高效。

3. 粗过滤器

粗过滤器是安装于空气压缩机之前,捕集空气中较大的灰尘颗粒,以防止压缩机受磨损,同时也可减轻总过滤器负荷的一种过滤器。一般要求粗过滤器的过滤效率要高,且阻力要小,否则会增加空气压缩机的吸入负荷并降低空气压缩机的排气量。常见的粗过滤器包括水雾除尘装置、油浴洗涤装置等,其结构如图 9-18、图 9-19 所示。

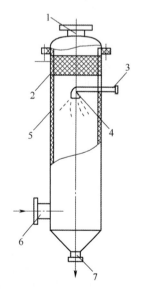

图 9-18　水雾除尘装置结构示意图
1—空气出口;2—滤网;3—高压水口;
4—喷雾器;5—罐体;6—空气入口;7—废水出口

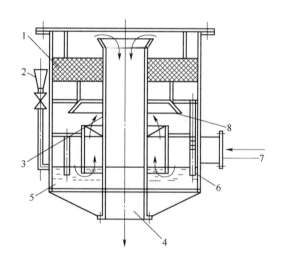

图 9-19　油浴洗涤装置结构示意图
1—滤网;2—加油斗;3—中心管;
4—空气出口;5—油层;6—观察镜;
7—空气入口;8—百叶窗式圆盘

4. 空气储罐

空气储罐是位于空气压缩机之后,一方面可以消除气流的脉冲,稳定压强;另一方面可以让高温空气在储罐里停留一定时间,起到部分杀菌的作用(此时要在空气储罐外加保温层)。空气储罐是一个钢制圆柱容器,罐顶上装有安全阀和压力表,罐底安装有排污阀,罐壁上设置有入孔,便于检修。

5. 换热器

在空气过滤除菌系统中,换热器包括空气冷却器与空气加热器。空气冷却器的作用是降低压缩空气的温度,以除水减湿。空气冷却器常为双程或多程列管式换热器,冷却水走管程,压缩空气走壳程。为提高换热器的传热系数,应在壳程安装圆缺形的折流板。空气加热器的作用是降低压缩空气的相对湿度。压缩空气经降温除水后,其相对湿度往往很高,而进入总过滤器之前,其相对湿度必须控制在 60%~70%,所以常采用换热器加热空气以达到降湿的要求。空气加热器一般采用列管式换热器,空气走管程,蒸汽走壳程。值得注意的是为了避免温度过高的空气进入发酵罐,造成微生物最佳生长环境的波动,应控制进入发酵罐的空气温度不高于微生物培养温度 10 ℃。

6. 水雾分离器

水雾分离器一般位于空气冷却器之后,以去除压缩空气冷却产生的水雾,减轻空气加热器的工作压力,防止空气中夹带水滴进入总过滤器,使过滤介质失效。水雾分离器通常包括旋风分离器和丝网分离器两种。其中,丝网分离器对 10 mm 粒径水滴的除去效率为 60%~70%,若要除去 2~5 μm 大小的水滴或油滴就要采用金属丝网分离器。所以旋风分离器又称为粗除水器,金属丝网分离器又称精细除水器。

第十章　杀菌设备

食品腐败的主要原因,一是微生物分解利用食品,导致有机高分子物质降解为低分子物质及其他代谢产物;二是内外源酶的催化加速成熟转化过程;三是氧化、光催化作用引起食物中化学不稳定物质的酸败等。食品产品要较长时间保存,必须杀菌灭酶等。所以,杀菌是食品加工的一个极其重要的甚至必需的环节。

常见杀菌技术与设备食品工业中的杀菌设备种类较多。本章重点介绍直接加热杀菌设备、釜式杀菌设备、板式杀菌设备、管式杀菌设备的基本结构、性能特点、选型原则和方法,并简要介绍几类新型杀菌技术的杀菌机理和设备特点。

第一节　直接加热杀菌设备

一、蒸汽喷射式真空瞬时加热杀菌装置

下面简要说明真空瞬时加热杀菌装置的基本结构和操作,如图 10-1 所示。该装置采用直接加热方式杀菌,蒸汽和食品物料直接混合。工作时,原轧或轧制品从储槽抽到有一定液位高度的平衡槽 1,再由离心泵 2 输送到两台片式预热器 3 和 5,预热到 75 ℃左右。在预热器 3 中,物料由来自真空罐 10 或 13 的过热蒸汽加热,在预热器 5 中,则由生蒸汽(直接由锅炉运送来的蒸汽)加热。调节器 C_2 为喷射器补充蒸汽,保证物料的温度。然后,用高压离心泵 6 继续把物料抽送到喷射器 7 中,在不到 1 s 的时间内物料即由喷入的蒸汽加热到 140 ℃,其中一部分蒸汽冷凝,它的潜热传递给物料,几乎在瞬间就把物料加热到杀菌温度。物料通过保温管 8 约 4 s 后,经转向阀 9 进入保持着一定真空度的真空罐 10。在此罐内,物料的压力突然降低,体积迅速增大,结果温度瞬间下降到大约 77 ℃,同时喷射器 7 中的水蒸气也被急剧蒸发放出,该蒸汽经真空罐 10 顶部进入片式预热器 3 中经冷却被冷凝成水而排出。接着经过超高温处理的灭菌物料用无菌泵 11 从真空罐 10 中抽出,进入无菌均质机。均质机中的压力一般为 20 MPa。最后,物料在无菌轧冷凝器 12 中冷却到 20 ℃,必要时可冷却到比 20 ℃更低的温度。至此,处理过程结束,灭菌物料可以进行无菌包装,也可以储存在无菌储槽中。

若由于某种原因,物料在转向阀 9 处没有达到 140 ℃这一杀菌温度,则自动转向进入另一真空罐 13 中,先在真空情况下冷却,而后在冷凝器 15 中进一步冷却。这些杀菌不充分的物料,最后返回到平衡槽 1 重新进行处理。上述自动转向装置,可保证杀菌有足够的可靠性。

该杀菌设备中的关键装置为蒸汽喷射器,其结构示意图如图 10-2 所示。要保证物料能在一段很短时间内加热到杀菌温度,不锈钢是制作喷射头最合适的材料。喷射器的外形是一不对称的丁形三通,内管管壁四周加工了许多直径小于 1 mm 的细孔。蒸汽就是通过这些细孔并与物料流动方向成直角的方位强制喷射到物料中去的。喷射过程中,物料和蒸汽均处于

一定压力之下。物料在进入喷射器前的压力,一般保持在 0.4 MPa 左右,蒸汽压力在 0.5 MPa 左右。喷射蒸汽必须是高纯度的。为了提高蒸汽纯度,通常让蒸汽通过一离心式的过滤器,除去任何可能存在的固体颗粒和溶解的盐类。

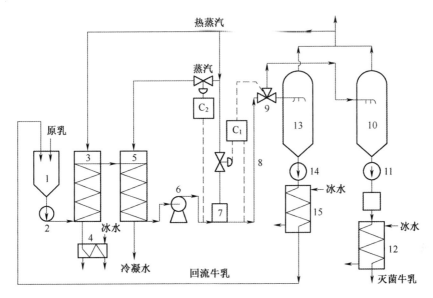

图 10-1　真空瞬时加热杀菌装置流程图

1—平衡槽;2—离心泵;3、5—预热器;4、12、15—冷凝器;6—高压离心泵;
7—喷射器;8—保温管;9—转向阀;10、13—真空罐;11、14—无菌泵

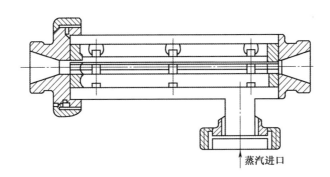

图 10-2　蒸汽喷射器

二、自由降落薄膜式杀菌器

自由降落薄膜式杀菌器简称降膜式杀菌器。该装置采用一种较新的超高温杀菌工艺,这种工艺又称戴西法。主要优点是所加工的物料优于前种设备生产的产品,尤其在口感和轧色方面与经过巴氏杀菌的物料没有什么差别。目前所用的直接加热法,是将高压蒸汽流通过原料,引起超高温情况下的突然冲击,或在经过间接加热法的金属换热器时,物料与超过处理温度的金属表面接触。无论何种情况,都会使其变味,带有焦煳味,这正是目前的超高温灭菌品

质最大的不足之处,但是戴西法没有这种缺点。

降膜式杀菌器的主要结构,如图 10-3 所示。这种杀菌器内部充满了一定温度的高压清洁蒸汽及液体食品。物料从原轧进口 1 通过流量调节阀 2 供给不锈钢筛网 5,在重力作用下形成连续性层流(5 mm 厚)沿着筛网自由下降,同时与来自蒸汽进口 4 的过热蒸汽(最高压力为 446.2 kPa)相接触,液体物料薄膜降落的时间仅为 3 s,温度可从 57~66 ℃升高至出口温度 135~166 ℃。整个杀菌装置的流程如图 10-4 所示。先用 140 ℃高压热水通过全部设备,进行 30 min 的消毒。消毒结束即可开始杀菌处理。原料轧从轧槽 A 经轧泵 B 送至预热器 C 内预热到 71 ℃左右,随即进入戴西杀菌器 D 中。戴西杀菌器内充满 149 ℃左右的高压蒸汽,物料在杀菌器内沿着许多长约 10 cm 的不锈钢筛网,以薄膜形式从蒸汽中自上而下自由降落至底部,整个降落过程为 1/3 s。此时高温高压的物料吸收有少量水分,在经过一定长度的保温管 E 保持 3 s 后,进入真空罐 F 的压力急剧下降,从蒸汽中吸收的少量水分汽化即可排除。同时物料的温度从 149 ℃下降到 71 ℃左右,与进入杀菌器前的温度相同,物料中的水分也恢复到正常的数值。图 10-5 为某食品加工厂的降膜式杀菌器实物装备图。

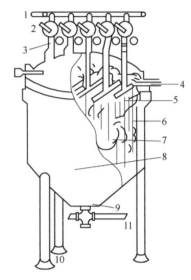

图 10-3　降膜式杀菌器

1—原轧进口;2—流量调节阀;3—压力表;
4—蒸汽进口;5—不锈钢筛网;6—自由降落薄膜;
7—饱和清洁蒸汽;8—杀菌器外壳;9—液封;
10—液面调节器;11—产品出口

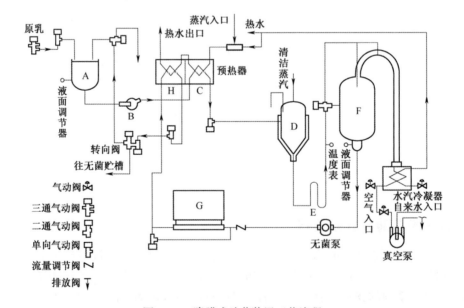

图 10-4　降膜式杀菌装置工艺流程

A—轧槽;B—轧泵;C—预热器;D—戴西杀菌器;E—保温管;F—真空罐;G—无菌均质机;H—无菌冷却器

图 10-5　降膜式杀菌器

全部运行过程均由计算机自动控制调节。此后,灭菌后的物料流经无菌均质机 G 和无菌冷却器 H,最后进入无菌储槽中等待无菌包装。从戴西杀菌器之后,各种设备管道的接头都装有蒸汽密封元件。

第二节　釜式杀菌设备

一、立式杀菌设备

立式杀菌设备又称立式杀菌锅,可用于常压或加压杀菌。由于在品种多、批量小的生产中较实用,加之设备价格较低,因此在中小型罐头厂使用较普遍。从机械化、自动化、连续化生产来看,立式杀菌器不太有优势。与立式杀菌锅配套的设备有杀菌篮、电动葫芦、空气压缩机等。

图 10-6 所示为具有两个杀菌篮的立式杀菌锅结构示意图,图 10-7 为立式杀菌锅实物图。其球形上盖 4 铰接于后部上缘,上盖周边均布 6~8 个槽孔,锅体的上周边铰接与上盖槽孔相对应的螺栓 6 密封上盖与锅体,密封垫片 7 嵌入锅口边缘凹槽内,锅盖可借助平衡锤 3 开启。锅的底部装有十字形蒸汽分布管 10 以送入蒸汽,9 为蒸汽入口,喷气小孔开在分布管的两侧和底部,以避免蒸汽直接吹向罐头。锅内放有装罐头用的杀菌篮 2,杀菌篮与罐头一起由电动葫芦吊进吊出。冷却水由装于上盖内的盘管 5 的小孔喷淋,此处小孔不能直接对着罐头,以免冷却时冲击罐头。锅盖上装有排气阀、安全阀、压力表及温度计等。锅体底部装有排水管 11。

二、卧式杀菌设备

卧式杀菌设备又称卧式杀菌锅,只用于高压杀菌,而且容量较立式杀菌锅大,因此多用于以生产罐头为主的大中型罐头厂。

卧式杀菌设备机构示意图如图 10-8 所示。锅体与锅门(盖)的闭合方式与立式杀菌锅相似。锅内底部装有两根平行的轨道,供装载罐头的杀菌车进出使用。蒸汽从底部进入到锅内两根平行的开有若干小孔的蒸汽分布管,对锅内进行加热,蒸汽管在轨道下面。当轨道与地平面成水平时,才能使杀菌车顺利地推进推出,因此有一部分锅体处于车间地平面以下。为了便于杀菌锅的排水,底部开设一地槽。卧式杀菌锅实物图如图 10-9 所示。

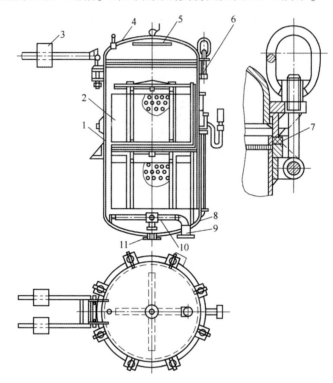

图 10-6　立式杀菌锅结构示意图

1—锅体;2—杀菌篮;3—平衡锤;4—球形上盖;5—盘管;6—螺栓;
7—密封垫片;8—锅底;9—蒸汽入口;10—十字形蒸汽分布管;11—排水管

图 10-7　立式杀菌锅实物图

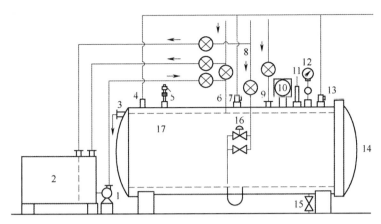

图 10-8　卧式杀菌锅装置图

1—水泵；2—水箱；3—溢流管；4、7、13—放空气管；5—安全阀；6—进水管；8—进气管；9—进压缩空气管；
10—温度记录仪；11—温度计；12—压力表；14—锅门；15—排水管；16—薄膜阀门；17—锅体

图 10-9　卧式杀菌锅实物图

　　锅体上装有各种仪表和阀门。由于采用反压杀菌,压力表所指示的压力包括锅内蒸汽和压缩空气的压力,使温度和压力不能对应,因此还要装设温度计。

　　上述以蒸汽为加热介质的杀菌锅,在操作过程中,因锅内存在着空气,使锅内温度分布不均,故影响产品的杀菌效果和质量。为了避免因空气造成的温度"冷点"而影响杀菌效果,杀菌操作过程采用排气的方法,通过安装在锅体顶部的排气阀排放蒸汽挤出锅内空气和通过增加锅内蒸汽的流动来提高传热杀菌效果来解决。但此过程要浪费大量的热量,一般占全杀菌热量的 1/4~1/3,并给操作环境造成噪声和湿热污染。

三、回转式杀菌设备

　　全水式回转杀菌机是高温短时卧式杀菌设备,它采用高压过热蒸汽进行杀菌,完全解决了蒸汽式杀菌锅出现的杀菌不均匀、假压等问题。在杀菌过程中罐头始终浸泡在水里,同时罐头处于回转状态,以提高加热介质对杀菌罐头的传热速率,从而缩短了杀菌时间,节省了能源。目前是蒸汽式杀菌锅较好的替代产品。国产机型有全自动、半自动、静止式、旋转式、全不锈钢和碳钢制造之分。杀菌机杀菌的全过程由程序控制系统自动控制。杀菌过程的主要参数如压力、温度和回转速度等均可自动调节与控制。但这种杀菌设备属于间歇式杀菌设备,不能连续进罐和出罐。

全水式回转杀菌机结构示意图如图 10-10 所示。全机主要由储水锅(亦称上锅)、杀菌锅(又称下锅)、管路系统、杀菌篮和控制箱组成。储水锅为一密闭的卧式储罐,供应过热水和回收热水。为减轻锅体的腐蚀,锅内采用阴极保护。为降低蒸汽加热水时的噪声并使锅内水温一致,蒸汽经喷射式混流器后才注入水中。杀菌锅置于储水锅的下方,是回转杀菌机的主要部件。它由锅体、门盖、回转体、压紧装置、托轮、传动部分组成。锅体与门盖铰接,与门盖结合的锅体端面有一凹槽,凹槽内嵌有 Y 形密封圈,当门盖与锅体合上后,转动夹紧转盘,使转盘上的 16 块卡铁与门盖突出的楔块完全对准,由于转盘卡铁与门盖及锅体上接触表面没有斜面,因而即使转盘上的卡铁使门盖、锅身完全吻合也不能压紧密封垫圈。门盖和锅身之间有 1 mm 的间隙,因此关闭与开启门盖时方便省力。杀菌操作前,当向密封腔提供 0.5 MPa 的洁净压缩空气时,Y 形密封圈便紧紧压住门盖,同时其两侧唇边张开而紧贴密封腔的两侧表面,起到良好的密封作用。回转体是杀菌锅的回转部件,装满罐头的杀菌篮置于回转体的两根带有滚轮的轨道上,通过压紧装置可将杀菌篮内的罐头压紧。回转体是由 4 只滚圈和 4 根角钢组成的一个焊接的框架,其中一个滚圈由一对托轮支承,而托轮轴则固定在锅身下部。回转体在传动装置的驱动下携带装满罐头的杀菌篮回转。全水式回转杀菌机实物图如图 10-11 所示。驱动回转体旋转的传动装置主要由电动机、P 形齿链式无级变速器和齿轮组成。回转体的转速可在 6~36 r/min 内作无级调速。回转轴的轴向密封采用单端面单弹簧内装式机械密封。在传动装置上设有定位装置,从而保证了回转体停止转动时,能停留在某一特定位置,使得回转体的轨道与运送杀菌篮小车的轨道接合,从杀菌锅内取出杀菌篮。

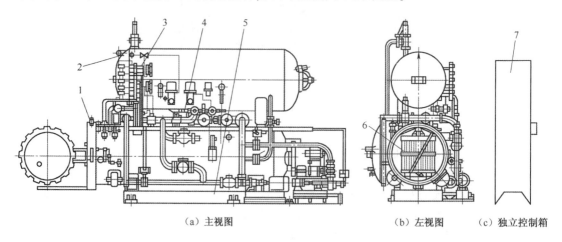

(a) 主视图　　　　　　　　　　(b) 左视图　　　(c) 独立控制箱

图 10-10　全水式回转杀菌机

1—杀菌锅;2—储水锅;3—控制管路;4—水汽管路;5—底盘;6—杀菌篮;7—控制箱

全水式回转杀菌机的工艺流程如图 10-12 所示。储水锅与杀菌锅之间用连接阀 V_3 的管路连通。蒸汽管、进水管、排水管和空压管等分别连接在两锅的适当位置,在这些管路上根据不同使用目的安装了不同形式的阀门。循环泵使杀菌锅中的水强烈循环,以提高杀菌效率并使锅内的水温均匀扩散。冷水泵用来向储水锅注入冷水并向杀菌锅注入冷却水。

全水式回转杀菌机的整个杀菌过程分为以下 8 个操作工序。

（1）制备过热水。第一次操作时，由冷水泵供水，以后当储水锅的水位到达一定位置时液位控制器自动打开储水锅加热阀 V_1，0.5 MPa 的蒸汽直接进入储水锅，将水加热到预定温度后停止加热。当储水锅水温下降到低于预定的温度，则会自动供蒸汽，以维持预定温度。

（2）向杀菌锅送水。当杀菌篮装入杀菌锅、门盖完全关好，向门盖密封腔通入压缩空气后才允许向杀菌锅送水。为安全起见，用手按动按钮才能从第一工序转到第二工序。全机进入自动程序操作，连接阀 V_3 立即自动打开，储水锅的过热水由于落差及压力差而迅速由杀菌锅锅底送入。当杀菌锅内水位达到液位控制器位置时，连接阀立即关闭。

图 10-11　全水式回转杀菌机实物图

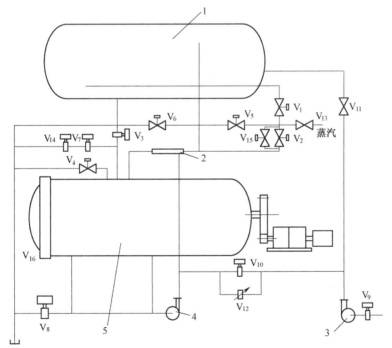

图 10-12　全水式回转杀菌机工艺流程图

1—储水锅；2—混合加热管；3—冷水泵；4—热水循环泵；5—杀菌锅

V_1—储水锅加热阀；V_2—杀菌锅加热阀；V_3—连接阀；V_4—溢出阀；V_5—增压阀；

V_6—减压阀；V_7—降压阀；V_8—排水阀；V_9—冷水阀；V_{10}—置换阀；

V_{11}—上水阀；V_{12}—节流阀；V_{13}—蒸汽总阀；V_{14}—截止阀；V_{15}—小加热阀；V_{16}—安全旋塞

（3）杀菌锅升温。送入杀菌锅里的过热水与罐头换热，水温下降。加热蒸汽送入混合器对循环水加热后再送入杀菌锅。当温度升到预定的杀菌温度时，升温过程结束。

（4）杀菌。罐头在预定的杀菌温度下保持一定的时间，小加热阀 V_{15} 根据需要自动向杀菌锅供汽以维持预定的杀菌温度，工艺上需要的杀菌时间则由杀菌定时钟确定。

（5）热水回收。杀菌工序结束后，冷水泵即自行启动，冷水经置换阀 V_{10} 进入杀菌锅的水循环系统，将热水（混合水）顶到储水锅，直到储水锅内液位达到一定位置，液位控制器发出指令，连接阀关闭，将转入冷却工序。此时储水锅加热阀自动打开，通入蒸汽以重新制备过热水。

（6）冷却。根据产品的不同要求，冷却工序有三种操作方式：①热水回收后直接进入降压冷却；②热水回收后，反压冷却+降压冷却；③热水回收后，降压冷却+常压冷却。每种冷却方式均可以通过调节冷却计时器来获得。

（7）排水。冷却计时器的时间到达后，排水阀 V_8 和溢出阀 V_4 打开。

（8）起锅。拉出杀菌篮，全过程结束。

全水式回转杀菌是自动控制的，由计算机发出指令，根据时间或条件按程序动作，杀菌过程中的温度、压力、时间、液位、转速等由计算机和仪表自动调节，并具有记录、显示、无级调速、低速启动、自动定位等功能。

由于在杀菌过程中罐头呈回转状态，且压力、温度可自行调节，因而全水式回转杀菌设备具有杀菌均匀、杀菌时间短、节省蒸汽、杀菌与冷却压力自动调节、可防止包装容器变形和破损等优点。同时也具有设备复杂、设备投资较大、杀菌准备时间较长、杀菌过程热冲击较大等缺点。

四、淋水式杀菌设备

淋水式杀菌机具有结构简单、温度分布均匀、适用范围广等特点，因而受到各国的普遍重视。淋水式杀菌机是以封闭的循环水为工作介质，用高流速喷淋方法对罐头进行加热、杀菌及冷却的卧式高压杀菌设备。其杀菌过程的工作温度为 20~145 ℃，工作压力为 0~0.5 MPa。

淋水式杀菌机可用于鱼类产品的高温杀菌，其包装容器可以是马口铁罐、铝罐、玻璃瓶和蒸煮袋等。淋水式杀菌机工作原理示意图如图 10-13 所示。

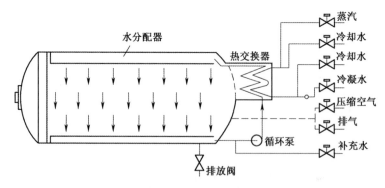

图 10-13　淋水式杀菌机工作原理示意图

在整个杀菌过程中，储存在杀菌锅底部的少量水（一般可容纳 4 个杀菌篮，存水量为

400 L),利用一台热水离心泵进行高速循环,循环水即杀菌水,经一台焊制的板式热交换器进行热交换后,进入杀菌机内上部的分水系统(水分配器),均匀喷淋在需要杀菌的产品上。循环水在产品的加热、杀菌和冷却过程中依顺序使用。在加热产品时,循环水通过间壁式换热器由蒸汽加热,在杀菌过程中则由换热器维持一定的温度,在产品冷却时,循环水通过换热器由冷却水降低温度。该杀菌机的过压控制和温度控制是完全独立的。调节压力的方法是向锅内注入或排出压缩空气。淋水式杀菌机的操作过程是完全自动化的,温度、压力和时间由一个程序控制器控制。程序控制器是一种能储存多种程序的微处理机,根据产品不同,每一个程序可分成若干步骤。这种微处理机能与中央计算机相连,实现集中控制。

图 10-14 为某淋水式杀菌机实物设备图。淋水式杀菌设备具有温度分布均匀稳定、产品再污染性小、容易实现准确控制过压、水消耗量小、动力消耗量小、设备结构简单、维修方便等特点。

图 10-14 淋水式杀菌机实物图

第三节 板式杀菌设备

板式杀菌设备的核心部件是板式换热器,它由许多冲压成形的不锈钢薄板叠压组合而成,广泛应用于流体食品生产中的高温短时(High Temperture Short Time, HTST)和超高温瞬时(Ultra High Temperature, UHT)杀菌。板式换热器如图 10-15 所示。传热板 1 悬挂在导杆 9 上,前支架 13,旋紧后支架 7 上的压紧螺杆 6 后,可使压紧板 8 与传热板 1 叠合在一起。板与板之间有橡胶垫圈 3,以保证密封并使两板间有一定空隙。压紧后所有板块上的角孔形成流体的通道,冷流体与热流体在传热板两边流动,进行热交换。拆卸时仅需松开压紧螺杆 6,使压紧板 8 与传热板 1 沿着导杆 9 移动,即可进行清洗或维修。

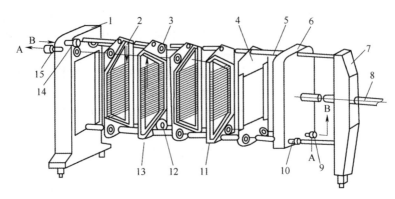

图 10-15 板式换热器组合结构示意图

A—加热介质；B—物料

1—传热板；2—下角孔；3—橡胶垫圈；4、5、14、15—连接管；6—压紧螺杆；7—后支架；8—压紧板；9—导杆；
10—分界板；11—圆环橡胶垫圈；12—上角孔；13—前支架(固定板)

一、高温短时(HTST)板式杀菌装置

通过图 10-16 来介绍高温短时(HTST)板式杀菌装置的工艺流程。5 ℃的原料从储存罐流入平衡槽。由轧泵 2 将物料送到热交换段 R，使物料与刚受热杀菌后的物料进行热交换到 60 ℃左右。杀菌后的物料被冷却，同时得到预热后的物料，通过过滤器、预热器，加热到 65 ℃左右，通过均质机后，进入加热杀菌段 H_2，被蒸汽或热水加热到杀菌温度。杀菌后的物料通过温度保持槽。在 85 ℃的环境中保持 15~16 s，然后流到分流阀(切换阀)。若物料已达到杀菌温度，分流阀则将其送到热交换段。若未达到杀菌温度，分流阀则将其送回平衡槽。杀菌后的物料经热回收后，温度为 20~25 ℃，再进入冷水冷却段 C，使其温度降到 10 ℃左右，成为产品流出。在此阶段中，也可以用 5 ℃的原料代替盐水或冰水与 20~25 ℃的产品进行传热冷却，则更有利于热回收。

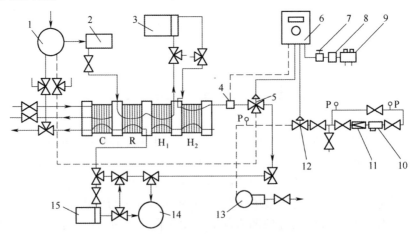

图 10-16 高温短时板式杀菌装置系统图

1—平衡槽；2—轧泵；3—均质机；4—测温系统；5—三相自动切换阀；6—控制器；7,11—减压阀；8—空气过滤器；
9—空气压缩机；10—粗滤器；12—自动调节阀；13—真空泵；14—保温缸；15—出料泵

高温短时板式杀菌机实物如图 10-17 所示。

图 10-17 高温短时板式杀菌机实物

二、超高温瞬时(UHT)板式杀菌装置

图 10-18 所示为超高温瞬时式杀菌装置,其组成与 HTST 装置相似,区别之处为杀菌温度不同,即 130~150 ℃加热 0.4~4 s,能杀灭耐热性芽孢、细菌。

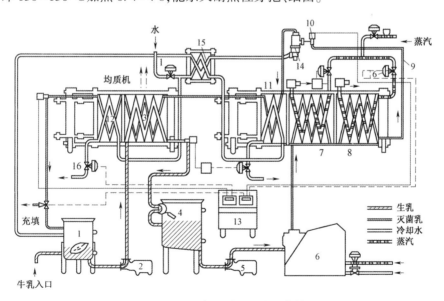

图 10-18 超高温瞬时板式杀菌装置

1—浮动平衡槽;2、5—泵;3—热交换器;4—温度保持槽;6—均质机;7—第一加热段;8—第二加热段;9—储液管;
10—温度计;11—速冷却段;12—终冷却段;13—控制盘;14—分流阀;15—水冷却器;16—灭菌温度调节阀

其流程如下:①由在位清洗系统(Cleaning In Place System,CIP)自动清洗全机;②原料自储存罐流入浮动平衡槽1;③通过泵2将原料送至热交换器3,与杀菌后的产品进行热交换,使其温度加热到85℃左右,进入温度保持槽4内,稳定约5 min,使原料对热产生稳定作用以及除腥;④由泵5将原料送入均质机6进行均质,其后进入第一加热段7、第二加热段8进行杀菌,保持2 s后,被送至分流阀14;⑤由仪表自动控制的分流阀,将已达到杀菌温度的产品送到第一速冷却段11,将未达到杀菌温度的原料送至水冷却器15,将其降温后回流到浮动平衡槽1中;⑥产品在第一冷却段再流入热交换器3,在冷水或冰水的终冷却段12中冷却,使温度降至4℃流出灌装。

板式杀菌设备具有传热效率高、结构紧凑、占地面积小、适宜于热敏性物料的杀菌、有较大的适应性、操作安全、卫生、容易清洗、节约热能等优点。但由于传热板之间的密封圈结构的存在,使板式换热器承压较低,杀菌温度受限,也有密封圈易脱落、变形、老化,造成运行成本增高等缺点。

第四节　管式杀菌设备

管式杀菌机的核心部件是管式热交换器,可用于间接加热杀菌设备,由加热管、前后盖、器体、旋塞、高压泵、压力表、安全阀等部件组成,如图10-19所示。管式杀菌机基本的结构主要包含三部分:不锈钢加热管、壳体、连接加热管和壳体的管板。管式杀菌机的工作过程为:液料用高压送入加热管内,蒸汽通入壳体空间后将管内流动的液料加热,液料在管内往返数次后达到杀菌所需的温度并保持一段时间后成产品排出。若达不到要求,则经回流管回流重新进行杀菌操作。

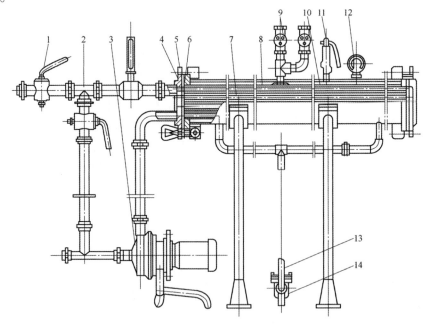

图10-19　管式热交换器

1—旋塞;2—回流管;3—离心式泵;4—两端封盖;5—密封圈;6—管板;7—加热管;
8—壳体;9—蒸汽截止阀;10—支脚;11—弹簧安全阀;12—压力表;13—冷凝水排出管;14—疏水器

管式杀菌机具有以下特点:①加热器由无缝不锈钢环形管制成,没有密封圈和死角,因而可以承受较高的压力;②在较高的压力下可产生强烈的湍流,保证制品的均匀性并具有较长的运行周期;③在密封的情况下操作,可以减少杀菌产品受污染的可能性;④换热器内管内外温度不同,以致管束与壳体的热膨胀程度有差别,产生的应力易使管子弯曲变形。

第五节 新型杀菌技术及设备

一、微波杀菌

微波是频率在 300~300 000 MHz 的电磁波(波长 1 mm~1 m)。微波杀菌机理包括热效应和非热效应两方面。微波发生器的磁控管接受电源功率而产生微波功率,通过波导输送到微波加热器,需要加热的物料在微波场的作用下被加热。食品中的水分、蛋白质、脂肪和碳水化合物等都属于电介质,是吸收微波的最好介质。这些极性分子从原来的随机分布状态,转变为依照电场的极性排列取向,这一过程促使分子高速运动和相互摩擦,从而产生热效应。这种热效应也使得微生物内的蛋白质、核酸等分子结构改性或失活,高频的电场也使其膜电位、极性分子结构发生改变,这些都对微生物产生破坏作用从而起到杀菌作用。

现在用得较普遍的微波杀菌设备主要包括以下几个部分:

(1)产生微波部分,主要有电源、微波管或微波发生器、微波导管等。

(2)炉体或炉腔部分,用可反射微波的材料制成,能产生微波谐振,炉内还有微波搅动或分散装置。

(3)密封门部分,可防止微波泄漏。

(4)操作控制部分,包括安全连锁装置。

在食品工业中目前具体使用的微波杀菌设备可分为驻波场谐振腔型、行波场波导型、辐射型和慢波型等几大类。为适应连续生产的需要,工业微波加热设备应是连续式的,将物品由一端传送带送入,中间经过微波区域,然后由另一端输出,这种装置称为隧道式工业微波杀菌设备,其中隧道式箱型较为常用。

箱型微波设备可由几个箱体(即微波加热区)串联而成,每个箱体为一独立的均匀微波加热区。该装置结构方案的长处是几个箱体串联可以增加微波加热区域,功率总容量较大。

图 10-20 为微波热水杀菌设备的结构示意图。微波发生器产生的微波功率通过微波导管传送到微波加热箱体。装料箱用于把食品装载到样品盘,也可作为预热箱,卸料箱是已杀菌食品的卸下托盘,同时也作为冷却箱。水的循环系统,由两个板热交换器、一个储罐和一个引入压缩空气产生压力水的设备组成。在微波杀菌过程中,水的循环系统可提供具有一定温度和压力的水,对欲杀菌的食品起到辅助加热、保温、冷却等作用。控制和数据采集系统由控制板、传感器、数据记录仪和一台带有特定软件的计算机组成,用于监测和记录运行参数,如微波功率、食品和水的温度、水压和流量,同时也用于控制系统的操作。光纤传感器与数据监测仪用于监测食品杀菌过程中的温度。在灭菌过程中,该系统按预先设定的程序进行,每个加工过程包括预热、微波加热、保温和冷却 4 个环节。为了使系统稳定,在微波加热前,用 80 ℃水预

热系统预热约 10 min。

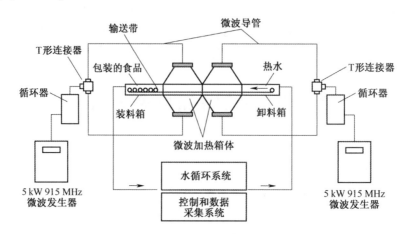

图 10-20　微波热水杀菌设备示意图

二、射频波杀菌

射频就是射频电流,频率从 300 kHz 到 30 GHz 之间,是一种高频交流变化电磁波的简称。农产品和食品加工领域的射频波杀菌设备多采用平行极板式射频加热杀菌,可以简化为由上、下两极板构成的平行板电容器。图 10-21 为射频波热风杀菌设备示意图。被加热物料置于两极板间,交变电磁场通过极板作用于物料,射频能量沿垂直极板作用于物料。

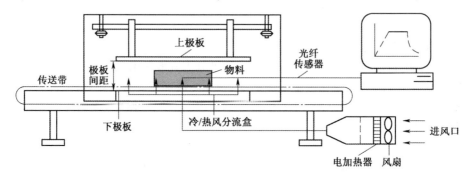

图 10-21　射频波热风杀菌设备示意图

射频能量穿透至物料中,部分能量被物料吸收,物料温度随之升高。物料介电损耗因子越大,其吸收的射频能量越多。

对于给定的射频加热系统,频率和电压是固定的,物料的加热速率与介电损耗因子成正比,与物料的密度、比热容以及极板间距的平方成反比。

三、超高压杀菌

高压导致微生物的形态结构、生物化学反应、基因机制等多方面的变化,从而影响微生物原有的生理活动机能,甚至使原有功能破坏或发生不可逆变化,在食品工业上,超高压杀菌技术就是利用这一原理,使高压处理后的食品得以安全长期保存。

超高压处理装置主要由超高压容器、加压装置及辅助装置构成。超高压容器通常为圆筒形,材料为高强度不锈钢。辅助装置主要包括高压泵(用油压装置产生高压)、恒温装置、测量仪器、物料的输入输出装置。目前固态食品超高压灭菌主要采用复合罐式超高压设备,如图 10-22 所示。液态食品的超高压灭菌设备由液态食品代替压力介质(压媒)直接超高压处理,如图 10-23 所示。

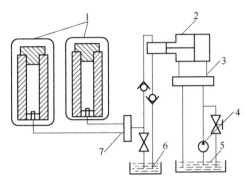

图 10-22 复合罐式超高压装置示意图

1—超高压容器;2—超高压泵;3、7—换向阀;4—油泵;5—油槽;6—压媒槽

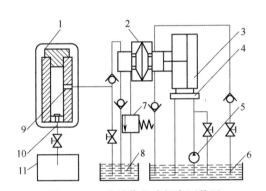

图 10-23 连续作业式超高压装置

1—超高压容器;2—膜片;3—超高压泵;4—换向阀;5—油压泵;6—油槽;7—溢流阀;
8—原料槽;9—进口;10—出口;11—无菌接收器

除以上三种新型杀菌技术及装备以外,还有高压脉冲电场杀菌、辐照杀菌、磁场杀菌、超声波杀菌、脉冲强光杀菌、膜过滤杀菌等新型杀菌技术,这里不作详述。

第十一章　熟制食品机械与设备

第一节　蒸煮设备

蒸煮熟制设备以热水或蒸汽作为加热介质,对食品进行熟制。在生产中可作为熟制产品的最终工序,也可作为加工中的预处理工序。蒸煮熟制一般为常压操作,温度较低。

蒸煮熟制设备一般分为间歇式和连续式两大类型。间歇式的有夹层锅、预煮槽和蒸煮釜等,连续式的常见有螺旋式和链带式等。

一、夹层锅

夹层锅是一种最为常见的间歇式通用蒸煮设备,应用广泛,常用于物料的漂烫、预煮、调味品的配制及熬煮等。

通常的夹层锅呈半球形结构,上部加有直体段。按其深度分为浅型、半深型和深型;按操作分为固定式和可倾式。

可倾式夹层锅(图11-1)主要由锅体、冷凝水排出管、进气管、蒸汽压力表、倾覆装置、排出阀等构成。锅体为夹套结构,通过两侧的轴颈支承于两边的支架上,其中轴颈为空心结构,一端作为蒸汽进管,另一端作为冷凝水排出管。锅体外壳内设有保温层。倾覆装置为手轮及蜗轮蜗杆机构,摇动手轮可使锅体倾倒,用于卸料。当锅的容积较大(>500 L)或用于黏稠物料时,需要配置搅拌器,一般采用锚式或桨式。

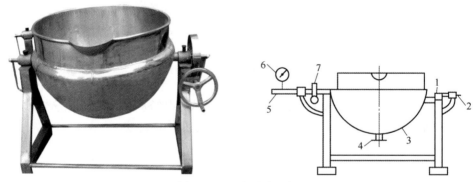

图 11-1　可倾式夹层锅

1—填料盒;2—冷却水排出管;3—锅体;4—排料阀;5—进气管;6—压力表;7—倾斜装置

二、螺旋式连续预煮机

连续预煮机(图11-2)主要由壳体、筛筒、螺旋、进料斗、卸料装置和传动装置等组成。筛筒安装在壳体内,并浸没在水中,以使物料完全浸没在热水中,螺旋安装于筛筒内的中心轴上。蒸汽从进气管通过电磁阀分几路从壳体底部进入机内直接喷入水中对水进行加热。中心轴由电动机通过传动装置驱动,通过调节螺旋转速可获得不同的预煮时间。出料转斗与螺旋同轴安装并同步转动,转斗上一般设置有6~12个打捞料斗,用于预煮后物料的打捞与卸出。

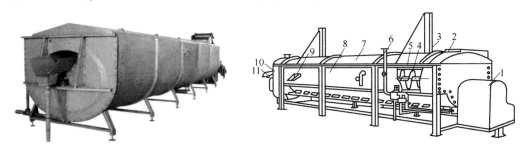

图11-2　螺旋式连续预煮机
1—变速装置;2—进料口;3—提升装置;4—螺旋;5—筛筒;6—进气管;
7—盖;8—壳体;9—溢水口;10—出料转斗;11—斜槽

这种煮制设备结构紧凑,占地面积小,运动件少且结构简单,运行平稳,水质、进料、预煮温度和时间均可自动控制,在大中型罐头厂得到广泛应用。但对于物料的形态和密度适应能力较差。

三、链带式连续预煮机

以链带载运物料,链带上可配置料斗或刮板等载料构件,可根据预煮物料的形态及特征选择载料构件。图11-3所示为一刮板式连续预煮机,它主要由煮槽、刮板、蒸汽吹泡管、链带和传动装置等组成。刮板上开有小孔,用以降低移动阻力。利用压轮控制链带动行进路线,包括水平和倾斜两段。其中,水平段内的压轮和刮板均淹没于储槽的热水内。蒸汽吹泡管管壁开有小孔,进料端喷孔较密,出料端喷孔较稀,以使进料迅速升温至预煮温度。为避免蒸汽直接冲击物料,一般在两侧开孔,同时加快煮水的循环,使水温趋于均匀。作业时,煮水由吹泡管喷出的蒸汽进行加热。物料在刮板的推动下从进料斗随链带移动,并被加热预煮,最后送至末端,由卸料斗排出。链带速度依预煮时间进行调整。这种设备受物料形态及密度的影响较小,可适应多种物料的预煮,且预煮过程中物料机械损伤少。但设备占地面积大,清洗、维护困难。

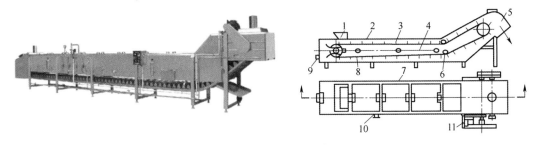

图11-3　链带式连续预煮机
1—进料斗;2—槽盖;3—刮板;4—蒸汽吹泡管;5—卸料斗;6—压轮;7—煮槽;8—链带;
9—舱口;10—溢流管;11—调速电动机

第二节 油 炸 设 备

油炸工艺是食品加工中的重要工艺之一,部分海产品可通过该工艺制作出风味食品。油炸的方法主要有浅层煎炸和深层油炸,后者又分成常压深层油炸和真空深层油炸,或分成纯油油炸和水油混合式油炸工艺。

一、间歇式水油混合式油炸设备

水油混合式油炸设备由上油层、下油层、水层、加热装置、冷却装置、滤网和操纵机构等组成。冷却装置装在油水分界面处。如图 11-4 所示,水油混合式油炸设备中上油层的加热采用内外同时加热方式。截面设计采用上大下小的结构方式,即上油层的截面较大,而下油层和水层的截面较小,在保证油炸能力的情况下,可减少下油层的油量,以避免其在锅内不必要的停留时间和氧化变质。与相同截面的设计相比,炸用油更新鲜,产品质量更好。当油水分界面温度超过 50 ℃时,由冷却装置能自动控制油水分界面的温度在 55 ℃以下。炸制过程中产生的食物残渣从滤网漏下,经水油分界而进入油炸锅下部冷水区,积存于锅底,定期由排污阀排除。油炸温度可根据所炸制食品的不同进行调节。

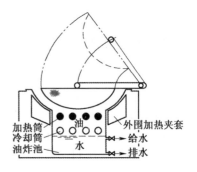

图 11-4 内外同时加热式油炸设备

二、连续式深层油炸设备

如图 11-5 所示,连续式深层油炸机的主要部件有机体、成型料坯输送带和潜油网带,其中机体内装有油槽和油槽加热装置。油槽上设有潜油网带,强迫炸坯潜入油内,用以避免因漂浮而造成产品上下表面色泽差异很大及成熟程度不一致的问题。待炸食品成型坯由入口处进入油炸机后,落在油槽内的网状输送带上,由潜油网带与炸坯输送带同步传送生坯前进完成油炸。制品在油槽里的停留时间以保证其成熟为准。油槽中油的加热方式有两种:一种为直焰式,靠燃烧重油或煤气对食油通过间壁加热;另一种为利用高压蒸汽在热交换器中将油加热。此外,也可采用远红外加热元件对油进行加热,油温更加均匀,也更易控制,热效率高,耗能少。

油炸设备的类型根据油炸物料的工艺要求有两种:一种是单槽式,物料在一只油槽内完成油炸工艺,适于厚度较大的物料油炸;另一种是双联槽格式,物料先后在两个不同油温的油槽内完成油炸,适于厚度较小的物料油炸。其原因在于,油炸薄的物料时,如一开始就进入高温油炸,则表面易裂开而内部未炸透,先低温然后高温油炸可保持物料外形并炸透。油炸食品的质量与油温的稳定性和油质有关,直接加热式油炸设备存在油温不均匀和油炸碎屑未及时清除而过热焦化使油变质的缺点,间接式加热可避免这些缺点。

影响油炸温度选择的主要因素是产品质量和经济性。油温高,油炸时间短,可以提高产量,但油温高会加速油的变质,致使油的黏度升高并变黑,因此不得不经常更换油炸用油,使成本提高。另外,油温高,因食品中的水分蒸发剧烈,会导致油液飞溅,造成油耗增加。从产品质量考虑,油温高,表面干燥层迅速形成,水分的迁移和热量的传递均受到此干燥层的限制,从而产品的总水分含量较高,产品质地能保持鲜嫩,风味物质和添加剂的保存也较好。如果油炸的目的在于干制,则宜采用较低的油温,这样在表面干燥层形成之前,蒸发面就已深入到食品的内部,从而水分蒸发和热量传递均能较顺利地进行,最后产品的水分含量下降也较理想,产品表面的色泽也较浅。一般油温在160 ℃以上,有时甚至高达230 ℃。图11-6为一种供应燃煤式全自动连续油炸机。

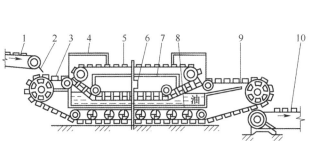

图 11-5　连续式深层油炸机示意图

1—分路机输送链;2—滑板;3—托盘;4—护罩;
5—盒盖;6—排烟;7—排烟罩;8—燃烧口;
9—输送链;10—冷却器输送带

图 11-6　供应燃煤式全自动连续油炸机

三、真空低温油炸设备

真空低温油炸是在减压的条件下,实现低温条件下对食品的油炸。真空油炸的油温只有100 ℃左右。因此,食品的外层和内层营养成分损失均较小,这样油炸部分营养成分含量高,更适合不易在常压下油炸的食品。油温的降低使一些含糖量高的食物的炸制成为可能。油温低,美拉德反应速度降低,对保持食品原有良好色泽、外观,真空低温油炸是一种理想的选择。真空低温油炸设备有间歇式和连续式两种。

(一)间歇式低温真空油炸设备

图11-7所示是一套间歇式低温真空油炸设备。油炸釜为密闭器体,上部与真空泵 3 相连,为了便于脱油操作,内设离心甩油装置。甩油装置由电动机 2 带动,油炸完成后降低油面,

使油面低于油炸产品。开动电动机进行离心甩油,甩油结束后取出产品,再进行下一周期的操作。4为储油箱,油的运转由真空泵控制,即由真空泵来控制油炸釜的油面高度。过滤器5的作用是过滤炸油,及时去除油炸产生的淹物,防止油被污染。

(二)连续式低温真空油炸设备

图11-8所示为一台连续式真空油炸设备的结构示意图。图中的连续真空油炸设备主体为一卧式筒体。待炸坯料由关风器1进入,落入具有一定油位的筒体进行油炸,坯料由输送装置2带动向前运动,输送装置2的运动速度根据油炸要求而定,油炸结束后,炸好的产品由输送装置2带入无油区输送带3和4,产品在输送带3和4上边沥油,并向前运动,最后产品由出料关风器5排出。油由进油管6进入筒体,由出油口7排出,过滤后循环使用。筒体通过真空接口8与真空泵连接,以实现油炸时所需的真空条件。由于入料和出料均采用了关风器,因此设备内的真空可以得以保持。

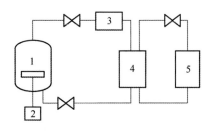

图11-7　间歇式低温真空油炸设备
1—油炸釜;2—电动机;3—真空泵;
4—储油箱;5—过滤器

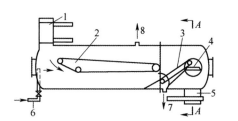

图11-8　连续式低温真空油炸设备
1—关风器;2—输送装置;3、4—无油区输送带;
5—出料关风器;6—进油器;7—出油口;
8—真空接口

第三节　食品烘烤原理与设备

将新鲜海产品或腌制后的海产品置于烤炉中后,在加热元件产生的高温作用下,逐渐由生变熟,进而制熟,形成独特风味的焙烤食品。

烤炉是食品烘烤的典型设备,烤炉的种类很多,分类的方式也较多。但一般是按照热能的来源、结构形式等进行分类。

一、按热源分类

(一)煤炉

煤炉是以煤为燃料的烤炉。它有各种类型,这种烤炉的燃烧设备简单,操作安全,燃料容易获得。它适用于中小型食品厂烘烤各种食品。其缺点是卫生条件较差,工人劳动强度大,而且炉温调节比较困难,炉体笨重,不宜搬运。

图 11-9　燃气烤炉

图 11-10　电烤炉

(二)煤气炉

以煤气、天然气、液化气等作为燃料的烤炉统称为煤气炉。煤气炉的炉温调节比煤炉容易,在高温区可以多安装些喷头,低温区可少安装一些喷头。若局部过热时,还可以关闭相应的喷头。

(三)电炉

电炉是指以电为热源的烤炉,有普通电烤炉、微波炉、远红外烤炉等形式。具有占地面积小、操作方便、便于控制、生产效率高、焙烤质量好等优点。其中以远红外电烤炉最为突出,它利用远红外线的特点,提高了热效率,节约了电能,在大、中、小食品厂都得到广泛应用。

二、按结构形式分类

按结构形式不同,可分为箱式炉和隧道炉两大类。

(一)箱式炉

箱式炉外形如箱体,按食品在炉内的运动形式不同,可分为烤盘固定式箱式炉、风车炉和水平旋转炉等。其中烤盘固定式箱式炉结构最简单,使用最普遍,最具有代表性。

箱式炉炉膛内壁上安装若干层支架,用以支承烤盘,辐射元件与烤盘相间布置。在整个烘烤过程中,烤盘中的食品与辐射元件间没有相对运动。这种烤炉属于间歇操作,所以产量小,比较适用于中小型食品厂烘烤各类食品。

风车炉因烘室内有一形状类似风车的转篮装置而得名。这种烤炉多采用无烟煤、焦炭、煤气等为热源,也可采用电及远红外加热技术。以煤为燃料的风车炉,其燃烧室多数位于烘室的下面。因为燃料在烘室内燃烧,热量直接通过辐射和对流烘烤食品,所以热效率很高。风车炉还具有占地面积小、结构较简单、产量较大的优点。风车炉的缺点是需要手工装卸食品、操作紧张、劳动强度较大。

图 11-11　箱式烤炉

图 11-12　旋转式烤炉

(二) 隧道炉

隧道炉是指炉体很长,烘室为一狭长区间的隧道,在烘烤过程中食品与加热元件之间有相对运动的烤炉。因食品在炉内运动,像通过长长的隧道,所以称为隧道炉。隧道炉根据带动食品在炉内运动的传动装置不同可分为钢带隧道炉、网带隧道炉。

①钢带隧道炉。钢带隧道炉是指食品以钢带作为载体,并沿隧道运动的烤炉,简称钢带炉。钢带靠分别设在炉体两端的直径为 500~1 000 mm 的空心辊筒驱动。焙烤后的产品从烤炉末端输出并落入在后道工序的冷却输送带上。

②网带隧道炉。网带隧道炉简称网带炉,其结构与钢带炉相似,只是传送面坯的载体采用的是网带,网带是由金属丝编制而成。网带长期使用损坏后,可以补编,因此使用寿命长。出于网带网眼空隙大,在焙烤过程中制品底部水分容易蒸发,不会产生油滩和凹底。网带运转过程中不易产生打滑,同时跑偏现象也比钢带易于控制。网带炉焙烤产量大,热损失小。

除了上述两种隧道炉外,还有链条式隧道炉和手推烤盘隧道炉,分别以链条和人工带动烤盘移动。

图 11-13　网带式隧道烤炉

图 11-14　钢带隧道烤炉

三、按加热器的热源位置分类

热源在烤炉内的位置可以在炉膛内部,也可设在炉膛外部。

①热源在烤炉炉膛内部。此种形式烤炉应用最多的是采用管状电加热器和管状煤气大气式燃烧器两种。

②热源在烤炉炉膛外部。此种形式多为强制加热,介质在炉膛外部被加热以后再通入炉内。

四、按热量辐射方式分类

(一) 对流辐射式烤炉

对流辐射式烤炉同时采用对流加热和辐射加热。图 11-15 所示为这种烤炉的原理。

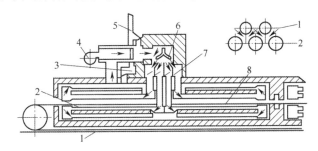

图 11-15　对流辐射式烤炉原理
1—吹风管;2—辐射管;3—排气风扇;4—燃烧器;5—排气管;6—循环风扇;7—烟道风门;8—炉带

热的烟气经过燃烧器 4 加热以后,通过循环风扇 6 和烟道风门 7 进入加热管。加热管分为上、下两部分,炉带 8 在上、下加热管之间通过。上、下部加热管可分为辐射管 2 和吹风管 1,在靠近炉带的前半部加热管为辐射管,管面不开孔;远离炉带的后半部加热管为吹风管,在面向炉带的方向开有小孔。辐射管放出辐射热烘烤物料,吹风管把辐射管流过来的热烟气从孔中吹向炉带,在炉膛中形成良好的对流,达到均匀加热的目的。积聚在炉膛上部的烟气一部分经气水分离后循环重复使用,一部分经排气风扇 3 和排气管 5 排出炉膛。在烟道进口和排气管之间有一连通管,当烟道中的烟气过多时,可通过连通管进入排气管排入大气。通常一个炉区设置一个对流辐射加热系统,每个系统能单独地自动控制。对流辐射加热系统的特点是传热均匀,具有很高的热效率可比通常的烤炉提高 20% 左右。

(二) 间接辐射加热炉

间接辐射加热炉在某些使用煤气的烤炉中,有些物料能吸附煤气中的有害成分,使其变质,特别是对一些高档产品,吸附后将会产生一种异味。如果采用间接辐射加热器烘烤炉,则煤气燃烧后生成的烟气不直接与食品接触,这样就保证了烘烤质量。但由于间接辐射加热器采用间接加热,这使烤炉的炉温受到一定的限制,没有直接加热的煤炉温度高。另外,它的热效率也比直接加热低,所以只有在有特殊要求时才应用。

第四节　腌制加工原理及设备

食盐腌制包括盐渍和熟成两个阶段。盐渍就是水产品与固体的食盐接触或浸于食盐水中,食盐向水产品中渗入,同时一部分水分从水产品中除去,从而使水产品的水分活度降低,以达到抑制腐败变质的目的。由于微生物和鱼体组织酶类的作用,在较长时间的盐渍过程中鲜鱼肉逐渐失去原来的组织状态和风味特点,肉质变软,氨基酸氮含量增加,形成咸鱼特有的风味。此过程即为咸鱼的熟成或称腌制熟成。咸鱼熟成是一种生物化学过程,它导致鱼体组织发生化学和物理的变化,而这些变化是由鱼体自身及微生物的蛋白质和脂肪分解酶引起的。

一、食盐保藏水产品的原理

(一)食盐对微生物发育的影响

食盐对微生物的影响因其浓度而异,低浓度时几乎没有作用。有些种类的微生物在1%～2%食盐中反而能更好地发育。事实上食盐对微生物的抑制作用,较其他盐类更弱。但是高浓度的食盐对微生物有明显抑制作用。这种抑制作用表现为降低水分活度、提高渗透压。盐分浓度越高,水分活度越低,渗透压越高,抑制作用越大。此时,微生物的细胞由于渗透压作用而脱水、崩坏或原生质分离。但产生抑制效果的盐浓度对于各种微生物不一样,一般腐败菌为8%～12%,酵母、霉菌分别为15%～20%和20%～30%。食盐的抑制作用因低pH或其他储藏剂(如苯甲酸盐)的复合作用而提高。食盐浓度达到饱和时的最低水分活度约为0.75,在这种水分活度范围,并不能完全抑制嗜盐细菌耐旱霉菌和耐高渗透压酵母菌的缓慢生长。因此,在气温高的地区与季节,腌制品仍有腐败变质的可能。

(二)食盐在水产品中的渗透与脱水效果

将鱼肉浸渍在固体食盐或溶液中,由于渗透压的作用,鱼肉被脱水,同时食盐渗入鱼肉中。这时鱼体表皮或细胞膜为不完全的半透膜,其结果使鱼肉中形成高浓度的食盐溶液。在这种高浓度的食盐溶液中,细菌的发育受到抑制,以至结构被破坏,同时也抑制了自溶酶的作用,甚至使酶失活。因此,盐渍保藏的效果,主要是基于食盐的脱水与渗透双重作用。另外,还与溶解氧的降低与氯离子作用有关。

二、影响食盐渗透速率的因素

食品腌制的主要目的是防止腐败变质,但同时也为消费者提供了具有特别风味的腌制食品。为了达到这些目的,就应对腌制过程进行合理的控制。扩散渗透速率和发酵是腌制过程的关键,若对影响这两者的因素控制不当就难以获得优质腌制食品。这些因素主要有食盐的纯度、食盐的浓度、原料的性质、温度和空气等。

(一)食盐的纯度

食盐中除含 NaCl 外,还含有 $CaCl_2$、$MgCl_2$、Na_2SO_4 等杂质,这些杂质在腌制过程中会影响食盐向水产品内部渗透的速率。为了保证食盐迅速渗入水产品内,应尽可能选用纯度较高的食盐,以便防止水产品的腐败变质。食盐中硫酸镁和硫酸钠过多还会使腌制品具有苦味。

食盐中不应有微量的铜、铁、铬存在,它们对制品中脂肪氧化酸败会产生严重的影响。

(二)盐水浓度

扩散渗透理论表明,扩散渗透速率随盐分浓度而异。干腌时用盐量越多或湿腌时盐水浓度越大,则渗透速率越快,水产品中食盐的内渗透量越大。但是,盐水渍时,尽管加入充分的食盐并长时间的浸渍,但鱼肉中的盐浓度不能达到盐水的浓度,这是由于鱼肉中的一部分水分不能作为溶剂。

(三)盐渍温度

食盐的渗透速率自然随温度提高而加快。有人以小沙丁鱼做盐渍实验表明:0 ℃盐渍所需要的时间约为 15 ℃时所需要时间的 2 倍,为 30 ℃时所需要时间的 3 倍,平均每提高 1 ℃就可缩短时间约 13 min。虽然提高温度可缩短盐渍的时间,但实际操作时必须谨慎对待。对于肉层很厚或脂肪较多的鱼体,较适宜的盐渍温度是 5~7 ℃。对于小型鱼类可以在较高的温度下盐渍使渗透相对较快。

(四)原料鱼的性状

食盐的渗透因原料鱼的化学组成、比表面积及其形态而异。由于皮下脂肪层薄、少脂性的鱼或原料鱼无表皮时渗透速率大,因此鱼片比全鱼渗透快。一般新鲜的鱼渗透要快。关于解冻鱼的食盐渗透速率与冻藏时间有关,短期冻藏比未冻鱼渗透快,长期冻藏反而慢。

三、腌制方法

水产品的腌制方法很多,按照用盐方式不同,可分为干腌法、湿腌法和混合腌渍法。

(一)干腌法

干腌法又称盐渍法、撒盐法。它是将盐直接撒在鱼体上,利用食盐产生的高渗透压使鱼体脱水,同时食盐溶化为盐水并渗入其组织内部。干腌法的优点是操作简便,处理量大,盐溶解时吸热降低了物料温度而有利于储藏。它的缺点是用盐不均匀,油脂氧化严重,因此比较适合于低脂鱼的腌制。另外,由于卤水不能即时形成,推迟了食盐渗透到鱼体中心的时间,使得盐渍过程被延长。

(二)湿腌法

湿腌法又称盐水渍法,它是将鱼体浸没在盛有一定浓度的食盐溶液容器中,利用溶液的扩散和渗透作用使盐液均匀地渗入其组织内部。由于鱼体的相对密度小于盐水的相对密度而使鱼上浮,所以鱼的上面要加重物。采用这种方法制备的物料适应于供应做干制或腌熏制的原料,既方便又迅速,但不宜用于生产咸鱼。

这种方法的优点是食盐渗透得比较均一,盐腌过程中因鱼体不接触空气,故不易引起氧化,且不会产生过度脱水而影响鱼的外观。不足之处是需要容器等设备,食盐用量较多,由于鱼体的水分不断析出,还需不断加盐等。

(三)混合腌渍法

混合腌渍法又称改良腌渍法,是干腌法和湿腌法相结合的方法。该方法是预先将食盐擦抹在鱼体上,装入容器后再注入饱和盐水,鱼体表面的食盐随鱼体内水分的析出而不断溶解,这样一来盐水就不至于被冲淡,克服了干法易氧化、湿法速率慢的缺点。

此外根据鱼在腌制过程中是否经过降温处理又分为热腌法、冰冻盐渍法和冷腌法。热腌法即常温下的盐腌法;冰冻盐渍法是把冰和盐混合起来盐渍鱼的方法,用以降低鱼体温度,保证成品的质量;冷腌法是预先将鱼冷却再腌制的方法,目的也是为了预防鱼体内部鱼肉的腐败。

四、腌制机

腌制机可分为普通腌制机和真空腌制机,如图 11-16,图 11-17 所示,普通腌制机入味不深,不易均匀,适合非常薄的肉制品等。真空腌制机多用于腌制各类肉质纤维粗或者密实的肉类,相比普通腌制机增加了保质、保鲜、延长储存期限等作用,且更易入味。

真空腌制机使用范围广泛,适合各类肉制品、海产品等,真空度高达-0.1 MPa。

真空腌制机采用变频调速,根据物料不同可设计各类搅拌桨叶,除了具有真空滚揉机所有功能外,还有变频调速、真空状态观测腌制状况、搅拌完毕提示等功能。其中较为典型有真空滚揉机、真空呼吸滚揉机等,其工作原理为在真空状态下,利用物理冲击原理,让肉块或肉馅在滚筒内上下翻滚,从而达到滚揉、按摩、腌渍作用。腌滞液被肉充分吸收,增强肉的结着力和保水性,提高产品弹性及出品率,腌制出的肉质变嫩且口感好。

图 11-16 普通腌制机

图 11-17 真空滚揉腌制机

第五节　熏　制　设　备

一、烟熏工艺

(一)冷熏

制品周围熏烟和空气混合物气体的温度不超过 22 ℃的烟熏过程称为冷熏。

冷熏特点:时间长,需要 4~7 天,熏烟成分在制品中渗透较均匀且较深,冷熏时制品干燥虽然比较均匀,但程度较大,失重量大,有干缩现象,同时由于干缩提高了制品内盐含量和熏烟成分的聚集量,制品内脂肪熔化不显著,冷熏制品耐藏性比其他烟熏法稳定,特别适用于烟熏生香肠。

(二)热熏

制品周围熏烟和空气混合气体的温度超过 22 ℃的烟熏过程称为热熏,常用的烟熏温度在 35~50 ℃,因温度较高,一般烟熏时间短,约 12~48 h。在肉类制品或肠制品中,有时烟熏和加热蒸煮同时进行,因此生产烟熏熟制品时,常用 60~110 ℃温度。热熏时因蛋白质凝固,以致制品表面上很快形成干膜,妨碍了制品内部的水分渗出,延缓了干燥过程,也阻碍了熏烟成分向制品内部渗透,因此,其内渗深度比冷熏浅,色泽较浅。

烟熏温度对于烟熏抑菌作用有较大影响,温度为 30 ℃浓度较淡的熏烟对细菌影响不大,温度为 43 ℃而浓度较高的熏烟能显著降低微生物数量,温度为 60 ℃时不论淡的或浓的熏烟都能将微生物数量下降到原数量的 0.01%。

(三)烟熏的方法

1. 燃料

烟熏可采用各种燃料如庄稼(稻草、玉米棒子)、木材等,各种材料所产生的成分有差别。

一般来说硬木、竹类风味较佳,软木、松叶类风味较次,胡桃木为优质烟熏肉的标准燃料。因来源问题,一般使用的是混合硬木。

2. 熏烟产生的条件

(1)较低的燃烧温度和适量空气的供应是缓慢燃烧的条件。燃烧过程中燃料外表面在燃烧氧化,内部在进行脱水(温度稍高于 100 ℃)。在正常烟熏条件下,常见的温度范围为 100~400 ℃,会产生 200 多种成分。400℃是分界线,高于或低于 400 ℃时产生的熏烟成分有显著差别。

(2)熏烟成分的质量与燃烧和氧化发生的条件有关。燃烧温度在 340~400 ℃以及氧化温度在 200~250 ℃间产生的熏烟质量最高。虽然 400 ℃燃烧温度最适宜于形成最高量的酚,然而它也同时有利于苯并芘及其他环烃的形成。如将致癌物质形成量降低到最低程度,实际燃烧温度以 343 ℃为宜。

(3)相对湿度也影响烟熏效果,高湿有利于熏烟沉积,但不利于呈色,干燥的表面需延长沉积时间。烟熏浓度一般可用 40 W 电灯来确定,若离 7 m 时可见则熏烟不浓,若离 0.6 m 不可见则说明熏烟很浓。

二、熏制设备

熏制设备主要有简单烟熏炉(箱)、强制通风式烟熏房、连续式烟熏房、液态烟熏剂式烟熏等。

(一)液态烟熏剂制备

液态烟熏剂(简称液熏剂)一般由硬木屑热解制成。将产生的烟雾引入吸收塔的水中,熏烟不断产生并反复循环被水吸收,直到达到理想的浓度。经过一段时间后,溶液中有关成分相互反应、聚合、焦油沉淀、过滤除去溶液中不溶性的烃类物质后,液态烟熏剂就基本制成了。这种液熏剂主要含有熏烟中的蒸汽相成分,包括酚、有机酸、醇和羰基化合物。

液态烟熏剂的优点是被致癌物污染的机会大大减少,因为在液熏剂的制备过程中已除去微粒相,不需要烟雾发生器,节省设备投资,产品的重现性好,液熏剂的成分一般是稳定的,效率高,短时间内可生产大量带有烟熏风味的制品,并且无空气污染,符合环境保护要求。

(二)烟熏房

1. 工作原理

烟熏房是具有干燥、烟熏、熟化、蒸煮等综合功能的装置,可对香肠进行热加工处理,使香肠具有一定的风味及外观特色。烟熏房不仅用于灌肠类肉制品,也可用于其他肉类制品和鱼制品的焙烤和烟熏。

现代烟熏房配有合理管道系统、烟气发生器和调控仪器、仪表以形成准确的气流循环和烟熏房内所需温度和相对湿度,使物料在加工过程中不受外界气候变化的影响,从而使产品能快速和均匀地烘干及熏制。

2. 基本结构与特点

烟熏房装备有送风管、回风管、排风管、空气加热装置、烟气发生器以及循环风机和排气风机等装置。设备的位置安放一般有两种形式,一种是循环风机置于设备的右侧,排风机置于设备的顶部;另一种是循环风机和排风机皆安装于设备顶部。

烟熏房具有干燥、蒸煮和烟熏三种不同的功能用途,故在结构设计上需要满足不同工艺过程和加工机理对设备的要求,如干燥过程需提高设备内循环空气的温度,同时为降低和保持一定的空气相对湿度,需排放一定量的空气。对空气的加热采用间接加热方式(蒸汽加热管或电热管)。蒸煮过程主要利用蒸汽对物料进行直接加热,设备内需装置蒸汽喷管,使蒸汽与循环空气充分混合,蒸煮过程完成后对物料的冷却,可以采用冷却水喷淋冷却或循环空气冷却方式。烟熏过程是采用一定温度的烟气—空气混合气对物料进行熏制,为了提高烟熏制品的质量(为防止香肠衣破裂、香肠表面起油、使烟气更有效地渗透到物料内部),对烟气—空气混合气的相对湿度有一定的要求,为此烟熏房的设计尚需考虑烟气发生器、间接加热装置、直接蒸汽喷管以及进气排气调节阀。新型的烟熏房配有微型计算机控制,其温度、湿度、时间等可通过数字显示计观察。

3. 烟熏炉

烟熏炉主要是由炉体、控制箱、发烟室及各种小配件三部分组成(见图 11-18)。

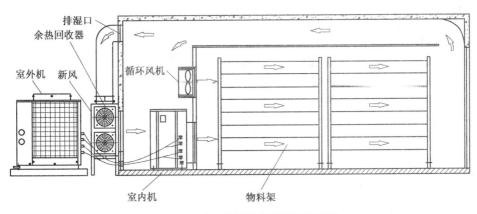

图 11-18　大型食品烟熏房的结构示意图

（1）炉体

炉体（见图 11-19）是进行烟熏上色烘干的场所，上部有风扇、铜盘管，风扇的作用是在轴流电动机的带动下将吸上来的热气、烟雾进行扩散，达到均匀地效果。铜盘管用于烘干功能时，蒸汽通过蒸汽预留口进入铜盘管内，铜导热性好，传热速度快，并且增大了接触空间，升温速度更快，高效节能。电加热管在两侧，升温速度快，受热均匀。两个温度探头，一个测炉内温度，一个测食品温度。外观的变化帮助我们判断产品的熟化状态。炉内两侧有独立烟道，上部设有排气口、排烟口，侧面专门有蒸汽对流口，目的也是保证炉内温度、烟雾上下一致的效果，避免上下温度不一致，烟熏色泽不一致的状况。在炉内的底部设有排水口，排除蒸汽遇冷凝结形成的水珠。炉体采用 8 个厚的钢化玻璃贴有特制防爆膜制作大玻璃窗，可清晰观察炉内产品的加工过程并及时排除突发状况，安全可靠。

（a）

（b）

图 11-19　烟熏炉炉体

（2）控制箱

一般炉温在 300~1 500 ℃时采用自动控温系统进行控制；200 ℃以上烟熏炉采用 PLC 控制面板，可设定烘干的时间、温度以及烟熏的时间和温度、发烟电加热管的工作时间，还有控制发烟室发烟量大小的快捷键，操作简捷易控制。具体操作即加减设定温度时间，设置过程中启动键来完成移位的作用。控制箱接线时，注意正反电极，线路接错电动机会倒转，产生噪声，此时可将两根线的位置交换一下来排除。

（3）发烟室

发烟室内置发烟即采用发烟盒的方式，外置发烟由盛料斗与发烟室两部分组成，可以控制发烟大小以及浓度，发烟室侧面有对流阀，可控制发烟的速度。盛料斗内有搅拌尺可将烟熏料混合更均匀，盛料斗下方有接料盘，通过调节接料盘与漏斗的距离可以调节发烟的浓度，接料盘与盛料斗距离越大发烟浓度大。发烟室内有搅拌池将发烟料均匀覆盖在电加热管上，并且可以通过控制搅拌池转速来控制发烟量大小。同时在连接发烟室与炉体的管道内设有过滤板，可有效避免烟熏中的烟焦油、烟熏小颗粒等进入炉体。

（4）各小配件作用

保温层：采用的是耐高温的聚氨酯发泡材料保温，保温效果好，升温快，节约资源。

主机上的风扇：采用双速循环（轴流风机）风机，按正转倒吸的方式，高效合理的分配进风、排风、补风，最大限度优化箱体内部气流循环状态。

发烟室上的减速机：作用是带动搅拌匙下料，下方设有一个托盘，可以上下调节控制木屑降落的多少。

鼓风机上的蝶阀：控制进烟大小。

炉内的顶部采用的是倒梯形：可以将产生的油污流下来。

叶轮：正转倒吸，使得炉内的产品不论烘干烟熏都可均匀迅速，效率高。

独立烟道：保证炉内产品上下温度一致、烟熏色泽一致。

过滤板：可有效避免烟熏中产生的固体小颗粒、烟焦油等有害物质附着在产品表面。

发烟电热管：盘状，增大发烟面积，提高发烟速度。

温度探头：更方便的帮助操作者得知产品的熟化情况。

排水口：及时排除炉内蒸汽遇冷凝结成的小水滴，以免影响产品加工。

对流阀：可控制大小，炉体对流阀可加速排出加工完成后烟雾，节约时间，提高效率；发烟室对流阀可控制发烟的速度。

可调式支撑腿及移动轮：可调式支撑腿排除由于地面不平整，导致设备无法平稳放置带来的困扰；采用移动轮，方便省力。

第十二章　包装机械

包装机械的种类繁多,分类方法很多。从不同的观点出发可有多种,按产品状态分,有液体、块状、散粒体包装机;按包装作用分,有内包装、外包装机;按包装行业分,有食品、日用化工、纺织品等包装机;按包装工位分,有单工位、多工位包装机;按自动化程度分,有半自动、全自动包装机等。各种分类方法各有其特点及适用范围,但均有其局限性。从国际上包装机械总的情况来看,比较科学的分类方法是按其主要功能进行分类。本章所讨论的食品包装机械主要按功能进行分类,重点介绍食品包装过程中的充填机械、灌装机械、裹装机械、封口机械和标签机械。

第一节　充填机械及设备

食品充填是将食品按预订量装入某一包装容器的操作过程,主要包括食品的计量和充入。按计量方式的不同,可将食品充填技术分为容积式充填、称重式充填和计数式充填。对粉状物料主要采用容积式充填法和称重式充填法,对液体、半液体物料采用容积式充填法,对块状或颗粒状物料采用计数充填法。

一、容积式充填法

将食品按预定的容量充填至包装容器内称为容积式充填。根据物料容积计量的方式不同,可分为量杯式充填、螺杆式充填、柱塞式充填、转鼓式充填等。容积式充填适用于干料或稠状流体物料的充填,但不适用于容量不稳定的物料。容积式充填的计量速度快、装置结构简单、设备造价低,但计量精度较低,较适合于价格便宜的物品的包装。

容积式充填装置主要由量杯、刮板等组成。适用于粉状、粒状、片状等流动性能良好的物料的充填工作时,物料靠自身的重力自由地落入量杯,刮板将定量量杯上多余的物料刮去,然后再使量杯中的物料在自重的作用下充填到包装容器中去。

1. 量杯式充填装置

量杯式充填装置结构示意图如图 12-1 所示,物料经供料斗 1 自由地靠重力落到计量杯中,圆盘口上装有数个量杯(图中为 4 个)和对应的活门底盖 4,圆盘上部为粉罩 2。当主轴 8 带动圆盘 7 旋转时,粉料刮板 10 将量杯 3 上面多余的物料刮去,当量杯转到卸粉工位时,开启圆销 6 推开定量杯底部的活门 4,量杯中的物料在自重作用下充填到下方的容器中。当量杯转到装料工位时,闭合圆销 5 推回量杯底部的活门 4,物料进入到固定量杯中,重复下一个工作循环。图 12-2 为量杯式充填装置实物图。

量杯式充填装置是容积固定的计量装置,当计量变化时只能更换定量的量杯。为适应产品容量变化的情况,可采用可调容量式装置,它可随产品容量变化而自动调节容积的量杯来量取产品,并将其充填到包装容器中,结构如图 12-3 所示。它与定量式量杯的区别在于计量杯是由两个相配合的容杯组成,通过调节机构可改变上下套筒的相对位置而实现体积的微调。微调可自动进行,也可手动进行,计量精度可达到 2%~3%,自动调整信号是通过对最终产品的重量或物料质量密度的检测来获得的。

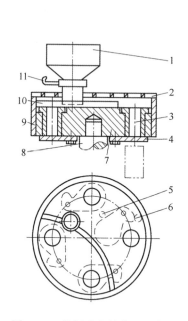

图 12-1 量杯式充填装置示意图
1—供料斗;2—粉罩;3—量杯;
4—活门;5—闭合圆销;6—开启圆销;7—圆盘;
8—主轴;9—壳体;10—粉料刮板;11—下料闸门

图 12-2 旋转式量杯式充填装置实物图

2. 螺杆式充填

螺杆式充填是通过控制螺杆旋转的转数或时间来量取产品的,适合于粉状、小颗粒状的物料的充填,不宜用在较大的、易碎的大颗粒物料或密度变化大的物料。

螺杆式充填机构主要包括螺杆计量装置、物料进给机构、传动系统、控制系统及机架等。螺杆式充填法是利用螺杆螺旋槽的容腔来计量物料的,即靠螺杆的外径和导管的内径的配合间隙来进行物料的计量。

如图 12-4 所示,当计量螺杆 8 旋转时,储料斗内的搅拌器 6(其作用是可改善物料的输送效果)将物料拌匀,螺旋轴将物料挤压到要求的密度,由于每个螺距都有一定的理论容积,只要准确地控制螺杆的转数,就能获得较为精确的计量值。

3. 柱塞式充填

柱塞式充填是采用连杆机构推动柱塞作直线往复运动,由于柱塞在往复行程中形成一定的理论空间容腔,若调节柱塞行程则能改变产品的容量。

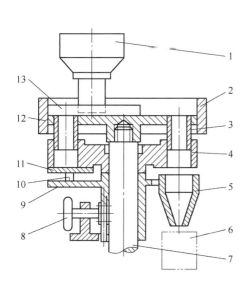

图 12-3　可调容量式充填装置示意图
1—供料斗；2—护圈；3—固定量杯；
4—活动量杯托盘；5—下料斗；6—包装容器；
7—主轴；8—手轮；9—圆盘；10—活门导柱；
11—活门；12—调节支架；13—刮板

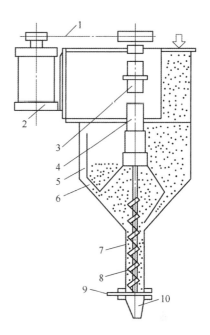

图 12-4　螺杆式充填装置示意图
1—传动带；2—电动机；3—电磁离合器；
4—支承；5—料斗；6—搅拌器；
7—导管；8—计量螺杆；9—阀门；
10—漏斗

如图 12-5 所示，柱塞 4 由曲柄或摇杆经连杆 6 传动，做直线往复运动，当柱塞 4 向右移动时，从料口进来的物料被推动而打开活门，在柱塞的推力和物料本身的自重作用下，物料从出料口落入包装容器中。

4. 转鼓式充填

转鼓形状有圆柱形、棱柱形等，定量容腔在转鼓外缘，容腔形状有槽形、扇形、轮叶形，容腔容积有定容和可调两种。如图 12-6 所示为槽形截面可调容腔结构的圆柱转鼓计量装置，由转鼓 4、定量容腔容积调节螺丝 3、柱塞板 2、外壳 5 组成。转鼓由传动轮带动回转，料斗 1 中的粉料靠自重进入定量容腔，随转鼓到下料口而落入瓶罐中，通过转动调节螺丝 3 可以改变定量容腔中柱塞板 2 的位置来改变容积，从而改变充填量。转鼓的速度视粉料及定量腔结构的不同，可在 0.25~1.00 m/s 范围内运转，转速过快将使定量不准确。

转鼓式充填适合用于密度稳定、流动性好的粉状或小颗粒状物料的计量。

二、称重充填法

称重式充填法是将产品按预定的质量充填到包装容器内，适用于易吸潮、易结块、粒度不均匀、容重不稳定的物料。称重式充填法可分为毛重式和净重式充填。

1. 净重充填法

净重充填法是称出预定质量的物料，将其充填到包装容器内，其结果不受包装容器重量的影响,是精确的称量充填,如图 12-7 所示,其充填过程为:进料器 2 把物料从储料斗 1 运送到计量斗 3 中,当计量斗 3 中物料达到规定质量时通过落料斗 5 排出进入包装容器。为了达到较高的充填精度,在称量时可先使大部分物料高速进入计量斗,剩余的小部分物料通过微量装置缓慢进入计量斗。这种充填法广泛用于包装重量要求精度高、产品价格高的产品。

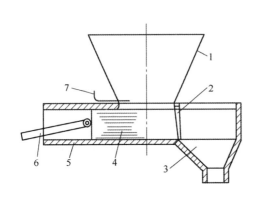

图 12-5 柱塞式充填装置示意图
1—料斗;2—弹性活门;3—装料斗;4—柱塞;
5—柱塞缸;6—连杆;7—调节活门

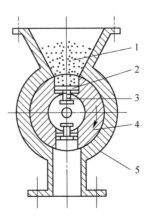

图 12-6 转鼓式充填装置示意图
1—料斗;2—柱塞板;3—调节螺丝;
4—转鼓;5—外壳

2. 毛重充填法

毛重式充填是在充填过程中,将包装容器放在秤上一起称重,达到规定数量时即停止进料,称得的数量是毛重。毛重称量通常用于产品与称重料斗发生粘连而影响称量准确度的情况,为了得到精确的净重,容器的重量必须相同,或先对空容器进行称重,再减去对应空容器的重量而确定净重。因此,包装容器本身的重量直接影响到充填物料的规定重量,适合于中等价位的自由流动的物料及黏性物料的充填包装,如图 12-8 所示。

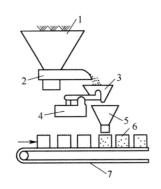

图 12-7 净重式充填
1—储料斗;2—进料器;3—计量斗;
4—秤;5—落料斗;6—包装件;7—传送带

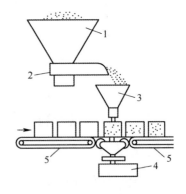

图 12-8 毛重式充填
1—储料斗;2—进料器;
3—落料斗;4—秤;5—传送带

三、计数充填法

计数充填法是将产品按预定数目充填到包装容器内,按计数的方式不同可分为单件计数和多件计数。

1. 单件计数

单件计数要求用电子扫描、光学、电感应、机械等方法逐件计数产品的件数,有转盘计数法和履带式计数法。

转盘计数法是利用转盘上的计数板对产品进行计数,适合于形状、尺寸规则的球形和圆片状食品的计数。如图 12-9 所示为适合球形食品计数的转盘计数机构,卸料盘 4 和料筒 1 由支架夹板 2 固定在底盘上,物料装在料筒 1 内,装料筒底盘 3 是一个转动的定量盘。定量盘上每隔 120°的位置上设有若干数量的小圆孔带,分为 3 组。定量盘上的孔径比物料直径大 0.5~1.0 mm,定量盘的厚度比物料直径稍大,以确保计量孔只能容纳 1 粒产品。定量盘下装有带卸料槽的卸料盘 4,在计量过程中,卸料盘 4 承托住充填在计数定量盘 3 中的物料,只有当定量盘带有物料的一组孔转到卸料槽时,才使已定量的物料落入卸料槽 5 并进入包装容器中。当定量盘的一组孔带卸料时,其他两组孔带进行上料,因此机构的效率较高。

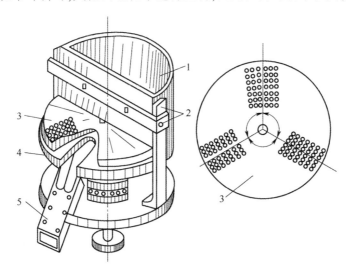

图 12-9　转盘式计数装置示意图
1—料筒;2—支架夹板;3—计数字量盘;4—卸料盘;5—卸料槽

履带式计数是利用履带上的计数板对产品进行计数,并将其充填到包装容器中。

单件计数适用于物料难于排列而需要计数包装的颗粒状食品。

2. 多件计数

多件计数是利用辅助量如面积、长度等进行比较以确定产品的件数,包括长度计数、容积计数等。

长度计数装置如图 12-10 所示,由输送带、横向推板、触点开关和挡板组成,计数时,排列有序的产品经输送机构到达计量机构中,产品的前端触及挡板时,电触头发出信号,使推进器迅速动作,将一定数量的产品推到包装台上进行裹包包装。这种计数方法适用于将产品小盒包装后进行第二次大包装。

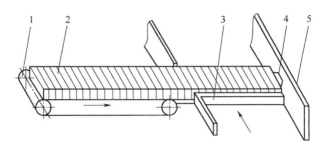

图 12-10　长度计数装置示意图
1—输送带；2—物品；3—横向推板；4—触点开关；5—挡板

　　容积计数装置如图 12-11 所示，物料自料斗落到计量装置内，形成有规则的排列。计量装置充满时，即达到预定的计量数，这时料斗与计量装置间的闸门关闭，同时计量装置下的闸门打开，物品进入包装容器内。

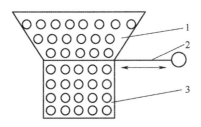

图 12-11　容积计数装置示意图
1—料斗；2—闸门；3—计量箱

第二节　灌装机械及设备

　　灌装是指将液体或半流体产品灌入包装容器内。食品灌装时，所选用的机械精度等级能达到生产企业所规定的要求，且容器内要留有一定的间隙，一般间隙留量为整个容积的 6%，同时要求快装、快封，减少食品的污染，充填完毕后容器口、壁应保持清洁干净。

　　灌装的食品种类及包装容器灌装的液体产品根据其黏度可分为低黏度液体产品和高黏度液体产品。低黏度液体产品指黏度小于 100 mPa·S 的产品，如鱼露等，此类产品在灌装时可借助其自重流入包装容器内；高黏度液体产品指黏度大于 10 mPa·S 的产品，如酱类食品，在灌装时需要外部压力以将其充填到包装容器中。灌装使用的包装容器根据其强度可分为刚性包装和柔性包装，刚性包装包括金属罐、玻璃瓶、陶瓷罐等；柔性包装包括塑料瓶、纸及铝箔等多层复合材料制成的盒等。常用的灌装方式有常压灌装、等压灌装、真空灌装和机械压力灌装。

一、常压灌装

　　指在常压下低黏度液体产品靠自重产生流动而充填到包装容器内。如图 12-12 所示，空的包装容器由进瓶拨轮送到托瓶盘上,托瓶盘和储液箱1固定在主轴上,电动机经过传动装置带动主轴转动,使托瓶盘和储液箱1绕主轴回转。同时,升降机构将托瓶盘和容器向上托起,当瓶口对准灌装头并将套管顶开而开启灌装阀4,液体靠重力自由流入容器中,当液体上升至排气口上部时,即停止流动。当液位达到规定高度完成灌装后,升降机构将容器下降,由出瓶拨轮拔出,灌装阀失去压力并自动关闭。容器内的空气经设在灌装管端部的空气出口2通到储液箱液面上部的排气管3排出。

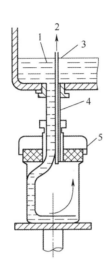

图 12-12　常压罐装工作原理示意图
1—贮液箱;2—空气出口;3—排气管;4—灌装阀;5—密封盖

二、等压灌装

先在高于大气压的情况下对包装容器充气,使其内部的气体压力和液箱内的气体压力相等,然后再依靠被灌装产品的自重将产品充填到包装容器中,其基本程序如图12-13所示。

①充气等压。首先接通进气管2,储液箱内的气体充入瓶内,直至瓶内气压与储液箱内气压相等,如图12-13(a)所示。

②进液回气。接通进液管1和排气管4,储液箱内液体经进液管1流向瓶内,瓶内气体由排气管4排入储液箱的空间内。当瓶内液面上升h_1点时,淹没排气管4下部的孔口,此时瓶内液面上的气体无法排出,液面停止上升,液体沿排气管4上升到与储液箱的液面相同为止,停止进液,如图12-13(b)所示。

③排气卸压。瓶子上部借助进气管2和排气管4同储液箱气室相通,排气管4内的液体流回瓶内,瓶内液面上升至h_2处,而瓶内相对应的气体沿进气管2排回储液箱内,如图12-13(c)所示。

④排除余液。旋塞3转至进液管1,进气管2和排气管4都与储液箱隔开,当瓶子下降时,旋塞3下部进液管1内的液体流入瓶内,使瓶内液位升至h_3。完成全部增装过程,如图12-13(d)所示。

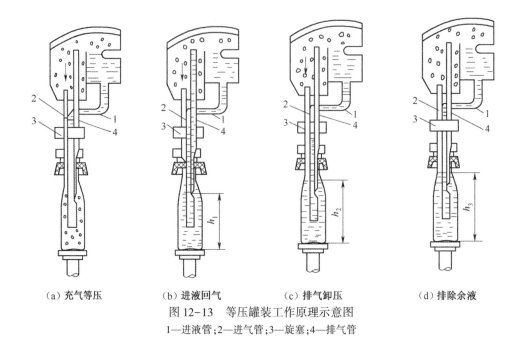

　(a) 充气等压　　　　　(b) 进液回气　　　　　(c) 排气卸压　　　　　(d) 排除余液

图 12-13　等压罐装工作原理示意图

1—进液管;2—进气管;3—旋塞;4—排气管

三、真空灌装

真空灌装是利用灌装机中配置的真空系统使包装容器处于一定的真空状态,然后再将液箱内的液料在一定的压力差或真空状态下充填到包装容器内。有以下两种方法:

1. 真空重力灌装

储液箱处于真空,对包装容器抽气形成真空,使包装容器和储液箱处于同一真空状态。

2. 真空压力差灌装

指包装容器和储液箱真空度不同,前者真空度大于后者,液体产品依靠储液箱与包装容器之间的压力差作用产生流动而将其充填到容器内。

如图 12-14 所示,供液管 1 由供液阀 2 控制,浮子 3 控制液面。当灌装时,瓶子由升降机

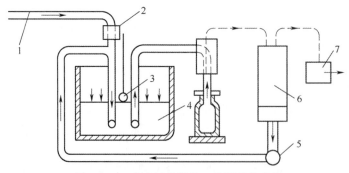

图 12-14　真空压差灌装工作原理示意图

1—供液管;2—供液阀;3—浮子;4—储液箱;5—供液泵;6—真空室;

7—真空泵;8—真空管;9—液体;10—灌装阀;11—密封材料;12—灌装液位

构托起上升或灌装阀下降,将瓶口密封,并通过真空泵 7 和真空室 6 在瓶内建立高真空,然后开启灌装阀 10,液体靠压力差,从储液箱流入瓶内。当液体上升到灌装阀中真空管口时即停止流动,液位保持不变。如果瓶子不离开阀口,液体会继续缓慢地流出,因为抽真空,会将液体从瓶内吸出,形成溢流和回液,由供液泵 5 将其送回储液箱。真空灌装适宜于易氧化变质的液体食品。图 12-15 为某真空压力差灌装设备实物图。

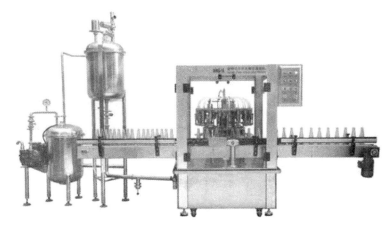

图 12-15　真空压差灌装设备

四、机械压力灌装

机械压力灌装是利用外部的机械压力如液泵、活塞泵或气压将被灌装液体压入包装容器内,主要适宜于黏稠性物料,如各类虾酱、蟹酱等。

如图 12-16 所示,灌装阀 5 与储液箱 8 分开放置,供液泵 7 将液体送入灌装阀;容器上升至灌装阀口,由密封盖 6 密封,灌装阀开启进行灌装,同时容器内的空气由溢流管 3 排至储液箱;当容器内液面达到溢流管口处时,液体开始经溢流管流回储液槽,液面不再变动。溢流管口与容器顶部的相对位置决定了灌装液面的高度,只要保持灌装阀与容器的密封,液体就会连续不断地通过溢流管流出,当容器不再密封时会关闭灌装阀和溢流口。

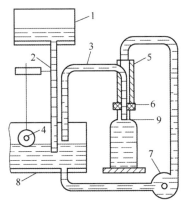

图 12-16　机械压力灌装工作原理示意图

1—供液槽;2—供液阀;3—溢流阀;4—浮子;5—灌装阀;6—密封盖;7—供液泵;8—储液箱;9—灌装液位

灌装机按容器的输送形式可分为旋转型灌装机和直线型灌装机两种。旋转型灌装机灌装迅速、平稳、生产效率高,现在大中型企业液体灌装设备多采用旋转型。如图 12-17、图 12-18 所示分别为旋转型灌装机和直线型灌装机。

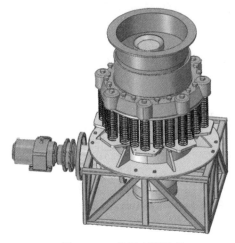

图 12-17　旋转型灌装机

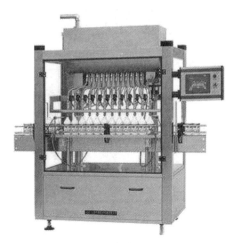

图 12-18　直线型灌装机

第三节　封口机械

封口技术是食品被充填入容器后,将容器开口部分封闭起来的工序。容器封口能有效地保护食品不受外界空气及微生物的污染,使食品在保质期内不因包装作业影响而毁坏变质,同时还可以方便运输、储存和陈列销售。由于被包装食品种类繁多,性能各异,包装要求、所用包装材料和容器各不相同,因而采用的封口方式和使用的封合物也是多种多样的。

塑料及玻璃可制成不同形态的包装容器,本章主要介绍食品包装中广泛运用的塑料袋、塑料瓶和玻璃瓶的封口技术。

一、塑料袋封口

塑料袋材质柔软、使用方便、容器体积小、价格低廉、印刷适应性好,是食品包装中广泛应用的一类包装容器,由于塑料材料具有热熔性,因此常采用加热的方法进行封口,如热压封口、熔焊封口、超声波封口等。对很难用加热方法封口的塑料袋可采用结扎封口。

1. 热压封口

热压封口采用电加热的方法使塑料袋口部的两层薄膜受热软化,然后对其施加接触压力,使熔融状态的两层薄膜黏合在一起,冷却密封。根据加热加压的装置不同,可分为板式、辊式、滑动滚压式和带式热封式等。

（1）板式热封

将加热板加热到一定温度,把塑料袋压合在一起即完成热封。这种封合方法原理及设备的结构简单,封合速度快,应用广泛,适合于聚乙烯、聚乙烯复合薄膜,对遇热易收缩或分解的聚丙烯、聚氯乙烯等塑料薄膜不适用。

如图 12-19(a)所示,两层薄膜 3 被输送进入加热板 1 和工作台 5 之间,紧压在防粘材料 4 上,加热板 1 被加热到一定的温度,与工作台 5 一起对薄膜进行加热加压,最后经过冷却,实现紧密封合。

为了得到高质量的封接接缝,电热板封按的表面要平直,工作台和防粘材料的承托面平整,防粘材料常用耐高温的聚四氟乙烯,主要作用是避免工作台和薄膜材料粘接,使袋口封合美观。

(2)辊式热封

如图 12-19(b)所示,两层薄膜 2 被导辊牵引至一对加热辊 1 之间(或只有其中一个是加热辊),连续旋转的辊轮对其加热加压,然后冷却实现紧密封合。为了防粘接,可在加热辊外表面涂一层聚四氟乙烯。

辊轮式热封的特点是连续封合,适用于由基体薄膜(如玻璃纸)和热封性薄膜(如聚乙烯)组成的复合薄膜的热封,对于受热易变形的单膜会影响封口质量,故不宜采用。

(3)滑动滚压式热封

如图 12-19(c)所示,将叠合的两层薄膜 2 先从一对加热板 1 中间通过,进行加热,然后由加压辊 3 压紧黏合。滑动滚压式热封的特点是结构简单,适用范围广,能连续封接热变形大的薄膜。

(4)带式热封

如图 12-19(d)所示,将要封合的两层薄膜 2 送入一对相向运动的环带 1 之间,环带 1 夹着薄膜一起运动,同时从两侧对薄膜加热、加压和冷却,实现封口。带式热封能连续工作,效率高,封口的质量好,但这种装置结构较复杂,适用于易热变形的塑料薄膜或复合薄膜的连续封接。

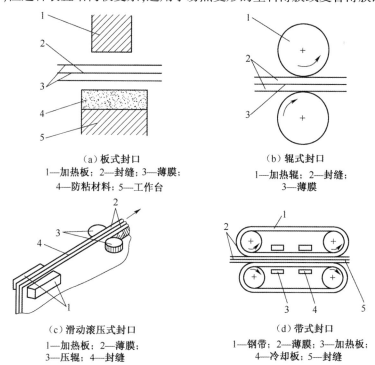

(a)板式封口
1—加热板;2—封缝;3—薄膜;
4—防粘材料;5—工作台

(b)辊式封口
1—加热辊;2—封缝;
3—薄膜

(c)滑动滚压式封口
1—加热板;2—薄膜;
3—压辊;4—封缝

(d)带式封口
1—钢带;2—薄膜;3—加热板;
4—冷却板;5—封缝

图 12-19 热压封口

2. 熔焊封口

如图 12-20 所示,将加热板 4 或火焰靠近叠合的两层薄膜 2 的一端使之熔融黏合,该方法适合于热收缩性塑料薄膜。

3. 脉冲封口

如图 12-21 所示,在封口压板 1 顶端装有镍铬合金电热丝 7,当压板 1 将两层薄膜 3 叠合压紧在工作台 4 上的防粘材料 5 的表面上时,给镍铬合金电热丝 7 瞬间通以大电流,产生高温使薄膜加热黏合,然后冷却完成封口。这种封接方法的特点是封口质量(强度)高,适用于易热变形的薄膜,常用于对封口强度和密封性要求高的产品。

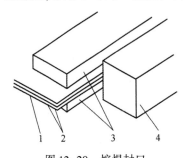

图 12-20　熔焊封口

1—封缝;2—薄膜;3—冷却板;4—加热板

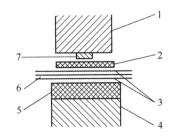

图 12-21　脉冲封口

1—压板;2、5—防粘材料;3—薄膜;4—工作台;
6—封缝;7—镍铬合金电热丝

4. 超声波封口

如图 12-22 所示,由超声波聚能器 4 传出的超声振动使薄膜 2 的叠合面从内到外发热而熔融黏合。超声波封口的特点是在薄膜叠合的中心发热,适合于多种塑料薄膜材料如聚丙烯、尼龙、铝塑复合材料、聚氯乙烯等,对易产生热收缩变形或热分解的塑料都有很高的封接质量。

5. 高频封口

如图 12-23 所示,薄膜 4 被压在上、下高频电极 2 之间,当电极通过高频电流时,薄膜 4 因有感应阻抗而发热蹭化。由于是内部加热,中心温度高,薄膜表面不会过热,封口强度高,适用于聚氯乙烯等感应阻抗大的薄膜。

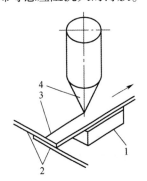

图 12-22　超声波封口

1—工作台;2—薄膜;
3—封缝;4—超声波聚能器

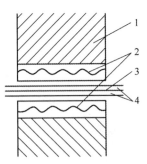

图 12-23　高频封口

1—压板;2—高频电极;
3—封缝;4—薄膜

二、塑料瓶封口

塑料瓶罐可通过注塑、吹塑等成型方法制得，具有质料软韧、壁薄、质量轻、容器制作较简单等特点，目前广泛运用于食品包装。塑料瓶的封口一般为有封口材料的封口，其封合方法包括旋合式、压盖式、热熔式等。

1. 旋合式封口

旋合式封口指通过旋转封盖以封闭包装容器的方法，适用于塑料瓶和玻璃瓶。瓶盖可用塑料或金属薄板制成，通常带有与瓶口的外螺纹相匹配的内螺纹，二者以旋拧的方式旋紧，盖内一般衬有弹性密封垫。

旋合封口时，即要保证封口有足够的密封性，又不能产生过度的旋紧，以免瓶盖或瓶身被挤破，因此当瓶盖与夹持器、瓶身与夹持器间的旋拧力矩超过许可值时，通常使它们之间产生打滑来确保封口质量。

图 12-24 所示为两种常用的旋合封口方式，图 12-24（a）中瓶身不动，主动滚轮旋转，依靠摩擦力带动瓶盖反向旋转，从而使容器封口；图 12-24（b）中由两条平行等速但方向相反的输送带夹持着瓶身使瓶做旋转运动，瓶盖上方的压盖板能阻止瓶盖转动并使瓶盖作轴向送进，完成旋合封口。

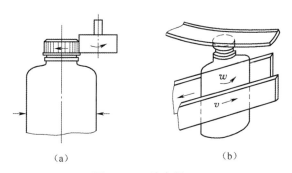

（a）　　　　　　　　　　　　（b）

图 12-24　旋合封口

2. 热熔式封口

对聚乙烯、聚丙烯、聚氯乙烯、聚酯、聚苯乙烯等具有热熔性能的塑料制成的容器可采用热熔封口工艺。进行热熔封口时，先将已经装好的封口塑料膜片（可是单质或复合材料）放到塑料瓶的口部，再以电加热的热熔封接压头对塑料瓶的封口部位实施加热加压，使瓶口部的封口界面与封口塑料膜片间受热熔接，冷却后得到牢固且密封性很好的封口。

塑料瓶的热熔封口加热方式一般采用脉冲式热封，密封性好、封口强度高、封口形式简单，但拆开后不便于再封，因此一般用于一次性消费包装封口，通常外层还旋合有螺旋盖。

三、玻璃容器封口

由于玻璃具有良好的透明性、阻隔性、化学稳定性，且原料来源广、成本低廉，是包装容器的主要材料之一。用于食品包装的玻璃容器主要有瓶、罐等形式，常用于液体食品、黏稠的膏状食品、固态食品等的包装。

玻璃瓶、罐的封口要求有严格、牢靠的密封，大多采用盖或塞做包装封口，根据内装物的特性对包装封口的形式也各不相同,有卷边式封口、旋合式封口、滚压式封口、压力式封口、热收缩式封口等。

1. 卷边式封口

玻璃容器采用卷边式封口时,瓶盖常采用金属盖,并配以弹性密封圈垫。如图 12-25 所示为玻璃罐卷边滚压封口。为了使玻璃罐身与罐盖间得到严密可靠的封口,玻璃罐的颈部制作有凸棱,带上盖的玻璃罐由上罐机构送到下压头上并被托起夹持在上、下压头之间,卷封滚轮 2 一面绕着玻璃罐圆周作滚转运动,一面又朝玻璃罐中心作径向进给运动,迫使罐盖 3 周缘产生卷曲变形,弹性胶圈 4 在盖与瓶之间受到挤压变形,罐盖 3 的周缘在卷封滚轮的挤压下卷曲到玻璃罐凸棱的下缘,形成勾连连接,保证了卷封的密封性。

2. 压力式封口

压力式封口是通过在封口器材的垂直方向上施加预定的压力以封闭包装容器,是液体包装的主要封口方式,所用瓶盖一般使用由马口铁预压成形的皇冠盖,盖内有密封垫或注有密封胶,其形式如图 12-26 所示。压力式封口采用专用压盖机将皇冠盖折皱边压入瓶口凹槽内,并使位于盖与瓶口间的密封垫产生挤压变形,然后将盖的折皱部分压紧扣住瓶口上的凸棱下缘,使盖与瓶间勾连连接,得到牢靠且严密的封口。压力式封口盖封操作简单,密封性能好,使用很广泛。

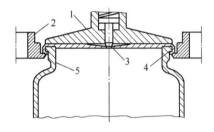

图 12-25　玻璃罐卷边滚压封口
1—上压头;2　卷封滚轮;
3—罐盖;4—弹性胶圈;5—玻璃罐

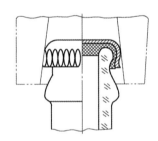

图 12-26　皇冠盖封口形式

第四节　裹包机械

裹包和装袋使用的都是较薄的柔性材料,如纸、塑料薄膜、金属箔以及它们的复合材料。其用料省,操作简单,包装成本低,销售和使用都很方便,因此,应用范围十分广泛。

在食品产品中,裹包式的包装占有一定分量,是一种比较常见的包装形式。

裹包是用较薄的柔性材料将产品或经过原包装的产品全部或大部分包起来的方法。裹包包装的适应性很广,对多种不同形状、不同性质的产品包装均适用,可对单件物品进行个体包装,也可对多件物品进行集积式包装,另外还可对盒装或托盘式的包装物件进行外层裹包。

一、折叠式裹包机

折叠式裹包机一般是先将物品置于包装材料上,然后按顺序先后折叠各边封合。按工艺要求,折边后可上胶粘合,对于塑料薄膜可电热烫合;有的则只靠包装材料受力变形而自然成型。折叠式裹包能使产品紧紧贴在包装材料内,即节省包装材料,又使包装后的产品外形美观,因此得以广泛应用。

折叠式裹包的工作形式有两种,一是包装物件间歇定位,由各工位的折边器按顺序完成折边工序;二是包装物件在运动中通过特殊几何形状的折边器完成各折边动作。前者如转塔折叠式裹包机,后者如直线折叠式裹包机。

1. 转塔折叠式裹包机

如图 12-27 所示为转塔折叠式裹包工艺流程。物品堆放在装料装置的导槽中,由供料装置将其推送出去,其余物品在自重作用下填补到空位置;前行的物品与切下的包装材料相遇后,在前方水平挡板的作用下,包装材料包裹在物品的三个平面上,并一起被送入到转塔的回转盒中,同时两端面的一角被折叠;转塔由间歇机构驱动作间歇运动,当转塔转动到 90°铅垂位置作间歇停顿时,由两折边器完成长侧边的折叠,在此还可预加热定型;当转塔转动到 135°位置时,进行热封口,完成长侧边的折叠搭接;转到 180°时再次停顿,卸料杆将物品从转塔中卸下,由推料推进装置将其推送前进;随后到达端面折叠装置处,将端面的上下边折叠;最后进行端侧面热封,转向叠放,由输送带送出,完成整个裹包过程。

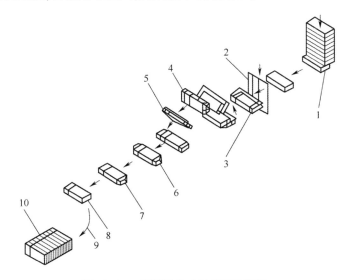

图 12-27　转塔折叠式裹包工艺流程

1—物品被依次推出;2—包装材料切下;3—端侧面短边折叠;4—长侧边折叠;5—长侧边加热封口;
6—端侧面折上边;7—端侧面折下边;8—端侧面热封;9—包装件翻转;10—包装件集合

2. 直线折叠式裹包机

如图 12-28 所示为直线折叠式裹包工艺流程。物品 6 由输送带送入托板 7 上;与此同时,被定长切断的包装材料 1 送到托板 7 的上部,并覆盖在物品 6 上面;托板 7 带着物品 6 与包装材料 1 沿垂直通道 8 上升,在垂直通道的导向下,使包装材料呈倒"U"形包裹物品;当托板 7

上升到最高位置时,摆动板2与长边折叠板3一起将包装物托住,托板7随即下降到原始位置;摆动板2托住包装物并保持一段时间,此时长边折叠板3将底面一长边进行折叠,同时,推板与两顶端折叠板4即开始运动,完成两顶端面前部的折叠任务;推板与两顶端折叠板4继续将包装物向前输送,底板和固定折叠板5完成另一底面长边和两顶端后部的短边折叠任务;随后,底面和两端热封器9向上运动,将底面长边进行热封;包装物由推板推入输出机构,在两侧固定折叠板的导向下,先后完成两顶端面的下部长边折叠和上部长边折叠;最后底面和两端热封器9将包装物两端的包装材料热封,完成整个裹包过程。

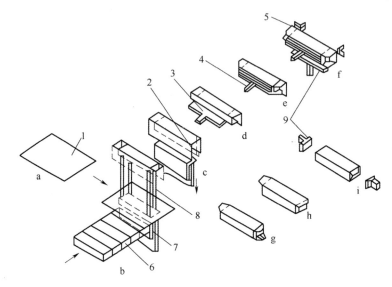

图 12-28 直线折叠式裹包工艺流程

1—包装材料;2—摆动板;3—长边折叠板;4—推板与两顶端折叠板;5—固定折叠板;6—物品;
7—托板;8—垂直通道;9—底面和两端热封器

二、扭结式裹包机

扭结式裹包是把一定长度的包装材料裹包成圆筒形,然后将开口端部分按规定方向扭转成扭结,其搭接接缝不需粘接或热封。一般扭结式裹包机还设置有缺料停机装置,在输送过程中,如果缺少物料,主电动机可以自动停车并发出信号,等物料接上时则自行启动开车。

三、接缝式裹包机

接缝式裹包机又称枕形裹包机,一般能自动完成制袋、充填、封口、切断、成品排出等工序,是裹包机械中应用最广泛、自动化程度最高的一类包装机械。根据具体的包装要求,该设备可进行普通包装、带托盘包装、无托盘集合包装等。常用于食品、日用化工、医药等的包装。

接缝式裹包机按包装成品的形式不同可分为普通枕形自动包装机[成品外观如图 12-29(a)]、折角枕形自动包装机[成品外观如图 12-29(b)]、无封边枕形自动包装机[成品外观如图 12-29(c)]。

裹包机的种类很多,有通用的和专用的;有低速、中速、高速和超高速的;有半自动和全自动的;它们可以单独使用,也可以联合在生产线上使用。在选用裹包机时要根据产品的形状和大小、裹包形式及批量等选择不同的裹包机。图 12-30 为某枕形全自动裹包机的实物外形图,可实现对食品的裹包。

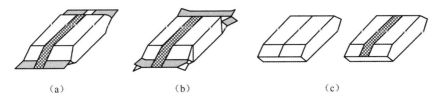

(a)　　　　　　　(b)　　　　　　　(c)

图 12-29　接缝式裹包工艺流程

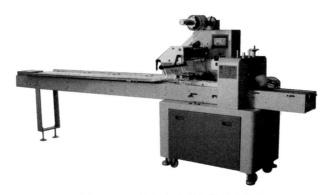

图 12-30　某全自动裹包机的实物图

第五节　标签机械

　　标签是加在包装容器或商品上的纸条或其他材料,上面印有产品说明和图样;或者是直接印在包装容器或商品上的产品说明和图样。标签内容包括制造商、商品名称、商标、成分、执行标准、品质特点、使用方法、包装数量、储藏条件、警告标志和其他广告性图案及文字等。标签能方便商品的识别并提供商品的特征、性质、用途等信息,此外,标签还起到宣传商品、促进销售的作用。

一、贴标工艺

　　贴标的基本工艺过程包括以下六个步骤:
　　①取标,由取标机构将标签从标签盒中取出。
　　②标签传送。
　　③印码,在标签上打印生产日期、产品批号等。
　　④涂胶,在标签背面涂上黏结剂。
　　⑤贴标,将标签贴在容器的指定位置。.
　　⑥抚平,将粘在容器表面的标签压平贴牢,使标签平整、光滑、牢固。

二、贴标设备

贴标机按贴标的工艺特征可分为黏合贴标机、套标机、挂标签机、收缩标签机、不干胶标签机、钉标签机等。

1. 黏合贴标机

黏合贴标机是采用黏合剂将标签贴在包装容器或产品上的机械装置,按取标签的方式不同可分为机械式、真空转鼓式、取标板式等。

图 12-31 所示为目前广泛使用的直线式真空转鼓贴标机,准备贴标的包装容器或产品由板式输送链 1 和供送螺杆 2 等间距地向前输送到贴标工位;真空转鼓 3 不断绕自身垂直轴作逆时针方向旋转,将标盒 6 中的标签取出并由印码装置 5 进行背面打印,转鼓圆柱面分隔为若干个贴标区段,每一段上有起取标作用的一组真空小孔,其真空的通与断靠转鼓中的滑阀来控制;涂胶装置 4 由胶盒、上胶辊和涂胶辊组成,贴标时胶盒绕其轴心摆动,当真空转鼓 3 带着标签经过涂胶装置 4 时,涂胶辊靠近转鼓给标签背面涂胶;涂胶完毕,涂胶辊摆动离开真空转鼓 3,以防胶液涂到真空转鼓表面;标签继续输送到达贴标工位;当标签和包装容器在贴标工位相遇时,真空转鼓 3 上的吸标真空小孔通过阀门逐个卸压,标签失去吸力,与真空转鼓 3 脱离而粘贴到包装容器或产品上;容器带着标签进入搓滚输送带 7 和海绵橡胶衬垫 8 构成的通道,在此实施对标签的抚平整理和贴牢,完成黏合贴标过程。该贴标机生产能力为 6 000 ~ 12 000 瓶/h,适用于在圆柱体瓶身上粘贴身标。

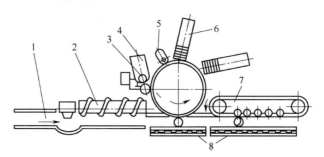

图 12-31 直线式真空转鼓贴标机原理图

1—板式输送链;2—供送螺杆;3—真空转鼓;4—涂胶装置;
5—印码装置;6—标盒;7—搓滚输送带;8—海绵橡胶衬垫

2. 不干胶标签机

不干胶标签机指通过加标机构将不干胶标签贴在包装容器或产品上的机械。不干胶材料由表面基材、黏合剂、剥离层三部分组成。常用的表面基材有涂布纸、荧光纸、金属箔纸、聚酯薄膜、聚乙烯薄膜、聚丙烯薄膜等,其背面涂有黏合剂,经印刷模切后取下贴在包装容器或产品上;黏合剂按功能分为弱黏型标贴(可多次剥离再粘贴)、强黏型标贴(属永久黏着型),粘贴后取下会毁坏标贴本身)、超强黏型标贴,黏合剂对不干胶印刷材料的性能及使用范围有直接的影响;剥离层主要是承载表面基材和保护黏合剂,常用纸质材料,在其表面涂布硅油以防止表面基材和背面的黏合剂粘在剥离层上,并使表面基材和剥离衬纸之间有一定的黏着力便于印刷和模切。

不干胶标签机按结构形式可分为立式和卧式两种,如图 12-32、图 12-33 所示。图 12-34 为立式不干胶标签机采用的滚压法贴标工艺过程,支撑架上装有不干胶标签卷筒 2,经张力装置和导辊牵引,并从标签检测装置下通过以检测定位;将剥离纸一端绕在卷筒 1 上,卷筒 1 旋转时,标签从剥离纸带上被剥离下来,经过压紧辊 3 将标签压在包装容器上。剥离层纸运动的线速度要与包装容器输送带的速度同步,使压标位置与包装容器要求位置配合准确。

图 12-32　卧式不干胶贴标机

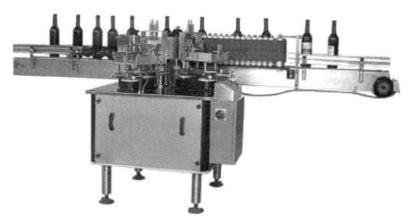

图 12-33　立式不干胶贴标机

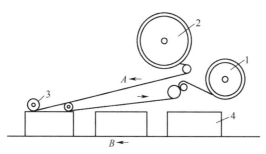

图 12-34　滚压法贴标

1—剥离层卷筒;2—标签卷筒;3—压紧辊;4—包装容器

当标签上的黏合剂是一种加热后产生黏性的热塑性黏合剂时,这类不干胶标签称为热敏标签。若黏合剂只具有瞬时黏性,则加热后必须迅速粘贴,适用于塑料容器;若黏合剂的黏性加热后可保持较长时间,则可适用于金属容器和玻璃容器。

第十三章 分析与检测设备

海洋生物资源分析检测包括食品分析、化学分析、微生物检测和细胞分子生物学检测等，是海洋生物制品加工、存储及流通过程中质量保证体系中的一个重要组成部分，在海洋生物制品开发质量控制和研发工作中具有重要地位。海洋生物制品分析检测中，根据不同的目的，可选择不同类型的分析方法，主要有感官检验法、化学分析法、仪器分析法、微生物分析法和酶分析法等。随着现代光电技术、信息技术和生物工程本身的迅猛发展，以及人们对生物制品功能成分和有害污染成分的检测要求越来越广泛，仪器分析在生物制品分析中所占的比重不断增长，已成为海洋生物制品分析的重要支柱。本章介绍常用的分析检测仪器设备工作原理和结构组成。

第一节 食品分析常用仪器设备

一、折光计

折光计是测定液体食品折射率的仪器。折光计的种类和形式很多，食品检验中常用的折光计一般都直接标出质量浓度或体积分数，溶液的折射率和相对密度一样，随着浓度的增大而增大，不同的物质其折射率也不同，这是采用折光法检验食品的基础。食品工业生产中常用的折光计有手提折光计和阿贝折光计。

1. 手提折光计

手提折光计结构及其光路图如图 13-1 所示。使用时打开坡镜盖板 D、用擦镜纸仔细将折光棱镜 P 擦净，取滴待测成分溶液置于棱镜 P 上，将溶液均布于校镜表面，合上盖板 D，将光窗对准光源，调节目镜视度圈"OK"，使现场内分划线清晰可见，视场中明暗分界线相应读数即为溶液中待测成分的质量分数。手提折光计的测定范围通常为 0%～90%，其刻度标准温度为20 ℃，若测量时在非标准温度下，则需要进行温度校正。

2. 阿贝折光计

阿贝折光计是能测定透明、半透明液体或固体的折射率 nD 和平均色散 nF-nC 的仪器(其中以测透明液体为主)，如仪器上接恒温器，则可测定温度为 0～70 ℃ 内的折射率 nD。折射率和平均色散是物质的重要光学常数之一，能借以了解物质的光学性能、纯度及色散大小等。折光计主要由高折射率棱镜(铅玻璃或合成立方氧化锆)、棱镜反射镜、透镜、标尺(内标尺或外标尺)和目镜等组成。

阿贝折光计的构造如图 13-2 所示，其光学系统由两部分组成，即观察系统与读数系统。它的关键部分是主、辅棱镜组，这是两个互相紧贴的棱镜，棱镜之间为被检液薄层。光线由下面棱镜射入检验液层，由于检验液的折射率与棱镜不同，有一部分反射，当旋转棱镜使入射角等于临界角时,产生全反射,即在轴线左方射入的光线,经折射后成为进入观察镜的平行光束,呈现光亮,轴线右方射入的光线因发生全反射不能进入检测而呈现黑暗,于是镜筒中出现了分界线通过十字交叉点的明暗两部分。

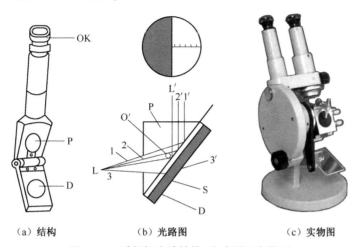

（a）结构　　　　　　　　（b）光路图　　　　　　　（c）实物图

图 13-1　手提折光计结构、光路图及实物图

O'—目镜视度圈;P—棱镜;D—棱镜盖板;S—糖液

L、1、2、3—入射光　L'、1、2—反射光;3'—折射光;OO'—法线

①观察系统:光线由反射镜反射,经光棱镜进入样液薄层,再进入折射棱镜,经折射后的光线,用消色棱镜(阿米西棱镜)消除折射棱镜及样液所产生的色散,由物镜产生的明暗分界线成像于分划板上,通过目镜放大后,成像于观察者眼中。根据目镜中视野的情况判别终点(明暗分界线刚好通过十字线的交点)。

②读数系统:光线由反光镜反射,经毛玻璃射到刻度盘,经转向棱镜及物镜精刻度成像于分划板上,通过目镜放大后,成像于观察者眼中。当旋动棱镜调节旋钮2(图13-2),使棱镜摆动,视野内明暗分界线通过十字线交点时,表示光线从棱镜射入样液的入射角达到了临界角。当测定样液浓度不同时,折射率也不同,故临界角 α 数值亦有所不同。在读数镜筒中即可读取折射率 nD,或样液浓度(%),或固形含量(%)的读数。阿贝折光计的折射率刻度范围为 1.300~1.700,测量精确度可达 0.000 3,可测样液浓度或固形物含量范围为 0%~95%。

二、旋光仪

旋光度是含有不对称碳原子的有机化合物的一个特征物理常数。含有不对称碳原子的有机化合物的结构不同有不同的旋光能力。因此,通过测定旋光度、计算其比旋光度,可以定性地检验化合物,也可以判断化合物的纯度和溶液的浓度。许多糖类物质和氨基酸具有旋光性。旋光仪在食品分析中应用十分广泛,在药物分析和食品添加剂的检测中也具有十分重要的地位。除了可以测量旋光物质的含量以外,与其他仪器联用还可以用于化学分析、过程实时检测,还可以用来检测两种液体混合后的体积浓度。

测定溶液或液体的旋光度的仪器称为旋光仪。常用的旋光仪主要由光源、起偏镜、样品管(又称旋光管)和检偏镜几部分组成,如图13-3所示。光源为炽热的钠光灯,其发出波长为 589.3 nm 的单色光;起偏镜是由两块光学透明的方解石黏合而成的,又称尼克尔棱镜,其作用是使自然光通过后产生所需要的平面偏振光,样品管用于装待测定的旋光性液体或浴液,其长度有 1dm 和 2dm 等几种。当偏振光通过盛有旋光性物质的样品管后,因物质的旺光性使偏振光不能通过检偏镜,必须将检偏镜扭转一定角度后才能通过,因此要调节检偏镜进行配光。由装在检偏镜上的标尺盘上移动的角度,可指示出检偏镜转动的角度,该角度即为待测物质的旋光度。为了准确判断旋光度的大小,测定时通常在视野中分出"三分视场",如图 13-4 所示。当检偏镜的偏振面与起偏镜偏振面平行时,可观察到图 13-4(a)所示结果,即中间较暗,两旁明亮;当检偏镜的偏振面与通过棱镜的光的偏振面平行时,通过目镜可观察到图 13-4(b)所示结果,即中间明亮,两旁较暗;只有当检偏镜的偏振面处于 $\varphi/2$(半暗角)的角度时,视场内明暗相等,如图 13-4(c)所示,这一位置即作为零度,使游标上 0° 对准刻度盘 0°。测定时,调节视场内明暗相等,以使观察结果准确。一般在测定时选取较小的半暗角,由于人的眼睛对弱照度的变化比较敏感,视野的照度随半暗角 φ 的减小而变弱,所以在测定中通常选几度到十几度的结果。国产 WXG 型半荫式旋光仪,其外形构造如图 13-5、图 13-6 所示。

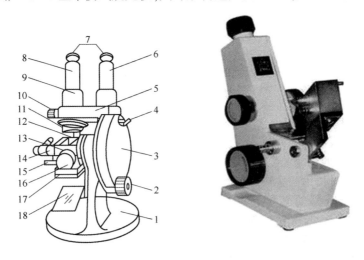

图 13-2 蒸发光散射检测器结构及实物图

1—底座;2—棱镜调节旋钮;3—圆盘组(内有刻度盘);4—小反光镜;5—支架;6—读数镜筒;7—目镜;8—观察镜筒;
9—分界线调节螺丝;10—消色调节旋钮;11—色散刻度尺;12—棱镜锁紧扳手;13—棱镜组;14—温度计座;
15—恒温水出入口;16—保护罩;17—主轴;18—反光镜

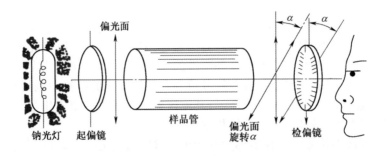

图 13-3 旋光仪的构造图及其工作原理

目前国内生产的自动旋光仪采用光电检测器及晶体管自动示数装置,具有体积小、灵敏度高、读数方便、测定迅速、减少人为误差、对弱旋光性物质同样适应等优点,目前在食品分析中应用也十分广泛。

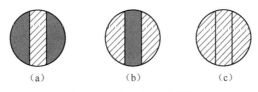

（a）　　　　　（b）　　　　　（c）

图 13-4　旋光仪三分视场

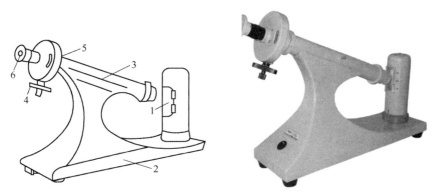

图 13-5　WXG-4 型旋光仪

1—钠光源；2—支座；3—旋光管；4—刻度盘转动手轮；5—刻度盘；6—目镜

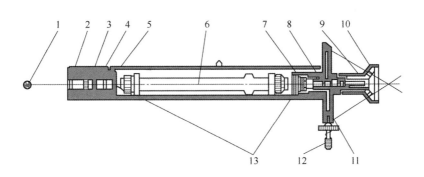

图 13-6　旋光仪的构造

1—光源(钠光)；2—聚光镜；3—滤色镜；4—起偏镜；5—半荫片；6—旋光管；7—检偏镜；8—物镜；
9—目镜；10—放大镜；11—刻度盘；12—刻度盘转动手轮；13—保护片

旋光仪是集机、光、电为一体的复杂计量仪器,主要由主光路测量部分,测量读数显示部分和测量信号电子处理部分组成。WZZ 型自动数显旋光仪的结构如图 13-7 所示。钠光灯发出的波长为 589.44 nm 的钠黄光经小孔光阑、聚光,成为点光源单色平行光束,进入起偏镜后形成平台偏振光,通过测试管、检偏镜射向光电倍增管。当起偏镜与检偏镜两光轴正交(互相垂直)时,旋光仪处于光学零位,此时调制器无 50 Hz 交流信号输出,伺服电动机不转动;当测试管中放入具有旋光性物质的介质溶液后,偏振光会旋转一定角度,旋光仪偏离光学零位,偏离的角度即为旋光度。光电倍增管接收到信号后经放大器放大处理后驱动伺服电动机带动机械传动机构,使检偏镜及读数装置转动,旋光仪重新达到光学零位并指示出旋光度。由样品的旋光方向决定伺服电动机的转动方向而显示出左、右旋光度。对于溶液,其旋光度与浓度有一定的线性关系,测出旋光度则可确定溶液浓度。

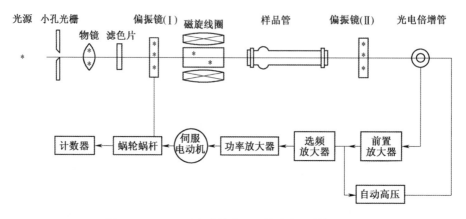

图 13-7　WZZ 型自动数字显示旋光仪的结构原理

图 13-8　数显旋光仪的实物图

三、色谱仪

海洋生物资源制品提供的各种脂类化合物、胺类化合物、碳水化合物、风味成分、食品添加剂以及其他有害成分广泛采用色谱法进行分析。色谱法分析采用的仪器有气相色谱仪和液相色谱仪。

(一)气相色谱仪

一般气相色谱仪的构造和实物图如图 13-9、图 13-10 所示,它的基本结构包括 5 个部分。载气系统、进样系统、分离系统、检测系统、记录系统(记录仪或数据处理装置)。

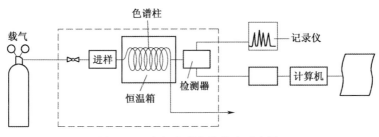

图 13-9 气相色谱仪的构造示意图

图 13-10 气相色谱仪的实物图

1. 载气系统

载气系统包括气源、气体净化、气体流量控制和测量装置。气体从载气瓶经减压阀、流量控制器和压力调节阀,然后通过色谱柱,由检测器排出,形成气路系统。整个系统应保持密封,不能有气体泄漏。气相色谱法中的流动相是气体,通常称为载气。常用的载气有氢气和氮气。载气的选用和纯化主要取决于选用的检测器、色谱柱以及分析要求。

2. 进样系统

进样系统的作用是引入试样,并使试样瞬间气化。进样系统包括进样器、气化室和控温装置。进样量的大小和进样时间的长短直接影响色谱柱的分离和测定结果。常用微量注射器取样后刺破密封硅橡胶垫推入气化室,样品进入气化室后在一瞬间就被气化,然后随载气系统进入色谱柱。根据分析样品的不同,气化室温度可以在 50~400 ℃范围内任意设定,通常气化室的温度要比最高柱温高 10~50 ℃,以保证样品全部气化。

3. 分离系统

分离系统是用于试样在色谱柱内运行的同时得到分离,它主要由色谱柱、柱箱和控温装置组成。色谱柱是气相色谱仪的心脏部分。色谱柱主要有两类:填充柱和毛细管柱。填充柱由柱管和固定相组成,柱管材料为不锈钢或玻璃,内径值为 2~4 mm,长为 1~3 m,柱内装有固定相。毛细管柱又称空心柱,是将固定液均匀地涂在内径 0.1~0.5 mm 的毛细管内壁而成,毛细管的材料可以是不锈钢、玻璃或石英。这种色谱柱具有渗透性好、传质阻力小、分离效率高、分析速度快、样品用量小等优点,但缺点是样品负荷量小。

4. 检测系统

检测系统用于对柱后已被分离的组分进行检测,将各组分的浓度或质量信号转变成相应的电信号,它主要由检测器和控温装置组成。目前常用的检测器主要有火焰离子化检测器(FID)、火焰热离子检测器(FTD)、火焰光度检测器(FPD)、热导检测器(TCD)、电子俘获检测器(ECD)等。

5. 记录系统

记录系统是一种能自动记录由检测器输出的电信号装置,通常由放大器、记录仪、数据处理装置或工作站组成。

气相色谱仪的作用原理:载气(常用 N_2 和 H_2)由高压钢瓶供给,经减压阀减压后,进入净化干燥管以除去载气中的水分,调节和控制载气的压力和流量后,进入色谱柱。待基线稳定后,即可进样。样品经汽化室汽化后被载气带入色谱柱,在柱内被分离。分离后的组分依次从色谱柱中流出,进入检测器,检测器将各组分的浓度或质量的变化转变成电信号(电压或电流)。经放大器放大后,由记录系统记录电信号–时间曲线,即浓度(或质量)–时间曲线,又称色谱图。根据色谱图,可对样品中待测组分进行定性和定量分析。由此可知,色谱柱和检测器是气相色谱仪的两个关键部件。

(二)高效液相色谱仪

高效液相色谱仪一般由以下 5 个部分组成:高压输液系统、进样系统、分离系统、检测系统、数据处理系统。其构造示意图和实物图如图 13-11、图 13-12 所示。

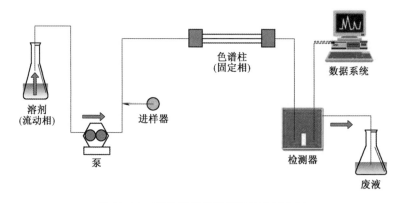

图 13-11　高效液相色谱仪的构造示意图

1. 高压输液系统

包括储液装置、高压输液泵、过滤器、脱气装置等。高压输液泵是高效液相色谱仪最重要的部件之一。泵的性能好坏直接影响到整体系统的质量和分析结果的可靠性。输液泵应具备如下性能:①流量稳定;②流量范围宽,分析型应在 0.1~10 mL/min 范围内连续可调,制备型应能达到 100 mL/min;③输出压力高,一般应能达到 $1.47×10^4$~$2.94×10$ kPa(150~300 kgf/cm²);④液压缸容积小;⑤密封性能好,耐腐性。泵的种类很多,按输液性质可分为恒压泵和恒流泵。恒流泵按结构又可分为螺旋注射泵、柱塞往复泵和隔膜往复泵。恒压泵受柱阻影响,流量不稳定,螺旋泵缸体太大,这两种泵已淘汰。目前应用最多的是柱塞往复泵。

图 13-12　高效液相色谱仪的实物图

2. 进样系统

进样器一般要求密封性好,死体积小,重复性好,保证中心进样,进样时色谱系统的压力、流量波动小,便于实现自动化。液相色谱进样方式可分为隔膜进样、停留进样、阀进样、自动进样。目前广泛采用进样阀或自动进样器。高压进样阀是目前广泛采用的一种方式,阀的种类很多,有六通阀、四通阀、双路阀等,六通阀最为常用。六通阀的关键部件是由圆形密封垫(转子)和固定底座(定子)组成,由于阀接头和连接管死体积的存在,柱效率低于隔膜进样,但耐高压、进样量准确、重复性好、操作方便。自动进样器适用于大量样品的常规分析,具有进样准确,重复性高的特点。

3. 分离系统

色谱分离系统包括色谱柱、固定相和流动相。色谱柱是高效液相色谱仪的核心部分,柱应具备耐高压、耐腐蚀、抗氧化、密封不漏液和柱内死体积小、柱效率高、柱容量大、分析速度快、选择性好、柱寿命长的要求。色谱柱由柱管、压帽、卡套(密封环)、筛板(滤片)、接头、紧固螺钉等组成。柱管通常采用优质不锈钢管制成,一般长 10~50 cm,内径为 2~5 mm,柱内装有固定相。通常色谱柱寿命在正确使用时可达 2 年以上。

色谱柱按用途可分为分析型和制备型两大类,又可细分为:①常规分析柱(常量柱)、内径为 2~5 mm(常用 4.6 mm、3.9 mm),柱长 10~30 cm;②窄径柱(细管径柱、半微柱),内径为 1~2 mm,柱长 10~20 cm;③毛细管柱(微柱),内径为 0.2~0.5 mm;④半制备柱,内径大于 5 mm;⑤实验室制备柱,内径为 20~40 mm,柱长 10~30 cm;⑥生产制备柱,内径可达几十厘米。

4. 检测系统

检测器也是液相色谱仪的关键部件之一。其作用是将色谱柱流出物中样品组成和含量的变化转化为可供检测的信号。检测器的要求是灵敏度高、噪声低(即对温度、流量等外界变化不敏感)、线性范围宽、重复性好和适用范围广。

(1)检测器的分类

①按原理可分为:光学检测器(如紫外、荧光、示差折光、蒸发光散射)、热学检测器(如吸

附热)、电化学检测器(如极谱、库仑、安培)、电学检测器(电导、介电常教、压电石英频率)、放射性检测器(闪烁计数、电子捕获、氢离子化)以及魔谱等。②按测量性质可分为:通用型、专属型(选择性)。通用型检测器测量的是一般物质均具有的性质,它对溶剂和溶质组分均有反应,如示差折光、蒸发光散射检测器;专属型检测器只能检测某些组分的某一性质,如紫外、荧光检测器,它们只对有紫外吸收或荧光发射的组分有响应。通用型检测器的灵敏度一般比专属型的低。③按检测方式分为:浓度型和质量型。浓度型检测器的响应与流动相中组分的浓度有关;质量型检测器的响应与单位时间内通过检测器的组分的量有关。④检测器还可分为破坏样品和不破坏样品两种。

(2)常用检测器

高效液相色谱的检测器很多,最常用的有紫外检测器、示差折光检测器和荧光检测器等。

①紫外检测器是液相色谱中应用最广泛的检测器,适用于有紫外吸收物质的检测,在进行高效液相色谱分析的样品中,约有80%的样品可以使用这种检测器。紫外检测器的工作原理如下:由光源产生波长连续可调的紫外光或可见光,经过透镜和遮光板变成两束平行光,无样品通过时,参比池和样品池通过的光强度相等,光电管输出相同,无信号产生;有样品通过时,由于样品对光的吸收,参比池和样品池通过的光强度不相等,有信号产生。根据朗伯-比尔定律,样品浓度越大,产生的信号越大。这种检测器灵敏度高,检测下限约为:±10 g/mL,而且线性范围广,对温度和流速不敏感,适于进行梯度洗脱。

②示差折光检测器是根据不同物质具有不同折射率来进行组分检测的,凡是具有与流动相折射率不同的组分,均可以使用这种检测器,如果流动相选择适当,可以检测所有的样品组分。

③荧光检测器:物质的分子或原子经光照射后,有些电子被激发至较高的能级,这些电子从高能级跃迁至低能级时,物质会发出比入射光波长更长的光,这种光称为荧光。在其他条件一定的情况下,荧光强度与物质的浓度成正比。有些化合物可以通过加入荧光化试剂,使其转化为具有荧光活性的衍生物。在紫外光激发下,荧光活性物质产生荧光,由光电倍增管转变为电信号。荧光检测器是一种选择性检测器,它适用于稠环芳烃、氨基酸、胺类、维生素、蛋白质等荧光物质的测定。这种检测器灵敏度非常高,比紫外检测器高2~3个数量级,适合于痕量分析,而且适于梯度洗脱。其缺点是适用范围有一定的局限性。

5. 数据处理系统

早期的液相色谱仪是用记录仪记录检测信号,再手工测量计算。其后发展到使用积分仪计算并打印出峰高、峰面积和保留时间等参数。进入21世纪,计算机技术的广泛应用使液相色谱操作更加快速、简便、准确、精密和自动化,现在已可在互联网上远程处理数据。

四、波谱仪

(一) 紫外-可见分光光度计

分光光度计是利用分光能力较强的单色光器对入射光进行分光,得到波长范围很窄(5 nm)的单色光。单色光器用棱镜或光栅作为分光器,白光经分光后,再经出光狭缝而分出波长范围很窄的一束单色光。选择不同波长的单色光,连续测定有色溶液在各种不同波长下的吸收情况,可以得到被测溶液的吸收曲线。光源发出白光,经过光狭缝射到反射镜,反射镜聚光透镜后,成为平行光射入棱镜。经棱镜折射色散后,出现各种波长的单色光排列成的光谱,射在镀铝的反射镜上,反射到聚光透镜上,反射镜的角度可以选择所需波长的单色光。从聚光透镜射出的是平行的单色光,经出光狭缝射到盛有有色溶液的比色皿中。经有色溶液吸收后,透射光经光量调节器,射到光电池或光电管上,产生光电流。光电流在一个高电阻上产生电压降,此电压降经直流放大器放大后,用精密电位计测量,直接指示出溶液的吸光度或透光率,如图 13-13、图 13-14 所示。

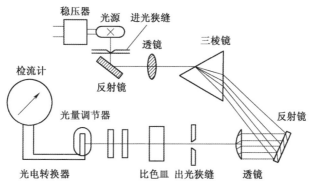

图 13-13　分光光度计的光学系统示意图

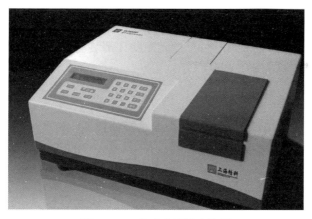

图 13-14　分光光度计实物图

紫外-可见分光光度计按使用波长范围分为可见分光光度计和紫外-可见分光光度计两类(统称为分光光度计)。前者的使用波长范围是 400~780 nm;后者的使用波长范围为 200~1 000 nm。可见,分光光度计只能用于测量有色溶液的吸光度,而紫外-可见分光光度计可测量在紫外、可见及近红外光区有吸收的物质的吸光度。紫外-可见分光光度计按光路可分为单光束式及双光束式两类。按测量时提供的波长数又可分为单波长分光光度计和双波长分光光度计两类。

目前,紫外-可见分光光度计的型号较多,但它们的基本结构都相似,都由光源、单色器、样品吸收池、检测器和信号显示器系统五大部件组成。由光源发出的光,经单色器获得一定波长的单色光,照射通过样品溶液,被吸收后,经检测器将光强度变化转变为电信号变化,并经信号指示系统调制放大后,显示或打印出吸光度 A(或造射透比 τ),完成测定。

1. 光源

光源是提供入射光的装置。可见光区常用的光源为钨灯,可用的波长范围为 350~1 000 nm;紫外光区常用光源为氢灯和氙灯(其中氙灯的辐射强度大,稳定性好,寿命长,因此近年生产的仪器多为氙灯,它们发射的连续波长范围为 180~360 nm)

2. 单色器

单色器是将光源辐射的复合光分成单色光的光学装置。单色器一般由狭缝、色散元件及透镜系统组成,其中色散元件是单色器的关键部件。最常用的色散元件是棱镜和光栅。

3. 比色皿

比色皿又称吸收池,是用于盛装被测量溶液的装置,一般可见光区使用琉璃吸收池,紫外光区使用石英吸收池。紫外–可见分光光度计常用的吸收池规格有 0.5 cm、1.0 cm、2.0 cm、3.0 cm、5.0 cm 等,使用时需根据实际需要选择。

4. 检测器

检测器是将光信号转变为电信号的装置。常用的检测器有硒光电池、光电管、光电倍增管和光电二极管阵列检测器。硒光电池结构简单,价格便宜,但长时间曝光易"疲劳",灵敏度也不高;光电管的灵敏度比硒光电池高;光电倍增管不仅灵敏度比普通光电管高,而且响应速度快,是目前中挡、高挡分光光度计中最常用的一种检测器;光电二极管阵列检测器是紫外–可见光度检测器的一个重要进展,它具有极快的扫描速度,可得到三维光谱图。

5. 信号显示器

信号显示器是将检测器输出的信号放大并显示出来的装置。常用的装置有电表指示、图表指示及数字显示等。现在很多紫外可见分光光度计都装有微处理器,一方面记录和处理信号,另一方面可对分光光度计进行操作控制。

(二)原子吸收光谱仪

原子吸收光谱法是利用被测元素的基态原子特征辐射线的吸收程度进行定量分析的方法。采用这种方法既可进行某些常量组分测定,又能进行 ppm、ppb 级微量测定,可进行低含量的 Cr、Ni、Cu、Mn、Mo、Ca、Mg、Al、Cd、Pb、Ad 等元素的测量。

原子吸收光谱仪又称原子吸收分光光度计,主要由光源、原子化器、单色器、检测系统和显示系统等部分组成,如图 13-15、图 13-16 所示。

1. 光源

光源是用来发射待测元素的特征光谱,其种类主要包括空心阴极灯、无极放电灯、蒸汽放电灯和激光光源灯等,其中应用最广泛的是空心阴极灯。空心阴极灯又称元素灯,根据阴极材料的不同,分为单元素灯和多元素灯。单元素灯只能用于一种元素的测定,这类灯发射线干扰少,强度高,但每测一种元素需要更换一种灯。多元素灯可连续测定几种元素,免去了换灯的麻烦,减少预热消耗的同时,可降低原子吸收分析的成本,但其光度较弱,容易产生干扰,使用前应先检查测定的波长附近有无单色器不能分开的非待测元素的谱线。现已应用的多元素灯,一灯最多可测 6~7 种元素。

2. 原子化器

原子吸收光谱分析必须将被测元素的原子转化为原子蒸汽,即原子化,样品的原子化是原子吸收光谱分析的一个关键,它对原子吸收光谱法的灵敏度、准确性及干扰情况有很大的影响。用于将试样待测元素原子化的设备装置就是原子化器,又称原子化系统。要求原子化器尽可能有较高的原子化效率、稳定性好、重现性好、背景和噪声小。常用的原子化器有火焰原子化器和无火焰原子化器两种。

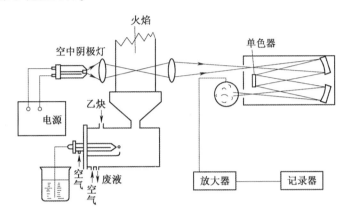

图 13-15 原子吸收光谱仪构造示意图

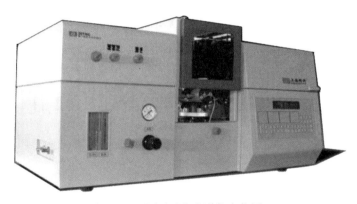

图 13-16 原子吸收光谱仪实物图

(1)火焰原子化器包括雾化器、混合器和燃烧器等部分。火焰原子化器结构示意图如 13-17 所示,火焰原子化包括两个步骤:先将试样溶液变成细小雾滴,即雾化阶段;然后使雾滴接受火焰供给的能量形成基态原子,即原子化阶段。火焰原子化法操作简便,重现性好,有效光程大,对大多数元素有较高灵敏度,应用广泛。但火焰原子化效率较低,样品用量多,而且一般不能直接用于分析固体样品。

(2)无火焰原子化器又称电热原子化器,它有多种类型,如石墨炉原子化器、石墨杯原子化器、钽舟原子化器、碳棒原子化器、镍杯原子化器、高频感应炉、等离子喷焰等种类,其中应用较多的是石墨炉原子化器。石墨炉原子化器结构示意图如图 13-18 所示。在进行原子化时,试样进入石墨炉后在高温(2 000~3 000 ℃)作用下,样品被完全蒸发,形成基态原子蒸汽。石墨炉原子化器的原子化频率较高,在可调的高温下可将试样原子化 100%,灵敏度高,其绝对灵敏度可达 $10^{-11} \sim 10^{-6}$ g,试样用量少,适用于难熔元素的测定。其不足之处是试样组成不均匀,影响较大,测定精密度较火焰原子化法低,共存化合物的干扰比火焰原子化法大,背景干扰比较严重,一般都需要校正背景。

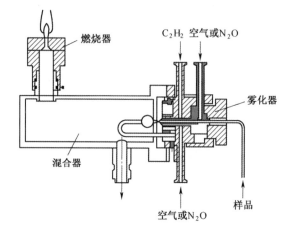

图 13-17 火焰原子化器结构示意图

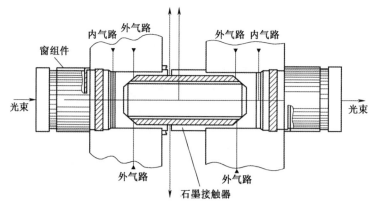

图 13-18 石墨炉原子化器结构示意图

3. 单色器

原子吸收光谱仪的单色器又称分光系统,它主要由入射狭缝、出射狭缝和色散元件(通常是光栅)等组成,其结构示意图如图 13-19 所示。分光系统的作用主要是将待测元素的共振线与邻近谱线分开,阻止其他谱线进入监测器,使监测系统只接受共振吸收线。

4. 检测和显示系统

检测和显示系统一般由光电元件、放大器和显示装置等组成。光电元件常采用光电信增管,它可将经过原子蒸汽吸收和单色器分光后的微弱信号转换为电信号。放大器的作用是将光电信增管输出的电压信号放大后送入显示器。放大器放大后的电信号经过对数转换器转换成吸收系数信号,再采用微安表或检流计直接指示读数,也可用数字显示器显示,也可用记录仪打印读数。目前大多配备了 PC 处理系统(工作站),具有自动调零、曲线校直、浓度直读等性能,并附有记录器、打印机、自动进样器、阴极射线管、荧光屏及计算机等装置,大大提高了仪器的自动化程度。

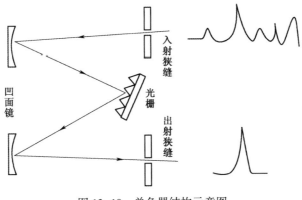

图 13-19　单色器结构示意图

五、核磁共振仪

核磁共振(MRI)是一种物理现象,作为一种分析手段广泛应用于物理、化学生物等领域。为了避免与核医学中放射成像混淆,把它称为核磁共振成像术(MR)。其基本原理是将被测物体置于特殊的磁场中,用无线电射频脉冲激发物质内氢原子核,引起氢原子核共振,并吸收能量。在停止射频脉冲后,氢原子核按特定频率发出射电信号,并将吸收的能量释放出来,被体外的接收器收录,经电子计算机处理获得图像,这就叫作核磁共振成像。

核磁共振现象来源于原子核的自旋角动量在外加磁场作用下的运动。根据量子力学原理,原子核与电子一样,也具有自旋角动量,其自旋角动量的具体数值由原子核的自旋量子数决定,实验结果显示,不同类型的原子核自旋量子数也不同:质量数和质子数均为偶数的原子核,自旋量子数为 0;质量数为奇数的原子核,自旋量子数为半整数;质量数为偶数,质子数为奇数的原子核,自旋量子数为整数。迄今为止,只有自旋量子数等于 1/2 的原子核,其核磁共振信号才能够被人们利用,经常为人们所利用的原子核有:1H、11B、13C、17O、19F、31P。由于原子核携带电荷,当原子核自旋时,会由自旋产生一个磁矩,这一磁矩的方向与原子核的自旋方向相同,大小与原子核的自旋角动量成正比。将原子核置于外加磁场中,若原子核磁矩与外加磁场方向不同,则原子核磁矩会绕外磁场方向旋转,这一现象类似陀螺在旋转体中扭动。

核磁共振技术在食品科学领域中的应用始于 20 世纪 70 年代,开始主要用于研究水在食品中的状态,随着此技术的不断更新,核磁共振波谱应用于食品科学领域中产生的创新性成果越来越多。与其他物料方法和化学方法比较有其独有的优点:一是定性测定不具有破坏性;二是定量测定不需要标样。其结构示意图和实物图如图 13-20 所示。

六、常用专用测试仪器

(一)水分测定仪

一定的水分含量可保持食品品质,延长食品保藏,各种食品的水分都有各自的标准,有时若水分含量超过或降低 1%,无论在质量和经济效益上均起很大的作用。鱼类含水量 67% ~

81%,肉类43%~59%。从含水量来讲,食品的含水量高低影响到食品的风味、腐败和发霉,同时,干燥的食品在吸潮后还会发生许多物理性质的变化,如面包和饼干类的变硬就不仅是失水干燥,而且也是由于水分变化造成淀粉结构发生变化的结果,此外,在肉类加工中,如香肠的口味就与吸水、持水的情况关系十分密切,所以,食品的含水量对食品的鲜度、硬软性、流动性、呈味性、保藏性、加工性等许多方面有着极为重要的影响。

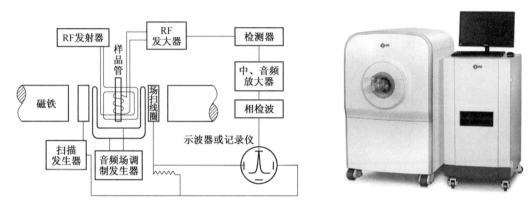

图 13-20 核磁共振仪结构原理及实物图

水分测定仪的测定原理是称取一定粒度和一定质量的媒样,置于微波(或红外)干燥炉中干燥,根据干燥后媒样的质量损失计算出水分含量。微波烘干原理:被干燥物质中的水分子在微波发生器的交变电场作用下,高速振动产生摩擦热,使水分迅速蒸发,根据样品水分蒸发后的质量减少,测出样品的水分含量。水分测定仪主要由微波干燥箱、电子天平、机械转动机构、微计算机控制板、液晶显示器、微型打印机等部分组成,常见水分分析仪如图 13-21 所示。

图 13-21 常见水分分析仪

①微波干燥箱。微波干燥箱内放置了微波发生器、红外加热管两种加热装置,根据试验要求,可采用不同的加热方式和烘干功率,快速烘干样品。干燥箱内有可放置试样皿的微晶玻璃转盘(又称旋转托盘)。

②机械传动机构。该机构在微计算机控制下实现旋转托盘的水平旋转和升降运动。使得各试样的试验条件一致,样品受热均匀。在烘干前和烘干后,由系统自动控制转盘重转、识别位置、升降和称重。并将每个位置上样品的器皿质量,烘干前、后的试样质量分别存储记录。

(二)测汞仪

测汞仪(图13-22)是一种高灵敏度的测汞用的原子吸收光谱的仪器。近年来研究成功的测汞仪,其灵敏度可以达到1 ng/m³。它是利用汞蒸汽能强烈吸收253.7 nm谱线的特性而设计的。仪器主要包括发射253.7 nm谱线的汞灯,气体吸收室及光电放大和测量等装置。进入吸收室的气体样品,如含有微迹的汞,则通过吸收室的光线会因部分被汞吸收而减弱。根据光线减弱的程度可以测出气体中的汞含量。由于二氧化硫及许多稀有气体在253.7 nm附近对谱线有显著的吸收,因而产生严重的干扰。根据消除干扰方法的不同而分成多种类型的测汞仪,例如:①利用贵金属捕集器使汞被截留,使干扰气体逸去;②使样品气流分成两股,将一股中的汞事先移除,然后比较同一光源通过两个吸收室时的输出;③利用压致展宽效应,将通过吸收室后的光线分成两股,一股再通过饱和汞蒸汽室,然后测量两股透出光线强度的比值;④利用"塞曼效应",比较在光源上施加磁场与不加磁场时,通过吸收室的光线强度的比值。根据实际要求,已制成了装在汽车及飞机上可连续测定汞的仪器,以及能就地进行测定的轻便背包式的测汞仪等。

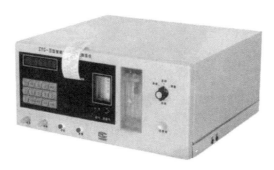

图13-22 测汞仪

(三)氨基酸分析仪

氨基酸分析仪(图13-23)是用于测定蛋白质、肽及其他药物制剂的氨基酸组成或含量的仪器。进行氨基酸分析前,必须将蛋白质及肽水解成单个氨基酸。它是基于阳离子交换柱分离、柱后茚三酮衍生、光度法测定的离子交换色谱仪。氨基酸分析仪由色谱柱、自动进样器、检测器、数据记录和处理系统组成。氨基酸分析仪的基本原理为流动相(缓冲溶液)推动氨基酸混合物流经过装有阳离子交换树脂的色谱柱,各氨基酸与树脂中的交换基团进行离子交换,当用不同的pH缓冲溶液进行洗脱时因交换能力的不同而将氨基酸混合物分离,分离出的单个氨基酸组分与茚三酮试剂反应,生成紫色化合物或黄色化合物,用可见光检测器检测其在570 nm、440 rnn的吸光度。这些有色产物对应的吸收强度与洗脱出来的各氨基酸浓度之间的关系符合朗伯–比尔定律。据此,可对氨基酸各组分进行定性、定量分析。氨基酸分析仪也可利用阴离子交换分离后经积分脉冲安培法检测,该检测方法无需将待测氨基酸进行柱前或柱后衍生。

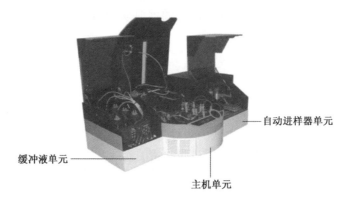

图 13-23　氨基酸分析仪

(四)脂肪酸分析仪

脂肪酸与检测试剂反应生成有色化合物,用检测仪在 550 nm 测定其吸光度,将空白对照液与检测样品液对换,所得吸光度与其含量成正比。其基本原理与液相色谱仪类似,脂肪酸分析仪如图 13-24 所示。

图 13-24　脂肪酸分析仪

(五)食品安全检测仪

食品安全检测仪(图 13-25)是建立各类添加剂和有害物质及配套试剂的数据库。将其内置入仪器,检测样品时将数值解方程并查找数据库,即可得出实际含量。与检测标准比较,可判定含量是否超标。综合食品安全检测仪可用于甲醛、二氧化硫、亚硝酸盐、吊白块、蛋白质、硝酸盐、重金属铅、硼砂、双氧水等物质的快速检测。

图 13-25　食品安全检测仪

第二节　微生物检验常用仪器设备

食品微生物检验室常用下列仪器:培养箱、高压灭菌器、普通冰箱、低温冰箱、厌氧培养设备、显微镜、离心机、超净工作台、振荡器、普通天平、电天平、烤箱、冷冻干燥设备、均质器、恒温水浴箱、菌落计数器、生化培养箱,酸度计等。干燥设备、冷冻冰箱、灭菌设备、显微镜等仪器设备在第七、八、九、十章以及本章第三节中介绍,这里不再赘述。

一、电子天平

电子天平采用了现代电子控制技术,利用电磁力平衡原理实现称重。其特点是称量准确可靠,显示快速清晰,并且具有自动检测系统、简便的自动校准装置和超载保护等装置。电子天平的构造如图 13-26 所示,线圈相连,该线圈置于固定的永久磁铁-磁钢之中,当线圈通电时自身产生的电磁力与磁钢磁力作用,产生向上的作用力。该力与称盘中称量物向下的重力达平衡时,此线圈通入的电流与物体重力成正比,利用电流大小可计量称量物体的质量。线圈上电流大小的自动控制与计量是通过天平的位移传感器、调节器及放大器实现的。当盘内物体重力变化时,与盘相连的支架连杆带动线圈

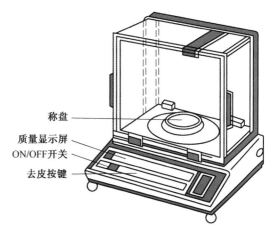

称盘
质量显示屏
ON/OFF开关
去皮按键

图 13-26　电子天平的构造

同步下移,位移传感器将此信号检出并传递,经调节器和电流放大器调节线圈电流大小,使其产生向上的力,推动称盘及称量物恢复至原位置,重新达线圈电磁力与物体重力平衡,此时可

以通过位置检测器检测到线圈在磁钢中的瞬间位移,经过电磁力自动补偿电路使其电流变化以数字方式显示出被测物体重量。

电子天平是物质计量中可自动测量、显示,甚至可自动记录、打印结果的天平。最高读数精度可达±0.01 mg,实用性很广。但应注意其称量原理是电磁力与物质的重力相平衡,即直接检出值是物质重力(mg)而非物质质量(m)。因此电子天平使用时,要随使用地的纬度、海拔高度校正其 g 值,方可获取准确的重量。常量或半微量电子天平一般内部配有标准砝码和质量校正装置,经随时校正后的电子天平可获取准确的质量读数。

天平在使用过程中,其传感器和电路在工作过程中受温度影响,或传感器随工作时间变化而产生的某些参数的变化,以及气流、振动、电磁干扰等环境因素的影响,都会使电子天平产生漂移,造成测量误差。其中,气流、振动、电磁干扰等环境温度的影响可以通过对电子天平的使用条件加以约束,将其影响程度减小到最低限度。而温漂主要是来自环境温度的影响和天平内部的自身影响,其形成的原因复杂,产生的漂移大,必须加以抑制。

二、培养箱

培养箱亦称恒温箱,是培养微生物的重要设备。主要用于实验室微生物的培养,为微生物的生长提供一个适宜的环境。生化培养箱主要由箱体、温度控制系统、高低温变换系统、气体循环系统、照明系统等五个主要部分组成,其原理如图 13-27 所示。主要采用热电阻丝和压缩机进行温度的升降调节,实现温度可控,同时利用加湿器进行湿度调节,实现湿度可控。培养箱的种类包括普通培养箱、生化培养箱、恒温恒湿箱和厌氧培养箱。

(一)生化培养箱箱体

生化培养箱由工作室、箱体外壳、箱门等组成。箱体外壳一般采用钢板表面喷塑处理,箱门装配有大面积的双层玻璃观察窗;工作室一般采用镜面不锈钢制成,半圆弧四角极易清洁;室内采用不锈钢丝制成的搁板,而且高度层次可调;外壳与工作室之间填充聚胺酯发泡板作隔热层,用来保证工作室内温度;工作室与箱门的接合部装有磁性密封圈,用来保证工作室的密封性及保温性。

(二)生化培养箱温度控制系统

生化培养箱温度控制系统由温度控制器、温度传感器、超温保护系统等组成。温度控制器设计有偏差报警功能,可根据需要调整,偏差报警的参数自行设定;电加热器线路中串联过热保护器,如果仪表超温保护功能失效,工作室内温度提高到 70 ℃左右时,过热保护器自动断开,避免危险情况出现。

(三)生化培养箱高低温变换系统

生化培养箱高低温变换系统由加热系统、制冷系统构成。加热器和蒸发器在工作室后部,其工作状态由温度控制系统控制,并由气体循环系统将冷量和热量传送到工作室,使工作室的温度保持稳定。

(四) 生化培养箱气体循环系统

生化培养箱气体循环系统由高速循环风机、风道等组成。生化培养箱气体循环系统能保证工作室内的空气充分循环,使工作室的温度达到均匀稳定。

(五) 生化培养箱照明系统

生化培养箱照明系统由门控开关、日光灯管、电子镇流器等组成。生化培养箱照明系统操作简单,便于存取物品以及对实验品进行观察。

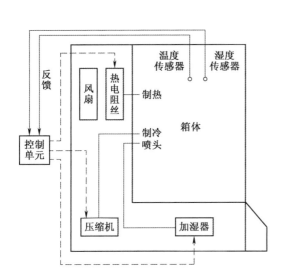

图 13-27　培养箱的结构及外形图

当生化培养箱工作温度偏离给定值时,如温度升高,感温电桥输出信号,经放大控制压缩机制冷,降低箱体温度;倘若温度低于给定值时,电加热管对加温管道进行加热,通过风扇向箱体输入热空气,使箱体内部的温度快速升高,使温度达到平衡。如培养箱内湿度偏低,感湿电桥输出信号,湿度控制系统工作,加湿器进行喷雾;反之,需要减湿时压缩机工作制冷,带出箱体内的水分,达到除湿的目的,稳定培养箱湿度。生化培养箱培养过程中温度和湿度的变化相互影响,耦合性较强。电加热管工作时,温度升高,水分扩散增强,湿度升高;压缩机工作时,会带出箱体内的水分,降低湿度。加湿器工作时带入一定量的冷湿水分,会影响培养箱内的温度。因此,生化培养过程的温度、湿度交叉耦合严重。

三、离心机

离心机是利用离心力,根据降系数、质量、密度等的不同,使物质分离、浓缩和提纯液体与固体颗粒或液体与液体的混合物中各组分的机械。主要用于将悬浮液中的固体颗粒与液体分开,或将乳浊液中两种密度不同,又互不相溶的液体分开;它也可用于排除湿固体中的液体,例如用洗衣机甩干湿衣服;特殊的超速管式分离机还可分离不同密度的气体混合物;利用不同密度或粒度的固体颗粒在液体中沉降速度不同的特点,有的沉降离心机还可对固体颗粒按密度或粒度进行分级。由于样品组分的密度和沉降系数不同,离心分离后的样品沉淀物会形成层状结构。只需要通过上清液倾出就可以实现离心过程。实验室离心机转速一般为 8 000 r/min,近些年出现的超速离心是超过 10 000 r/min。它们被广泛应用于生物化学研究、医学研究、实验室研究、化验室研究、血液分离测试(可以从血浆中分离出红细胞和白细胞)。典型产品如图 13-28、图 13-29 所示。

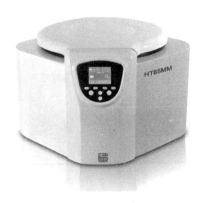

图 13-28　低速自动平衡离心机

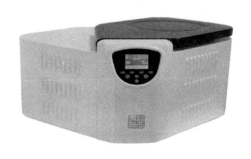

图 13-29　智能高速冷冻离心机

　　离心机在高速旋转的过程中,由离心力所导致的运动使悬浮于液体中的固体物质形成沉淀,也就是悬浮体液中质量或体积较大的物体向转头半径最大的方向移动,而质量或体积较小的部分沉积在转头半径较近的地方。在离心过程中,乳浊液或悬浮液样品被放置在一个厚壁离心管中,而离心管放置在离心机转子上。其特征在于通过转子带动离心管快速旋转产生的离心力的作用,样品中的密度较高的成分会加速向离心管的底部沉降,结构示意图如图 13-30所示。离心管成对放置,且容量不超过一半,这可以防止形成不平衡和样品溢出,如图 13-31所示。

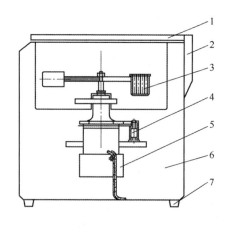

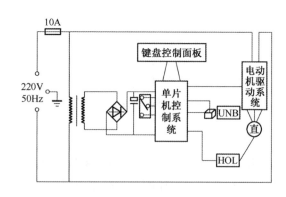

图 13-30　离心机结构及系统框图

1—门盖组件;2—铰链组件;3—转子系统;4—减震系统;5—电机;6—机壳;7—机脚

图 13-31　离心机内部结构

四、超净工作台

超净工作台是为了适应现代化工业、光电产业、生物制药以及科研试验等领域对局部工作区域洁净度的需求而设计的净化设备,是科研制药、医疗卫生、电子光学仪器等行业最为理想的专用设备。

其工作原理为:通过风机将空气吸入,经由静压箱通过高效过滤器过滤,将过滤后的洁净空气以垂直或水平气流的状态送出,使操作区域持续在洁净空气的控制下达到百级洁净度,保证生产对环境洁净度的要求。超净工作台根据气流的方向分为垂直流超净工作台和水平流超净工作台,垂直流工作台由于风机在顶部所以噪声较大,风垂直吹,多用在医药工程行业,可以一定程度上避免对操作者身体健康产生影响;水平流工作台噪声比较小,风向往外,所以多用在电子行业,对身体健康影响不大。根据操作结构分为单边操作及双边操作两种形式,按其用途又可分为普通超净工作台和生物(医药)超净工作台;从操作人员数上分为单人超净台和双人超净台;从结构上分为下吸风和上吸风两种。基本原理大致相同,都是将室内空气经粗过滤器初滤,由离心风机压入静压箱,再经过高效空气过滤器精滤,由此送出的洁净气流以一定的均匀的断面风速通过无菌区,从而形成无尘无菌的高洁净度工作环境。

超净工作台由 3 个最基本的部分组成:高效空气过滤器、风机、箱体,其结构如图 13-32 所示。超净工作台的使用寿命的长短与空气的洁净度有关,在温带地区超净台可在一般实验室使用,然而在热带或亚热带地区,由于大气中含有大量的花粉,或多粉尘的地区,则应将超净台放在有双道门的室内使用。任何情况下不应将超净台的进风罩对着开敞的门或窗,以免影响滤清器的使用寿命。

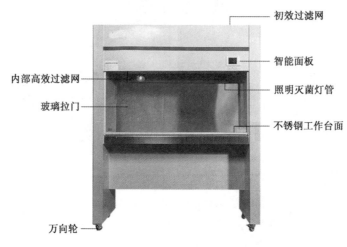

图 13-32 超净工作台结构图

第三节 细胞分子生物学检验常用仪器设备

一、显微成像仪器

(一)普通光学显微镜

1. 普通光学显微镜的结构

普通光学显微镜由光学放大系统和机械装置两部分组成。高端显微镜往往还配有显微照相系统。根据照明系统和光学成像系统在显微镜中的相对位置不同,显微镜可以分为正置显微镜、倒置显微镜及体视显微镜(图 13-33)。光学系统一般包括目镜、物镜、聚光器、光源等;机械系统一般包括镜筒、物镜转换器、镜台、镜臂和底座等。标本的放大主要由物镜完成,物镜放大倍数越大,它的焦距越短。焦距越小,物镜的透镜和玻片之间距离(工作距离)也越小。物镜的工作距离很短,使用时需格外注意。目镜只起放大作用,不能提高分辨率,标准目镜的放大倍数是 10 倍。聚光镜能使光线照射标本后进入物镜,形成一个大角度的锥形光柱,因而对提高物镜分辨率是很重要的。聚光镜可以上下移动,以调节光的明暗,可变光阑以调节入射光束的大小。显微镜用光源,自然光和灯光都可以,其中灯光较好,因光色和强度都容易控制。一般的显微镜可用普通的灯光,质量高的显微镜要用显微镜灯,才能充分发挥其性能。

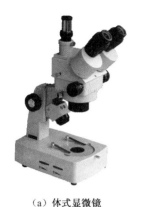

（a）体式显微镜

（b）正置显微镜

（c）倒置显微镜

图 13-33　普通复式显微镜

2. 基本原理

显微镜的放大效能（分辨率）由所用光波长短和物镜数值口径决定,缩短使用的光波 K 或增加数值口径可以提高分辨率,可见光的光波幅度比较窄,紫外光波长短可以提高分辨率,但不能用肉眼直接观察。所以利用减小光波长所能提高的光学显微镜分辨率是有限的,提高数值口径是提高分辨率的理想措施。要增加数值口径,可以提高介质折射率,当空气为介质时折射率为1,而香柏油的折射率为1.51,和载片玻璃的折射率（1.52）相近,这样光线可以不发生折射面直接通过载片、香柏油进入物镜,从而提高分辨率。显微镜总的放大倍数是目镜和物镜放大倍数的乘积,而物镜的放大倍数越高,分辨率越高。

（二）相差显微镜

人们在显微镜下观察被检标本时,只能靠颜色（光波的波长、光波的振幅）的差别看到被检物的结构。活细胞近于无色透明,当光波通

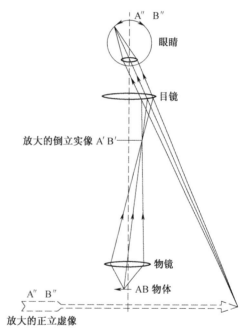

图 13-34　显微镜的成像原理图

过它时颜色和亮度变化不同。因此在普通光学显微镜下,细致观察活细胞的结构是很难的,一般对于明暗对比很小的样品,多将样品染色,然后在显微镜下观察。但有些样品一经染色就会引起变形,染色也可以使有生命的样品死亡。对这些明暗对比很小而又不能染色的样品,用光学显微镜是看不到其细节的。但是只要样品的细节与其周围物质的折射率或厚度不同,就可以利用相差显微镜来进行观察。相差显微镜利用了光的干涉现象,将人眼不可分辨的相位差变为可分辨的振幅差。因此相差显微镜是一种应用在染色困难或不能染色的新鲜标本中,从

而获得高对比图像的显微镜。

1. 相差显微镜的成像原理

相差显微镜的光路图如图 13-35 所示,光线从聚光镜下的环状光阑的圆形缝射入,照射到被检物体上,产生直射光和折射光两种光波。在物镜的后焦面上,设有相差板,直射光通过共轭面,衍射光通过补偿面。背景为直射光,成像为直射光和衍射光的合成波。

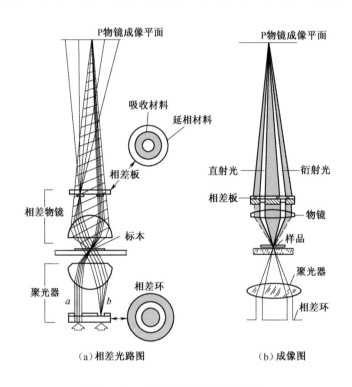

图 13-35 相差光路及成像示意图

从光源射出的光通过标本时,如果标本是完全均质透明的物体,光将继续前进,即直射光;若遇到折射率不同的物质时,光的衍射现象则向周围侧方分散前进,这种光振幅较小,相位延后,称为衍射光。当直射光和衍射光两个光波同时达到一点时,则相互干涉,形成合成波。合成波的大小取决于两个光波的振幅和相位差。如果振幅相等,相差为零,其合成波则有两倍的振幅,产生相长干涉,最为明亮;若一个光的相位推迟,其合成波振幅减小,光长渐暗;当一个光波恰好推迟半个波长时,则两个光波的振幅互相抵消,产生相消干涉,成为黑暗状态。如果合成波的振幅比背景光的振幅大,则称为明反差(负反差);如果合成波的振幅比背景光的振幅小,则称为暗反差(正反差)。光线的相位差并不为肉眼所识别,通过光的干涉和衍射现象,相位差变成了振幅差,即明暗之差,肉眼因此得以识别。

2. 相差显微镜的结构

相差显微镜(图 13-36)包括:环状光阑(相差环)、相差板、合轴调中望远镜。环状光阑是由大小不同的环状孔形成的光阑,安装在聚光镜的环状光阑下面。光线只能透过环状光阑的透明部分射入。不同倍数的相差物镜要用相应环状光阑。相差板安装在相差物镜后焦面的位置。相差板分为两部分，一部分通过直射光的部分，称为共轭面，通常呈环状；另一部分是绕过衍射光的部分，称为补偿面，位于共轭面的内外两侧，相差板上装有吸收膜及推迟相位的相位膜。相差板除推迟直射光或衍射光的相位以外，还有吸收光量使光度发生变化的作用。

(三)微分干涉显微镜

微分干涉显微镜(DIC)(图 13-37)除了具有相差显微镜效果，可以观察透射光路中不能染色新鲜透明样品外，还可以使图像反差增大，产生三维立体图像，也具有浮雕效果。DIC 显微镜的物理原理完全不同于相差显微镜，技术设计要复杂得多。

DIC 利用的是偏振光，有四个特殊的光学组件：偏振器、DIC 棱镜、DIC 滑行器和检偏器。偏振器直接装在聚光系统的前面，使光线发生线性偏振。在聚光器中则安装了棱镜，即 DIC 棱镜，此棱镜可将一束光分解成偏振方向不同的两束光(x 和 y)，二者成一小夹角。聚光器将两束光调整成与显微镜光轴平行的方向。最初两束光相位一致，在穿过标本相邻的区域后，由于标本

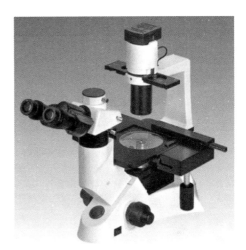

图 13-36　相差显微镜

的厚度和折射率不同，引起了两束光发生了光程差。在物镜的后焦面处安装了第二个 Wollaston 棱镜，即 DIC 滑行器，它把两束光波合并成一束。这时两束光的偏振面(x 和 y)仍然存在。最后光束穿过第二个偏振装置，即检偏器。在光束形成目镜 DIC 影像之前，检偏器与偏光器的方向成直角。检偏器将两束垂直的光波组合成具有相同偏振面的两束光，从而使二者发生干涉。x 和 y 波的光程差决定着透光的多少。光程差值为 0 时，没有光穿过检偏器；光程差值等于波长一半时，穿过的光达到最大值，如图 13-38 所示。于是在灰色的背景上，标本结构呈现出亮暗差。为了使影像的反差达到最佳状态，可通过调节 DIC 滑行器的纵行微调来改变光程差，光程差可改变影像的亮度。调节 DIC 滑行器可使标本的细微结构呈现出正或负的投影形象，通常是一侧亮，而另一侧暗，这便造成了标本的人为三维立体感，类似大理石上的浮雕。

(四)荧光显微镜

1. 荧光显微镜成像原理

荧光显微镜是用人眼不可见的较短波长光照射被检测物，使样品受到激发，产生人眼可见较长波长的荧光，可用来观察和分辨样品中产生荧光的成分和位置。基本原理如图 13-39 所示。荧光显微镜是利用一个高发光效率的点光源，经过滤色系统，发出一定波长的光作为激发光，能激发标本的荧光物质使其发出一定的荧光，通过物镜和目镜的放大进行观察。在强烈的对称背景下，即使荧光很微弱也容易清晰辨认，灵敏度高。

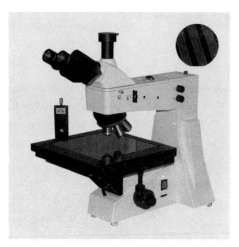

图 13-37 微分干涉显微镜

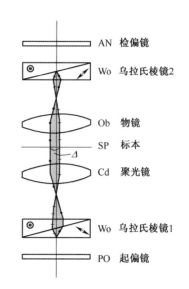

AN 检偏镜
Wo 乌拉氏棱镜2
Ob 物镜
SP 标本
Cd 聚光镜
Wo 乌拉氏棱镜1
PO 起偏镜

图 13-38 微分干涉显微镜成像原理图

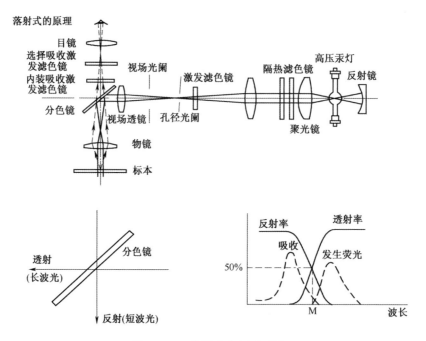

图 13-39 落射式荧光原理图

2. 荧光显微镜的结构及性能

荧光显微镜(图 13-40)和普通光学显微镜基本相同,主要区别是荧光显微镜具有荧光光源和滤色系统。荧光光源常用高压汞灯作为荧光激发源,汞灯有 50 W、100 W、200 W 等。滤色系统由激发滤光片和阻断滤光片组成。激发滤光片放置于光源和物镜之间,其作用是选择激发光和波长范围。阻断滤光片多采用长波通滤光片，其作用是吸收和阻挡激发光进入目镜，防止激发光干扰荧光和损伤眼睛，并可选择特异的荧光通过，从而表现出专一性的荧光色彩。目前研究用显微镜的滤色系统根据所需激发波长度，大多将激发滤光片和阻挡滤光片装在一组装置中，操作更加简单。

图 13-40　荧光显微镜

（五）激光扫描共聚焦显微镜

激光扫描共聚焦显微镜又称显微 CT（图 13-41），是 20 世纪 80 年代出现的集光电技术、精密机械技术、计算机数据处理与图像合成技术、生物技术于一体的新技术。采用独有的共轭聚焦、连点（连线）扫描，然后经计算机处理，最终合成被检物的三维立体图像。它的成像系统的基本工作原理是利用共聚焦光路和激光扫描获得生物样品的显微断层图像，由于它的高灵敏度和能观察空间结构的独特优点，使被检物体从停留在表面、单层、静态局面的观察进展到立体、断层扫描、动态全面的观察，在生命科学研究中得到了迅速应用。自从第一台激光扫描共聚焦显微系统问世以来，经科学家开发、创新已更新了数代，如 Leica、Zeiss、Olympus 等公司都先后各自研制了不同类型的激光扫描共聚焦显微镜。激光扫描共聚焦显微镜对荧光样品的观察具有明显的优势，只要能用荧光探针进行标记就可以用它进行观察和定量分析，因此它被广泛用于细胞生物学和分子生物学等方面的研究。

激光具有高度单色性、发散小、亮度高等优点，这些特点使其成为激光扫描共聚焦显微镜优良的光源。激光器分为气体激光器、固体激光器及半导体激光器等。共轭聚焦则是激光扫描共聚焦显微镜的核心检测部件，利用放置在光源后的照明针孔和放置在检测器前的检测针孔实现点照明和点检测（图 13-42）。照明针孔与检测针孔对被照射点或被检测点来说是共轭的，因此来自光源的光通过照明针孔发射出的光聚焦在样品焦平面的某个点上，该点所发射的荧光成像在检测针孔上，该点以外的任何发射光均被检测针孔阻挡，每个检测点的荧光信息都被高灵敏度的电荷耦合器件（CCD）或光电倍增管（PMT）接收并转化为电信号，由计算机以像点的方式记录并显示在计算机屏幕上。扫描系统在样品焦平面上逐点（或逐线）扫描，从而产生一幅完整的共焦图像。只要载物台沿着 Z 轴上下移动，将样品新的一个层面移动到共焦平面上，样品的新层面又成像在显示器上，随着 Z 轴的不断移动，就可得到样品不同层面连续的光切图像。共轭光路的使用，使得来自样品的非焦平面光线被抑制，不能进入检测器，从而大大降低非焦平面光线对图像的干扰，正是由于这一点共聚焦光路才具有深度辨别能力，即具有了纵向分辨力，可对样品进行无损伤的光学切片。另外，实时共轭光路激光扫描克服了普通共轭光路不能够对快速运动和变化的样品进行观察的缺陷，因而具备了时间分辨力。

（六）电子显微镜

电子显微镜具有高分辨、直观性强的特点，是任何科学仪器所不能比拟的。电子显微镜根据性能不同，主要分为透射电镜、扫描电镜、超高压电镜等。

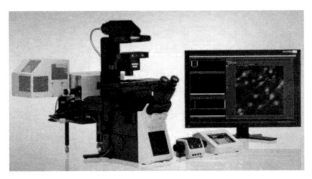

图 13-41　激光扫描共聚焦显微镜

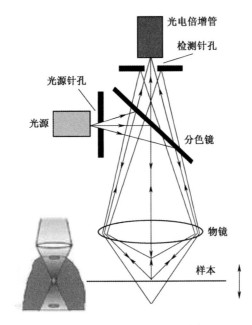

图 13-42　光学原理图

1. 电子显微镜的基本原理

　　电子显微镜中的电子束在加速电压的作用下,打在样品上,高能电子与样品原子及核外电子相互碰撞,碰撞的结果形成弹性散射和非弹性散射,弹性散射时入射电子的能量几乎不发生损失,而电子的运动方向发生较大的改变。非弹性散射则是电子能量损失的概率较大,而电子的散射角较小。这些散射可以产生各种各样的信号,用不同的元件或检测器来接收不同的信号,可以取得不同的研究结果。透射电子显微镜所观察的样品为薄膜样品,其厚度为 70 nm 左右,当高能电子束打在样品上时,一部分入射电子便可以穿透过样品,形成透射电子。透射电子信息经透射电镜的成像系统转换成透射电子像。当加速电子袭击样品表面时,表面原子的外层电子,受入射电子激发获得动能而逸出,这些电子为二次电子。二次电子在逸出前还可能受到其他原子的散射而损失能量,故二次电子的能量较低,其能量小于 50 eV,因此只有来自样品表面 5~10 nm 深度的二次电子才能逸出,所以它是扫描电子显微镜研究样品表面形貌特征最重要的信号。入射电子在样品中受到大角度散射后反射出的电子,又称反射电子。它可以是一次散射和经过多次散射的电子,其总散射角大于 90° 而返回的是非弹性背散射电子。背散射电子的产额率随样品成分原子序数的增大而增多,该电子除可显示样品的表面形貌外,还可用来显示样品内元素的分布状态。

2. 透射电子显微镜工作原理及基本结构

透射电子显微镜简称透射电镜(图 13-43),是利用高能电子束充当照明光源而进行放大成像的大型显微分析设备,透射电镜是一种具有高分辨率、高放大倍数的电子光学仪器,在物理学、生物学、材料学相关的许多科学领域都是重要的分析方法,如癌症研究、病毒学、材料科学、以及纳米技术、半导体研究等。

透射电镜是以波长极短的电子束作为照明源,用电磁透镜聚焦成像的一种高分辨率、高放大倍数的电子光学仪器。透射电镜是把经加速和聚集的电子束投射到非常薄的样品上(片状 <100 nm,颗粒<2 μm),电子与样品中的原子碰撞而改变方向,从而产生立体角散射。图片的明暗不同(黑白灰)与样品的原子序数、电子密度、厚度等相关。成像方式与光学显微镜相似,只是以电子代替光子,电磁透镜代替玻璃透镜,放大后的电子像在荧光屏上显示出来。

透射电镜按加速电压分类,通常可分为常规电镜(100 kV)、高压电镜(300 kV)和超高压电镜(500 kV 以上)。提高加速电压,可提高入射电子的能量,一方面有利于提高电镜的分辨率,同时又可以提高对试样的穿透能力。由于电子的德布罗意波长非常短,透射电镜的分辨率比光学显微镜高很多,可以达到 0.1~0.2 nm,放大倍数为 10^4~10^6 倍。因此,使用透射电镜可以用于观察样品的精细结构,甚至可以用于观察仅仅一列原子的结构,比光学显微镜所能够观察到的最小的结构小数万倍。

透射电镜的基本结构分为三大系统,即电子光学系统、供电系统和真空系统。

(1)电子光学系统

电子光学系统是电镜的主体部分,即直立的镜筒。它分成 4 个主要部分:照明系统、样品室、成像放大系统和观察记录系统。

①照明系统:透射电镜的照明系统由发射并使电子束加速的电子枪和聚光镜组成。照明系统要提供一束具有高亮度、高稳定的电子光源。

②样品室:透射电镜的样品室的主要作用是承载样品和置换移动样品,样品室位于聚光镜与物镜之间,多为侧插式样品转换装置。样品室主要结构有样品架、样品台、样品移动控制杆。电镜样品由直径 3 mm 的铜网承载。

③成像放大系统:成像放大系统是透射电镜获得高分辨率和高放大倍数的核心组件。一般由物镜、二级中间镜和投影镜组成。成像系统的总放大倍数为各个透镜放大倍数的乘积。

④观察记录系统:观察记录系统由荧光板和照相装置两部分组成。将带有样品特征的透射电子信息投射到荧光屏上,转换成光信号以利于观察。

(2)真空系统

真空系统的作用是去除镜体内的杂散气体和水蒸气,保持镜筒内处于高真空度状高。如果真空度不高,首先,电子束会和气体分子间发生随机散射,而降低图像的反差;其次,气体分子被电离,产生放电现象而使电子束不稳定。此外,气体分子还会腐蚀灯丝,缩短灯丝的寿命等。因此,电子显微镜必须有一个良好的真空系统来消除以上不良因素。真空系统采用机械旋转泵和油扩散泵串联工作,真空系统采用自动控制系统运行,使真空度达到 $10^{-4} \sim 10^{-2}$ Pa,电子显微镜才能正常工作,利用场发射电子枪时,其真空度应在 $10^{-8} \sim 10^{-6}$ Pa。

(3)供电系统

高性能电镜的电子供电系统非常复杂,它的稳定度直接影响图像质量。此系统主要包括:高压功率源(加速电子束)、透镜功率源(电子透镜的激励电流)、偏转线圈功率源(用于电子束的偏转)和其他线路(包括真空控制电路、真空系统的功率源、照相装置电路、自动曝光电路、电子枪灯丝加热线路等)。其中绝大部分的线路为稳压电路。

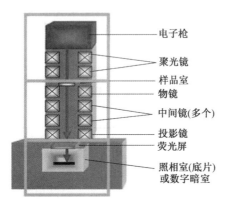
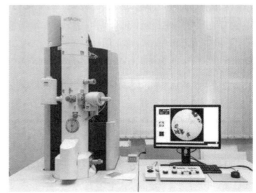

电子枪
聚光镜
样品室
物镜
中间镜(多个)
投影镜
荧光屏
照相室(底片)
或数字暗室

图 13-43　透射电子显微镜原理及实物图

3. 扫描电子显微镜

扫描电子显微镜(SEM 简称扫描电镜)是介于透射电镜和光学显微镜之间的一种微观形貌观察手段,可直接利用样品表面材料的物质性能进行微观成像。在性能方面,透射电子显微镜相对于光学显微镜是个飞跃,而扫描电子显微镜则从另一个角度,对透射电镜进行补充和发展。扫描电子显微镜的成像原理与光镜和透射电镜不同,它不用透镜放大成像,前者类似电视摄影成像技术,将聚集很细的电子束在样品表面扫描,激发产生某些物理信号来调制成像。扫描电镜具有景深长、图像富有立体感、图像的放大倍数可在较大范围内连续变化、样品制作简单等特点,是进行样品表面分析研究的有效工具。其工作原理是扫描电镜电子枪发射出的高能电子被电磁透镜聚集成极细的电子束,在扫描发生器的激励下,电子束在样品表面作光栅样的扫描,激发样品产生各种物理信号,其强度随样品表面特征而不同。于是样品表面不同的特征按顺序、成比例地被转换为视频信号,并经视频放大处理,再同步调制阴极射线管的电子束强度,最后在显像管的荧光屏上,得到一幅与电子束在样品表面扫描区相对应的样品表面形象。扫描电镜的结构包括电子光学系统、图像显示和记录系统、真空系统、X 射线能谱分析系统。

(1)电子光学系统

电子光学系统主要由电子枪、电磁透镜、扫描线圈、样品室组成。

电子枪提供一个稳定的电子源,形成电子束,一般使用钨丝阴极电子枪,用直径约为 0.1 mm 的钨丝,弯成发夹形,形成半径约为 100 μm 的 V 形尖端。当灯丝电流通过时,灯丝被加热,达到工作温度后便发射电子,在阴极和阳极间加有高压,这些电子则向阳极加速运动,形成电子束。扫描电镜电子束在高压电场作用下,被加速通过阳极轴心孔进入电磁透镜系统。

电磁透镜由聚光镜和物镜组成,其作用是依靠透镜的电磁场与运动电子相互作用使电子束聚焦,将电子枪发射的电子束 10~50 μm 压缩成 5~20 nm,缩小到约 1/10 000。聚光镜可以改变入射到样品上电子束流的大小,物镜决定电子束束斑的直径。电子光学系统中存在的球差、色差、像散等,都会影响最终图像的质量。球差的产生使远离光轴轨迹上运动的电子比近轴电子受到的聚焦作用更强。克服的方法是在电子光学的光轴中加三级固定光阑挡住发散的电子束,光阑通常采用厚度为 0.05 mm 的钼片制作,物镜消像散器提供一个与物镜不均匀磁场相反的校正磁场,使物镜最终形成一个对称磁场,产生一束细聚焦的电子束。

扫描系统主要包括扫描发生器、扫描线圈和放大倍率变换器,扫描发生器由 X 扫描发生器和 Y 扫描发生器组成,产生的不同频率的锯齿波信号被同步送入镜筒中的扫描线圈和显示系统 CRT 中的扫描线圈上。扫描电镜镜筒的扫描线圈分上、下双偏转扫描装置,其作用是使电子束正好落在物镜光阑孔中心,并在样品上进行光栅扫描。扫描方式分点扫描、线扫描、面扫描和 Y 调制扫描。扫描电镜图像的放大倍率是通过改变电子束偏转角度来调节的。放大倍数等于 CRT 面积与电子束在样品上扫描的面积之比,减小样品上扫描的面积,就可增加放大倍率。电子束在样品上扫描的面积,由扫描线圈产生的激励磁场控制,可以连续调节,所以扫描电镜的放大倍率是可以连续调节的。

样品室内除放置样品外,还应安置信号探测器。不同信号的收集和相应探测器的安放位置有很大的关系,如果安置不当,则有可能收不到信号或收到的信号很弱,从而影响分析精度。扫描电镜样品台本身是一个复杂而精密的组件,它应能夹持一定尺寸的样品,并能使样品平移、倾斜和转动,以利于对样品上每一特定位置进行各种分析。新式扫描电镜的样品室实际上是一个微型试验室,它带有多种附件,可使样品在样品台上加热、冷却并进行机械性能试验(如拉伸和疲劳)。图 13-44 所示为扫描电子显微镜的光学系统及实物图。

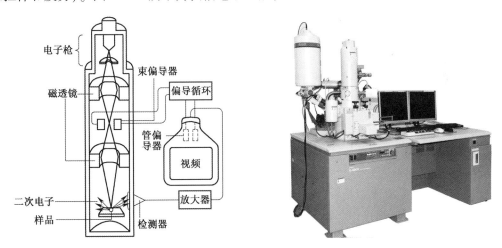

图 13-44　扫描电子显微镜的光学系统及实物图

(2)图像显示和记录系统

高能电子束与样品相互作用产生各种信息,在扫描电镜中采用不同的探测器接收这些信号。二次电子的探测系统包括静电聚焦电极(收集极或栅极)、闪烁体探头、光导管、光电倍增管和前置放大器。二次电子在收集极的作用下(+500 V),被引导至探测器打在闪烁体探头上,探头表面喷涂厚数百埃的金属铝膜及荧光物质。在铝膜上加 10 kV 高压,以保证静电聚焦电极收集到的绝大部分电子落到闪烁体探头顶部。在二次电子轰击下闪烁体释放出光子束，它沿着光导管传到光电倍增管的阴极上。光电倍增管通常采用13极百叶窗式倍增极，总增益为105~106，光电阴极把光信号转变成电信号并加以放大输出，进入视频放大器直至CRT的栅极上。扫描电镜显示屏上信号波形的幅度和电压受输入二次电子信号强度调制，从而改变图像的反差和亮度。从样品发出的二次电子信号，由闪烁体收集并加速，经光导管后打在光电倍增管的光阴极上，经多级加速倍增形成视频电压信号，再经前置放大器和视频放大器加以放大，调制阴极射线管的扫描强度后进行观察。一般的扫描电镜二次电子探测器均在物镜下面，当样品置于物镜内部时，焦距极短，使像差达到最小的程度，从而得到高的分辨率图像，二次电子分辨率可达3.5 nm。扫描电镜中电子枪发射出的电子束与显像管中电子束的扫描是严格同步的，所以显像管荧光屏上的图像是样品上被扫区域的放大像。通常显像管荧光屏的宽度为固定值(10 cm)，如果入射电子于样品上的扫描宽度为 B，阴极射线管电子束在黄光屏上的扫描宽度为 A，则荧光屏上扫描像的放大倍数(M)为显像管荧光屏的宽度 A 乘以样品上扫描宽度 B。由于荧光屏(A)为固定值，样品上的扫描宽度(B)可根据需要通过扫描放大控制器调节，从而获得从几十倍到几十万倍连续可调的放大倍数。

（3）真空系统

真空系统在扫描中十分重要，扫描电镜要求其真空度高于 10^{-3} Pa，否则会导致：①电子束的被散射加大；②电子枪灯丝的寿命缩短；③产生虚假的二次电子效应；④使透镜光阑和试样表面受碳氢化物的污染加速等。从而影响成像质量。

为保证扫描电镜电子光学系统的正常工作，扫描电镜采用一个机械泵和一个油扩散泵。真空系统的工作自动进行并有保护电路。若达不到高真空，高压指示灯将不亮，高压加不上，扩散泵冷却水断路或水压不足，扫描电镜电源自动切断，扩散泵温度过高也自动断电。电子枪灯丝更换有单独的电子枪室与主机镜筒隔离，更换灯丝后几分钟内电子枪即可达到高真空。

（4）X射线能谱分析系统

X射线能谱分析是扫描电镜中的一个附加系统，在样品室中装入X射线接收系统，可对被测样品进行成分分析，包括定性分析和定量分析。

二、PCR扩增仪

PCR扩增仪又称为PCR仪、PCR基因扩增仪、PCR核酸扩增仪、聚合酶链反应核酸扩增仪，是利用聚合酶链反应技术对特定DNA扩增的一种仪器设备，被广泛运用于医学、生物学实验室中，例如用于判断检体中是否会表现某遗传疾病的图谱、传染病的诊断、基因复制以及亲子鉴定等。PCR扩增仪通常由热盖部件、热循环部件、传动部件、控制部件和电源部件等部分组成（图13-45、图13-46）。

PCR技术的原理类似于DNA的天然复制过程，其特异性依赖于靶序列两端互补的寡核苷酸引物，由变性-退火-延伸三个基本反应步骤构成。

根据DNA扩增的目的和检测的标准，可以将PCR仪分为普通PCR仪、梯度PCR仪、原位PCR仪、实时荧光定量PCR仪四类。

（一）普通PCR仪

一次PCR扩增只能运行一个特定退火温度的PCR仪称作传统PCR仪，又称普通PCR仪

（图 13-47）。如果要做不同的退火温度需要多次运行。该仪器主要应用于科学研究、教学、医学临床、检验检疫等机构。

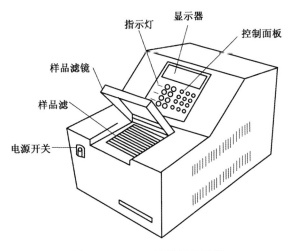

图 13-45　PCR 扩增仪外形图

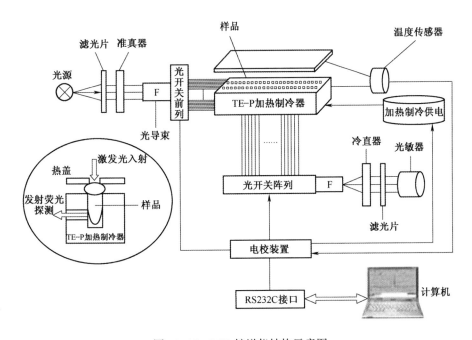

图 13-46　PCR 扩增仪结构示意图

（二）梯度 PCR 仪

一次性 PCR 扩增可以设置一系列不同的退火温度条件（通常有 12 种温度梯度）的 PCR 仪称作梯度 PCR 仪（图 13-48）。因为被扩增的不同 DNA 片段，其最适退火温度是不同的，通过设置一系列的梯度退火温度进行扩增,从而一次性 PCR 扩增,就可以筛选出表达量高的最适退火温度,进行有效的扩增。用于研究未知 DNA 退火温度的扩增,这样节约成本的同时也节约了时间。梯度 PCR 仪在不设置梯度的情况下也可以作普通 PCR 仪扩增。主要应用于科研、教学机构。

图 13-47　普通 PCR 仪

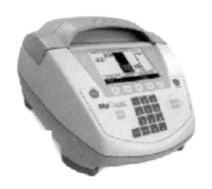

图 13-48　梯度 PCR 仪

(三)原位 PCR 仪

用于细胞内靶 DNA 定位分析的细胞内基因扩增仪称为原位 PCR 仪(图 13-49)。如定位病源基因在细胞的位置或目的基因在细胞内的作用位置等,可用于保持细胞或组织的完整性,使 PCR 反应体系渗透到组织和细胞中,在细胞的靶 DNA 所在位置上进行基因扩增。采用这种方法不但可以检测到靶 DNA,又能标出靶序列在细胞内的位置,对于在分子和细胞水平上研究疾病的发病机理、临床过程及病理的转变有重大的实用价值,主要应用于临床、科研。

图 13-49　原位 PCR 仪

图 13-50　荧光定量 PCR 仪

(四)实时荧光定量 PCR 仪

在普通 PCR 仪的基础上增加一个荧光信号采集系统和计算机分析处理系统的 PCR 仪称为荧光定量 PCR 仪(qPCR 仪,图 13-50)。这种 PCR 扩增原理和普通 PCR 仪扩增原理相同,只是 PCR 扩增时加入的引物是利用同位素、荧光素等进行标记,使用引物和荧光探针同时与模板特异性结合扩增,扩增的结果通过荧光信号采集系统实时采集信号连接输送到计算机分析处理系统得出量化的实时结果输出。荧光定量 PCR 仪有单通道、双通道和多通道。当只用一种荧光探针标记的时候,选用单通道,有多荧光标记的时候用多通道。单通道也可以检测多荧光标记的目的基因表达产物。因为一次只能检测一种目的基因的扩增量,需多次扩增才能检测完不同目的基因片段的量。主要用于医学临床检测、生物医药研发、食品行业、科研院校等机构。

根据 DNA 扩增时升温介质的不同可以将 PCR 仪分为:变温铝块式 PCR 仪、水浴式 PCR 仪和变温式流式 PCR 仪。

1. 变温铝块式 PCR 仪

热源用电阻丝、导电热膜、热泵式珀尔帖半导体元件制作,让带有凹孔的铝块升温,用自来水、制冷压缩机或半导体降温。优点:温度传导快,各管的扩增一致性好;反应管规格一致时无须外涂液状石蜡;可用微型计算机调节温度转换;仪器制冷部件可以在完成扩增后降温至4℃,保存样品过夜。缺点:管内反应液温度比铝块显示温度滞后;须使用特制且与铝块凹孔形状紧密吻合的薄壁耐热反应管;变温时难以快速克服铝块的热容量;压缩机制冷启动慢、重量大、滞后时间长。

2. 水浴式 PCR 仪

仪器本身有 3 个不同温度的水浴,用机械装置将带有反应管的架子移位同时控制升降温度,使温度循环。优点:水为传热介质,温度易恒定,热容量大;对反应管形状无特殊要求,温度转换较快扩增效果稳定;具有较高的运行效率,扩增产物特异性好。缺点:高温浴不稳定,水面需用液状石蜡覆盖;改变水浴温度所需时间较长,不易实施复杂程序(如套式 PCR)的操作;仪器体积较大;室温影响温度下限。

3. 变温式流式 PCR 仪

依据空气流的动力学原理,以冷热气流为介质升降温度。优点:变温迅速,扩增效果好,适合于微量、快速 PCR;反应器不受形状限制,管外无须涂液状石蜡;测定管内液体温度作为控温依据,显示温度真实可靠;易于用微型计算机设定复杂的变温程序;易于制成重量较轻的便携式仪器,适合外出作业。缺点:以室温为温度下限,低温难控制,对空气流的动力学要求较高,需精心设计才能使各管温度均匀。环境温度:5~40 ℃;相对湿度为不大于 80%;环境清洁少尘,避免阳光直射;远离热源、水源、强烈的电磁干扰源。选择较为坚实的、不怕湿的台面安置仪器,台面高度适中,轻松操作。仪器四周留取一定空间,间隔 20 cm 以上,用于通风和散热。供电线路需承受 10 A 电流,提供良好接地将进一步提高电气安全性和系统可靠性。

三、电泳仪

电泳是指带电粒子在电场的作用下,向着与其电性相反的电极方向移动的现象,如图 13-51 所示。不同的物质在一定的电场强度下,利用带电粒子在电场中移动速度不同而达到分离核酸、蛋白质的技术称为电泳技术。电泳主要用于蛋白质、核酸、同工酶、氨基酸、多肽等物质的分离,还可用于对分离物质的纯度和分子量的测定。

电泳仪是电泳实验的常用仪器设备(图 13-52、图 13-53)。电泳仪有低压、中压、高压三种类型,临床实验室常用的为低压电泳仪。根据电泳分子的大小分为:凝胶电泳和毛细管电泳。凝胶电泳主要用于小蛋白质分子和核酸分子的分离;毛细管电泳主要用于糖类和大蛋白分子的分离。

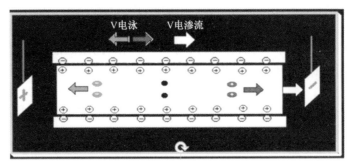

图 13-51　电泳现象示意图

根据电泳方法可分为显微电泳、自由界面电泳、区带电泳，区带电泳应用最广泛；按支持物的物理性状不同可分为纸电泳、粉末电泳、凝胶电泳、缘线电泳；按支持物的装置形式不同，可分为水平板电泳、垂直板电泳、柱状（管状）电泳。电泳仪结构主要由直流电源和电泳槽两部分组成。

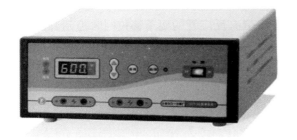

图 13-52　稳压稳流电泳仪

图 13-53　高压毛细血管电泳仪

（一）直流电源

直流电源装置的主体是一个整流器。电泳需用直流电，因此 220 V 交流市电经整流器变为直流电源。一般对直流电源的要求是能够输出 0~300 V 的可调直流电压。电压需要稳定，电流输出可根据实际需要来设计。例如用于纸上电泳所需电流较小，琼脂电泳需电流较大。一般设计最大输出电流在 200 mA 以上。交流电转为直流电用电子管整流、晶体管整流或可控硅整流。电泳仪是用可控硅整流，它具有体积小、重量轻、输出电压可随意调节和输出电功率大的优点。

（二）电泳槽

电泳槽由装有铂丝电极和缓冲液的主槽、凝胶托盘、梳子、挡板与电泳导线组成。如图 13-54、图 13-55 所示。槽的大小可结合实际情况选用。但要考虑：①液体容积不宜过小，因为溶液用量过少，其值易于改变；②缓冲液面不宜过大，以减少水分的蒸发；③槽内的空间宜小，使内部空气湿度易于饱和，减小支持物表面水分的挥发；④电极位置不要接触支持物（如滤纸条），因电极附近的 pH 值改变，很易影响颗粒的泳动。电极和支持物之间用弯曲的通路，以减少缓冲液的流动。电极通常用白金丝,为了节约也可用炭精条。炭精条作电极的缺点是使用时有杂质析出污染缓冲液。为避免这一缺点,可将装置制成一个迷宫,放入缓冲液中。由于管内的溶液不流出管外,电极附近溶液的 pH 值虽有变动也不致影响整个缓冲液。炭精条脱落的炭屑和杂质都存在管内,用后可轻轻取出弃去。也有人用铅笔芯作电极,涂上一薄层醋酸纤维膜,以防止炭屑散落缓冲液中。

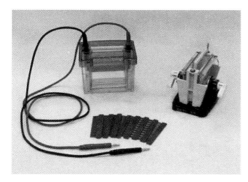

图 13-54　垂直电泳槽

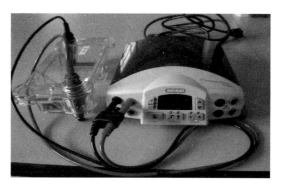

图 13-55　水平电泳槽、电泳仪

四、凝胶成像系统

凝胶成像系统可以获取各种核酸、蛋白电泳和化学发光图像,通过软件直接进行图像的采集、处理、分析打印等基本操作。凝胶成像系统由紫外透射灯箱、白光灯箱、暗箱、摄像头、计算机系统、凝胶分析软件等组成,可在明室中操作。目前主流产品配备高清晰数码 CCD、超多层镀膜滤色镜、封闭式紫外观察暗箱,确保凝胶图像在低照度下的灵敏度。凝胶成像系统具有白光光源及三种波长的紫外光源,可单独使用其中某个波长的光源,亦可同时使用几种波长光源。凝胶成像系统可分为普通凝胶成像系统、化学发光凝胶成像系统、多色荧光凝胶成像系统、多功能活体凝胶成像系统。

凝胶成像系统工作原理是通过样品在电泳凝胶或者其他载体上的迁移率不一样,以标准品或者其他的替代标准品相比较就会对未知样品作一个定性分析。这是图像分析系统定性的基础。根据未知样品在图谱中的位置可以对其作定性分析,就可以确定它的成分和性质。

样品对投射或者反射光有部分的吸收,从而照相所得到的图像上面的样品条带的光密度就会有差异。凝胶成像系统光密度与样品的浓度或者质量呈线性关系。根据未知样品的光密度,通过与已知浓度的样品条带的光密度相比较就可以得到未知样品的浓度或者质量。这就是图像分析系统定量的基础。采用新技术的紫外透射光源和白光透射光源使光的分布更加均匀,最大限度消除了光密度不均造成的对结果的影响。

1. 凝胶成像系统的控制系统

控制系统有三种规格:B 型控制系统、T 型控制系统和 A 型控制系统。控制系统的主要作用是控制凝胶图像系统的工作和运行。

2. 凝胶成像系统的光源系统

光源系统的作用是紫外光照射经 EB 染色的凝胶会发出明亮的荧光。不同波长的紫外光对不同染色的凝胶激发作用也不尽相同。

凝胶成像系统的光源分为四种,分别是透射紫外、反射紫外、透射白光、反射白光。

①透射紫外:可激发多种荧光染料,光源波长 302 nm 或 365 nm。

②反射紫外:紫外反射灯源使用并不广泛,主要是提供非透明材质的 DNA 跑胶载体,如纸层析等的成像需要使用。由于比较常用的还是透明的琼脂糖凝胶与聚丙烯酰胺凝胶,透射光源完全可以满足,因此凝胶成像中通常将紫外反射光源作为选配件,不列入标配中。光源波长 254 nm 或 365 nm。

③透射白光:用于可见光样品拍摄,例如蛋白样品胶的考马斯亮蓝或银染后的观察。

④反射白光:用于样品的定位和聚焦。

凝胶成像系统中常见的波长:

①紫外透射光源:302 nm、365 nm;

②紫外反射光源:254 nm 或 365 nm;

③镜头滤光片:595 nm/590 nm,537 nm,620 nm,460 nm。

3. 凝胶成像系统的暗室

凝胶成像系统暗室的作用是使经紫外光激发的 EB 胶发出的荧光在暗室中更加明亮,便于摄像机抓拍。

4. 凝胶成像系统图像采集系统

凝胶成像系统图像采集主要由摄像机镜头及图像采集软件组成(图 13-56)。摄像机的主要作用是抓拍发出荧光的凝胶图像。摄像机必须是高像素对弱光拍摄能力强的科研级别的相机。监控用的民用级及工业级摄像机用来对凝胶图像的抓拍均不清晰。图像采集软件的作用是将摄像机抓拍下来的凝胶图像传输入计算机。

5. 凝胶成像系统的分析软件

凝胶成像系统的分析软件的主要作用是在计算机内对凝胶图像进行分子量、RF 值等数据的分析。

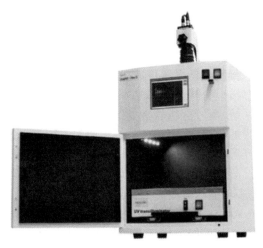

图 13-56 凝胶成像系统图像采集分析系统

五、基因枪

基因枪技术,又被称为生物弹道技术或微粒轰击技术,是一种基因导入技术,采用一种微粒加速装置,把遗传物质或其他物质附着于高速微弹直接射入细胞、组织和细胞器,是目前国际上最先进的基因导入技术。基因枪使用的基本原理都是通过一个动力系统,直接将包有外源 DNA 的金属颗粒高速射入细胞或者组织材料,所用颗粒直径一般介于 0.6~1 μm。当微弹打入或穿过受体细胞时,微弹上面所携带的外源基因就可能进入细胞,整合到染色体上并表达,从而实现对细胞的转化(图 13-57)。

根据基因枪的不同动力系统,可将它们分为三类。第一类以火药爆炸力作为加速动力,它是最先出现的一种基因枪。这种基因枪自使用以来已先后将外源基因导入了洋葱表皮细胞、烟草、玉米、水稻、小麦等多种植物材料中,并获得了瞬间及稳定表达。第二类以电弧放电作为动力。第三类是以高压气体作为动力。基因枪技术是以物理方法来将基因转移的方法,适用于动植物、细胞培养物、胚胎、细菌及小型动物的转基因。具有快速、简便、安全、高效的特点。

中科院遗传所、北京大学、浙江大学、中国农业大学、西北农林科技大学等有关单位均采用该类设备。如何准确地控制微弹的飞行速度和飞行方向,是基因检测技术和工艺发展上的重要问题,国外的许多公司对此做了大量探索性的工作,也取得了很大的进展。尤其目前最常用的 BioRad 公司生产的 PDS-1000/He 大型基因枪(图 13-58),在这方面具有较好的可控度,基本能够满足科研和生产的需要。我国在基因枪技术上起步较晚,应用较多的有中国科学院所研制的 JQ-700 型高速基因枪和清华大学生产的 ZHFQ-1 型基因枪(图 13-59)。国内许多单位均用这种基因枪进行转化实验,并取得了一定成果。

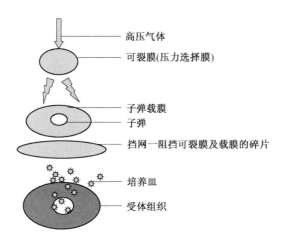

图 13-57　基因枪介导转化法原理图

图 13-58　PDS-1000/He 台式基因枪

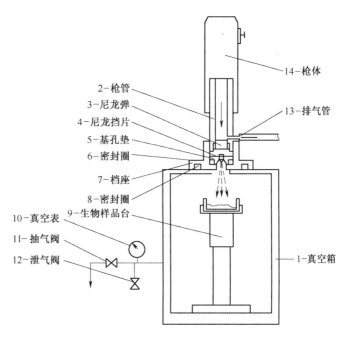

图 13-59　ZHFQ-1 型基因枪结构图

参 考 文 献

[1]迟玉森,张付云.海洋生物活性物质[M].北京:科学出版社,2015.

[2]王梁华,焦炳华.生物技术在海洋生物资源开发中的应用[M].北京:科学出版社,2017.

[3]蔡福龙.海洋生物活性物质:潜力与开发[M].北京:化学工业出版社,2014.

[4]曾洁,范嫒嫒.水产小食品生产[M].北京:化学工业出版社,2013.

[5]丁培峰.水产食品加工技术[M].北京:化学工业出版社,2016.

[6]程云燕,李双石.食品分析与检验[M].北京:化学工业出版社,2007.

[7]梁世中,朱明军.生物工程设备[M].广州:华南理工大学出版社,2011.

[8]邱立友.固态发酵工程原理及应用[M].北京:中国轻工业出版社,2008.

[9]陈国豪.生物工程设备[M].北京:化学工业出版社,2007.

[10]段开红.生物工程设备[M].北京:科学出版社,2008.